反射隔热涂料生产及应用

徐永飞 郑燕燕 高 原 编著

Production and Applications of
Solar Heat Reflecting Insulation Coatings

U0387940

化学工业出版社
·北京·

内 容 简 介

反射隔热涂料是具有热工性能的功能性涂料。在人类将"节能减排"和"可持续发展"放在首位的当今社会，反射隔热涂料日益受到重视而得以快速发展和应用。本书从技术性和实用性出发，介绍其生产、应用技术和新的研究与发展。书中详细介绍了生产反射隔热涂料的原材料、参考配方、生产程序、性能要求和应用技术等。

全书共五章，依次为：绪论、水性反射隔热涂料、溶剂型反射隔热涂料、反射隔热涂料应用技术和透明型隔热涂料。

本书可供从事建筑涂料生产和检测、建筑涂料工程施工和管理以及相关研究院所的工程技术人员阅读，也可供大专院校相关专业的教师、学生阅读参考。

图书在版编目（CIP）数据

反射隔热涂料生产及应用/徐永飞，郑燕燕，高原编著．—北京：化学工业出版社，2021.8（2023.9重印）
ISBN 978-7-122-39200-8

Ⅰ.①反… Ⅱ.①徐…②郑…③高… Ⅲ.①隔热材料-功能涂料 Ⅳ.①TQ637.6

中国版本图书馆 CIP 数据核字（2021）第 099923 号

责任编辑：韩霄翠 仇志刚　　　　　　　　文字编辑：陈　雨
责任校对：张雨彤　　　　　　　　　　　　装帧设计：王晓宇

出版发行：化学工业出版社（北京市东城区青年湖南街 13 号　邮政编码 100011）
印　　装：北京科印技术咨询服务有限公司数码印刷分部
710mm×1000mm　1/16　印张 16¾　字数 289 千字　2023 年 9 月北京第 1 版第 4 次印刷

购书咨询：010-64518888　　　　　　　　　售后服务：010-64518899
网　　址：http://www.cip.com.cn
凡购买本书，如有缺损质量问题，本社销售中心负责调换。

定　　价：98.00 元　　　　　　　　　　　　　版权所有　违者必究

反射隔热涂料又称日光热反射涂料、热反射隔热涂料等，是近20多年来得到快速发展和广泛应用的功能性涂料。

毋庸置疑，人们需要反射隔热涂料反射的是日光热。没有太阳，万物将归于寂灭。太阳辐射的巨大能量给万物的生长、人类的生存、生产和生活提供了基本条件。但在地球的大部分地区，夏季无穷无尽的太阳能照射到地球表面，使温度骤然升高，由此带来诸如加速物体老化、提高温控能耗等负面效应，并导致事故风险的增加。反射隔热涂料的应用能够使这些负面效应得以缓解或显著降低。

目前世界人口的不断增长使人们不得不面临日益严峻的环境、能源、资源和经济（4E）压力，"节能减排"和"可持续发展"成为万事之首、万事之重。节能效果突出、技术先进的反射隔热涂料成为时代的宠儿，应时发展，得以大展丰姿实属必然。

除上述外部因素外，反射隔热涂料在技术上易于实施、适用范围广、可以灵活运用以及环境负效应小等内在特征更使其大放异彩。故而，近20多年来，反射隔热涂料在建筑、石化、交通运输、粮油仓储等工程技术领域得到大量运用或长足发展。流风所及，乃至于安全帽、造纸、织物等轻工业领域也开始研究其应用的可能性、技术经济效益和实际应用技术等。

伴随着改革开放的步伐，我国对反射隔热涂料的研究虽起步较发达国家为晚，但由于众多高校、研究单位和生产企业的刻苦努力、不懈求索，不但在产品研发和工程应用等方面取得长足进步，在高性能原材料研发和机理研究方面也直追国外先进水平，而以其姣姣之态跻身于世界涂料行业之林。

值得注意的是，几十年的高速发展既为反射隔热涂料行业带来了繁荣，也催生了大量的问题。例如，技术成果转换成生产力的程度低、对涂料应用中出现的实际问题研究解决得少、高水平的机理研究成果偏少等。因此，总结经验、吸取教训对于行业的稳健发展大有裨益。

此外，在某些领域（如建筑工程），反射隔热涂料知识的普及和认知程度还很低，一些反射隔热涂料生产、施工等的从业人员掌握的相关信息也十分有限，因此，从行业的发展、技术水平的提高以及从业人员的参考借鉴来看，一本兼具理论性、技术性和实用性的反射隔热涂料专业书籍不可或缺。有鉴于此，我们编著了《反射隔热涂料生产及应用》这本书。

本书分五章介绍反射隔热涂料的生产和应用技术及其较新的研究成果。生产方面包括与反射隔热涂料相关的原材料、配方、制备程序、产品标准等；应用方面包括在各个领域的应用效果研究及其应用技术等。其中：第一章概述了反射隔热涂料的种类、特征与原理，并分门别类地介绍其在不同领域的应用特征、要求和发展概况；第二章介绍水性反射隔热涂料的生产技术，包括彩色涂料、质感涂料和新近研究的新技术、新产品等；第三章为溶剂型反射隔热涂料；第四章介绍了反射隔热涂料的应用技术，其领域涉及金属储罐、板材、仓储屋面、建筑工程以及纸张、织物等其他领域的应用研究；第五章为透明型隔热涂料的生产和应用技术介绍。全书编写分工为：第一章徐永飞；第二章高原，徐永飞；第三章高原；第四章郑燕燕；第五章徐永飞，郑燕燕。

在编写过程中，作者躬行"认真"与"努力"自不待言，然而由于学识不足、水平较浅、经验有限等，故而与读者的要求还相距较远，缺憾疏漏亦在所难免，恳望读者给予鉴谅，并不吝赐教。

编著者
2021 年 4 月

目录

CONTENTS

第一章　绪论　　　　　　　　　　　　　　　　　　　　　　001

　第一节　**概述**　　　　　　　　　　　　　　　　　　　001
　　一、定义与名称　　　　　　　　　　　　　　　　　　001
　　二、反射隔热涂料的种类　　　　　　　　　　　　　　003
　　三、组成反射隔热涂料的材料组分与作用　　　　　　　004
　第二节　**反射隔热涂料的特征与反射隔热原理**　　　　　005
　　一、反射隔热涂料的材料组成特征和性能特征　　　　　005
　　二、反射隔热涂料的应用特征和应用要求　　　　　　　007
　　三、建筑反射隔热涂料的应用特征和应用要求　　　　　008
　　四、反射隔热涂料的反射隔热原理　　　　　　　　　　010
　第三节　**反射隔热涂料的应用与发展**　　　　　　　　　014
　　一、概述　　　　　　　　　　　　　　　　　　　　　014
　　二、在石油化工领域的应用与发展　　　　　　　　　　016
　　三、在交通、粮仓等领域的应用与发展　　　　　　　　017
　第四节　**建筑反射隔热涂料的应用与发展**　　　　　　　020
　　一、建筑反射隔热涂料新产品的研发　　　　　　　　　020
　　二、反射隔热涂料原材料的发展　　　　　　　　　　　021
　　三、建筑反射隔热涂料应用技术的发展　　　　　　　　026
　参考文献　　　　　　　　　　　　　　　　　　　　028

第二章　水性反射隔热涂料　　　　　　　　　　　　　　　033

　第一节　**原材料**　　　　　　　　　　　　　　　　　　033
　　一、成膜物质的选用　　　　　　　　　　　　　　　　033
　　二、水性反射隔热涂料用颜料　　　　　　　　　　　　036
　　三、功能性填料　　　　　　　　　　　　　　　　　　041
　　四、填料　　　　　　　　　　　　　　　　　　　　　049
　　五、水性涂料用助剂选用　　　　　　　　　　　　　　051
　第二节　**水性反射隔热涂料生产技术**　　　　　　　　　059
　　一、基本配方及其调整　　　　　　　　　　　　　　　059

二、水性反射隔热涂料的基本制备程序 062

三、水性反射隔热涂料生产过程中的注意要点 065

四、反射隔热涂料的技术性能指标 066

五、反射隔热涂料生产中的管理 068

第三节　彩色反射隔热涂料及其制备技术 071

一、彩色反射隔热涂料的反射功能性能要求 071

二、彩色反射隔热涂料用颜料 072

三、彩色反射隔热涂料的制备方式 082

四、使用色浆人工调制彩色反射隔热涂料 083

五、用互补色黑色浆调配灰色涂料 083

第四节　质感型反射隔热涂料 086

一、概述 086

二、反射隔热真石漆 087

三、反射隔热水包水多彩涂料 092

四、反射隔热复层涂料 100

第五节　水性反射隔热涂料新技术 104

一、两种新型反射隔热涂料 104

二、使用彩色陶瓷微珠配制反射隔热涂料 107

三、二氧化硅气凝胶在反射隔热涂料中的应用 108

四、彩色透射型红外反射隔热涂料 114

五、有机-无机复合型建筑反射隔热涂料 116

六、水性聚偏氟乙烯型反射隔热涂层的耐久性研究 118

参考文献 119

第三章　溶剂型反射隔热涂料 123

第一节　溶剂型反射隔热涂料的原材料 123

一、溶剂型涂料与涂料水性化 123

二、成膜物质 124

三、颜、填料和功能性颜、填料 126

四、溶剂及其选用重点 128

五、助剂及其选用 129

第二节　溶剂型反射隔热涂料生产技术 130

一、溶剂型反射隔热涂料的配方原则和配方举例 130

二、溶剂型反射隔热涂料的基本生产程序　　132

三、金属表面用反射隔热涂料的技术性能指标　　133

四、石油和化工设备用保温隔热涂料的性能要求　　134

第三节　溶剂型反射隔热涂料新技术　　136

一、金属储罐和管道等基层用反射隔热涂料　　136

二、预涂卷材用反射隔热涂料　　139

三、船舶用反射隔热涂料　　140

参考文献　　145

第四章　反射隔热涂料应用技术　　147

第一节　反射隔热涂料在金属储罐上的应用　　147

一、反射隔热涂料在金属储罐上的应用概述　　147

二、在金属储罐上的应用要求　　151

三、金属储罐涂层配套体系和施工要求　　153

四、反射隔热涂料在储罐上的工程应用举例　　154

五、反射隔热涂料在钢板食用油储罐中的应用研究　　158

六、危化液体储罐复合绝热涂层系统　　160

第二节　反射隔热涂料在金属板材和粮仓上的应用　　162

一、反射隔热涂料在金属板材上的应用　　162

二、反射隔热涂料在彩钢瓦夹保温棉预制板上的试应用　　163

三、防水型反射隔热涂料工程应用两例　　166

四、防水型弹性反射隔热涂料在高大平房仓上的应用　　168

第三节　路用反射隔热涂料及应用研究　　171

一、概述　　171

二、热反射型沥青路面降温机理　　173

三、路面用反射隔热涂料成膜物质和功能性填料的选用　　175

四、具有光催化性能的新型路用反射隔热涂料　　177

第四节　反射隔热涂料在涂布纸和织物等几个领域的应用研究　　179

一、反射隔热涂料在油脂工业中的应用　　179

二、反射隔热涂料在涂布纸中的应用　　181

三、反射隔热涂料在建筑安全帽上的应用　　182

四、织物表面用反射隔热涂料的制备及其应用效果　　183

五、反射隔热涂料在混凝土桥梁中的应用　　184

第五节　反射隔热涂料在建筑领域的应用　186

　　一、建筑反射隔热涂料的应用概况　186

　　二、建筑反射隔热涂料的应用技术　199

　　三、建筑反射隔热涂料的现场检测技术　215

参考文献　226

第五章　透明型隔热涂料　229

第一节　透明型隔热涂料的发展和应用原理　229

　　一、透明型隔热涂料的发展　229

　　二、透明型隔热涂料的种类和应用前景　230

　　三、透明型隔热涂料的隔热原理　232

第二节　制备透明型隔热涂料的原材料选用　235

　　一、成膜物质选用的简要说明　235

　　二、涂料助剂选用示例　236

　　三、ATO 粉体和 ATO 分散浆体的制备　236

第三节　不同透明型隔热涂料的制备和性能　241

　　一、透明型隔热涂料的制备　241

　　二、两种新型透明型隔热涂料的制备和性能　243

　　三、透明型隔热涂料的性能要求　245

第四节　透明型隔热涂料的应用　246

　　一、概述　246

　　二、透明型隔热涂料对建筑玻璃性能的改善与影响　249

　　三、透明型隔热涂料在建筑玻璃表面的应用技术　251

　　四、透明隔热涂料应用中的几个问题　253

　　五、透明隔热涂料在汽车玻璃上的应用研究　254

参考文献　255

第一章

绪　论

第一节
概　述

一、定义与名称

1. 反射隔热涂料的基本定义

反射隔热涂料通常是指涂膜能够有效反射照射到其表面的太阳热辐射，降低涂膜表面对太阳辐射能量吸收而具有明显隔热效果的一类功能性涂料，通常是以合成树脂（乳液或溶液）为基料，以功能性颜料（包括填料）为主要颜料组分，与助剂和分散介质等一起配制而成、具有较高太阳光反射比（反射比也称为反射率）、近红外反射比和半球发射率（或红外发射率），并能够产生良好隔热效果的一类功能性涂料。

2. 反射隔热涂料的应用基础

反射隔热涂料的基本应用基础在于，在夏热冬暖和夏热冬冷地区，夏季时几乎无穷无尽的太阳能照射到物体表面，会使物体表面的温度骤然升高，由此而带来诸如加速物体老化、增大产生事故的风险和提高温度调节的能耗等一系列负面效应。反射隔热涂料的应用能够使这些负面效应得以缓解或显著降低。

人类进入信息时代以来，一方面是科学技术以超出人们想象的速度向高、精、尖方向飞速发展，一方面是4E（能源、资源、环境和效益）压力继续不断加大，研究开发新能源、节约利用能源和资源成为人类保持可持续发展的当务之急，乃至节能减排技术成为重中之重。反射隔热涂料的应用能够顺应这种潮流，其应用所带来的许多好处日益受到重视，加之其应用的灵活性和方便性，因此在不同的领域得到应用或正在被研究其应用的可能性。

目前，反射隔热涂料在建筑工程和石油化工等领域已经形成基本成熟的应用技术，而在交通、道路和军事等领域中应用的研究也受到重视并取得良好效果。

3. 反射隔热涂料的名称

在不同的应用领域甚或在同一应用领域，反射隔热涂料往往会有不同的名称。

在石油化工领域，反射隔热涂料的名称有"日光热反射涂料""太阳热反射涂料""太阳遮热涂料""太空反射绝热涂料""绝热瓷层""热反射隔热防腐涂料""太空隔热特种涂料"和"红外热反射涂料"等。

在建筑工程领域，反射隔热涂料的应用分为外墙面和屋面以及门窗幕墙用玻璃两方面。就前者的应用来说，该类涂料目前有三个标准，并具有大同小异的三个名称，一是国家标准 GB/T 25261—2018《建筑用反射隔热涂料》，二是建工行业标准 JG/T 235—2014《建筑反射隔热涂料》，三是 JC/T 1040—2007《建筑外表面用热反射隔热涂料》。此外，建筑工程领域也有称该类涂料为"节能隔热涂料""隔热保温涂料"等的。

就门窗幕墙用玻璃对反射隔热涂料的应用来说，目前有一个标准，即建工行业标准 JG/T 338—2011《建筑玻璃用隔热涂料》。此外，这一应用领域也称反射隔热涂料为"纳米透明光固化隔热涂料""光固化纳米透明隔热涂料""纳米透明隔热涂料"等。

在交通道路领域，反射隔热涂料的名称有"热反射涂料""太阳热反射涂层""热反射涂层""降温涂料"等；在军用装备领域则称反射隔热涂料为"太阳热反射涂料""迷彩降温涂料""红外伪装降温涂料"等。

由于反射隔热涂料有不同的应用领域，所以很难统一命名。但是，在同一行业内，应该根据已有标准中规定的名称进行称谓，以尽量减少名称的混乱。

鉴于反射隔热涂料有这么多不同名称，考虑到叙述的方便性和相对一致性，本书在一般情况下会对该类涂料以"反射隔热涂料"称之，而在不同应用领域或在专指场合下则以叙述相对方便的名称称之。

二、反射隔热涂料的种类

说到反射隔热涂料的种类首先需要确定分类方法。由于反射隔热涂料在有的领域的应用目前还不成熟，因而下面介绍的分类乃是为了叙述其种类而姑且为之的一种做法。

参考普通涂料的分类方法和反射隔热涂料应用领域较多的实际情况，反射隔热涂料也可以有根据应用领域的不同分类、根据成膜物质的不同分类、根据涂膜干燥或固化机理的不同分类和根据涂膜外观质感的不同分类等方法。

1. 根据应用领域的不同分类

按照这种方法分类，反射隔热涂料可以分为在石油化工领域用反射隔热涂料、建筑工程领域用反射隔热涂料、金属板材用反射隔热涂料、交通道路领域用反射隔热涂料、舰船甲板用反射隔热涂料、玻璃用透明隔热涂料和军用装备领域用反射隔热涂料等。

在石油化工领域，反射隔热涂料的主要应用对象是各种储罐、液体输送管道等，这类涂料的涂装基层通常为金属，除了反射隔热功能要求外，还兼有防腐蚀功能要求。

在建筑工程领域，反射隔热涂料的主要应用对象是建筑物的外墙面和屋面以及门窗幕墙用玻璃。外墙面和屋面用反射隔热涂料的涂膜有透明型和不透明型两种，以不透明型为主，绝大多数为水性，有时还要求有弹性；就其装饰效果来说有一般的平面型涂料，也有装饰质感较强的非平面型的质感涂料。透明隔热涂料则主要应用于外墙面某些有特殊装饰质感的涂膜表面的罩面涂装。

门窗幕墙玻璃表面用的透明隔热涂料主要是透明型的，包括水性和溶剂型以及挥发固化型和紫外光固化型等。

在交通道路领域可以分为两类，一类是交通工具（例如汽车），另一类是道路工程。在交通道路领域反射隔热涂料虽然没有像在石油化工和建筑工程等领域中那样成熟的应用，一些应用尚处于研究阶段，但也都有一些较好的研究结果。例如，反射隔热涂料对高铁桥梁高墩日照温度效应的影响[1]、在无砟轨道上的应用[2]、在沥青路面上的应用[3] 等。在汽车等交通工具上的应用也已经得到较多的研究。其中，在沥青路面的应用研究最多，成果也最多、最好。

在军用装备领域中，反射隔热涂料的应用也处于研究、试用阶段，并针对军用装备用太阳热反射涂料要求同时具备太阳热反射性能和可见光隐身性能的特点进行了较多的研究[4]。

2. 根据成膜物质的不同分类

不同应用领域制备反射隔热涂料可能会使用不同的成膜物质。例如，在石油化工领域，反射隔热涂料的成膜物质可以使用聚氨酯-丙烯酸酯复合树脂[5]、溶剂型聚丙烯酸酯树脂[6]、聚丙烯酸酯乳液、氟碳-丙烯酸酯共聚乳液、聚氨酯改性高氯化聚乙烯树脂[7] 等。

3. 根据涂膜干燥或固化机理的不同分类

涂膜干燥或固化机理是由涂料中的成膜组分决定的。据此可知，反射隔热涂料有：依据水分蒸发凝聚干燥成膜，这主要是指聚丙烯酸酯乳液和各种丙烯酸酯共聚乳液；溶液或水分挥发干燥成膜，这主要是指各种溶液型（包括溶剂型和水溶性）反射隔热涂料，前者如聚氨酯类，后者如聚乙烯醇缩丁醛类[8]、聚氨酯改性高氯化聚乙烯树脂等。此外，还有紫外光固化型，这类涂料通常是透明隔热涂料，例如聚氨酯丙烯酸酯类[9]、环氧大豆油丙烯酸酯类[10] 等。

4. 从涂膜外观（质感）的不同分类

从涂膜的外观来看，反射隔热涂料有透明型和非透明型两大类。大部分是非透明型，透明型仅用于玻璃表面或者涂膜罩面。在建筑工程领域应用反射隔热涂料品种较多，例如有透明型（用于玻璃和外墙涂膜罩面），涂膜表面呈平整、光滑的"平涂型"和涂膜装饰质感很强的"质感型"。质感型涂膜外观呈立体造型，包括水包水多彩、砂壁状、仿石等类反射隔热涂料。

此外，在挥发干燥成膜的涂料中，还有一种在分散介质挥发干燥后，需要经过高温烘烤才能成膜，例如成膜物质为有机硅树脂的涂料[1]。

三、组成反射隔热涂料的材料组分与作用

作为一种功能性涂料，反射隔热涂料同一般涂料一样也是由成膜物质、颜料（填料）、助剂和分散介质组成的，其不同之处主要在于，制备反射隔热涂料使用的颜料、填料需要具有强的反射太阳辐照热的功能，以及成膜物质单独成膜时应是透明的。表1-1中列示出反射隔热涂料的材料组分及其作用。

表1-1 反射隔热涂料的材料组分及其作用

材料组分	主要功能	品种举例
成膜物质（基料）	构成涂料的主要物质并赋予涂料基本的物理力学性能,在涂装后分别能够黏结颜料、填料和基层等而在基层上形成连续的涂膜	聚合物树脂溶液(如聚丙烯酸酯、氟树脂、聚氨酯等)、聚合物乳液(如聚丙烯酸酯和改性聚丙烯酸酯)和光固化聚合物树脂溶液(如聚氨酯丙烯酸树脂)等
颜料	除能够赋予涂膜颜色而增加装饰性和涂膜厚度以及影响涂膜的物理力学性能外,会显著影响涂膜的反射性能	会显著降低涂膜反射性能的颜料如氧化铁红、氧化铁黄、炭黑等;各种"冷颜料"不会降低涂膜反射性能

材料组分	主要功能	品种举例
功能性填料	主要是赋予涂膜反射太阳光功能,但也会起到填充作用,能够增大涂膜的体积,影响涂膜的某些性能,如耐光性、耐候性和遮盖力等	应用于不透明型隔热涂料的有玻璃空心微珠、陶瓷空心微珠、具有辐射隔热功能的陶瓷粉、膨胀聚合物微球、反光粉、反射隔热粉和热反射粉以及表面改性金红石型钛白粉等;应用于透明型涂料的有纳米氧化铟锡（ITO）、氧化锡锑（ATO）、氧化铝锌（AZO）、纳米金红石型 TiO_2 等
助剂	水性涂料:因品种不同而能够起到众多的作用,例如消泡、润湿、分散、防霉、增稠、成膜、流平、消光(透明型涂料用)和防沉等	市场常见的各种商品水性涂料用助剂,如消泡剂、润湿剂、分散剂、防霉剂、增稠剂、成膜助剂、流平剂、消光剂和防沉剂等
助剂	溶剂型涂料:因品种不同而能够起到众多的作用,例如润湿、分散、增稠、流平、消光(透明型涂料用)和防沉等	市场常见的各种商品溶剂型涂料用助剂,如润湿剂、分散剂、增稠剂、流平剂、消光剂和防沉剂等
特殊性助剂	能够防止涂料涂装时金属发生"闪锈"的防闪锈剂;能够赋予涂膜亲水性能的亲水剂等	例如防闪锈剂 SYNTHRO-CORCE660 B
分散介质	溶解或分散树脂,分散颜料、填料等,为涂料提供液体组分,使之具有流动性而赋予涂料施工性能	水性涂料用去离子水、自来水或可饮用水;溶剂型涂料用的各种溶剂,如醋酸乙酯、丙酮、醋酸丁酯和溶剂汽油等

第二节
反射隔热涂料的特征与反射隔热原理

一、反射隔热涂料的材料组成特征和性能特征

1. 组成特征

表 1-1 中给出了反射隔热涂料的材料组分,可以看出,其最主要的材料组成特征在于使用的是能够产生反射太阳辐照功能的功能性填料。除此之外,为了保证功能性填料的反射功能在涂料成膜后不会被涂料中的其他组分遮蔽或受到严重影响,也还有其他一些问题需要考虑。例如,成膜物质膜必须是透明的,

除了功能性填料外，其他填料不能再大量使用，即其用量受到严格限制，以及由于一些标准要求其涂料常规性能都需要符合相应产品的最高标准（例如优等品指标），其成膜物质的品种和用量也都有一定要求等。

在水性反射隔热涂料中，还有将作为成膜物质的合成树脂乳液和具有反射隔热功能的填料组合成一种具有反射隔热功能的复合型产品。例如，陶氏化学公司的百历摩™SR-01乳液就是这样一种产品。使用这种材料生产时，无需添加具有反射功能的填料就能够得到反射隔热涂料产品，而普通涂料目前还没有这样的复合原材料可使用。

2. 性能特征

反射隔热涂料的性能特征当然在于其能够反射太阳辐照的功能，但除此之外，其涂膜本身的热导率很小，这一点对于反射隔热涂料来说也是至关重要的，因为热导率低，绝热性能就好，这就使涂膜表面没有反射的那部分热量不会在表面积累，从而阻止了涂膜表面的温度升高和热量通过涂膜向涂装基层内部的传导，使得涂膜自身的温度不会像使用传统铝粉漆那样虽有反射功能，但因为涂膜表面温度升得很高而使隔热效果显著降低，保证了反射隔热涂膜的隔热功能。

与普通涂料相比，反射隔热涂料的性能特征还在于由于反射隔热功能而带来的一系列效益。例如，由于涂膜表面的最高温升降低，可以使涂膜的耐久性延长、耐沾污性提高和抗裂性增强等。

此外，就涂料本身来说，由于功能性填料的堆积密度较小，使得填料在储存过程中可能会浮在上部，这与普通涂料在储存分层时表面分出的是液体显然不同。

与普通涂料相比，反射隔热涂料的密度较小。普通涂料的密度一般为 1500～2000kg/m^3，而反射隔热涂料的密度为 1000～1400kg/m^3；普通涂膜的干密度一般为 800～1200kg/m^3，而反射隔热涂膜的干密度一般为 450～850kg/m^3。

与普通涂料相比，反射隔热涂料更适合于喷涂施工，仅使用空心微珠类填料配制的产品尤其如此，即使对于使用多种粒径的功能性填料复合配制、其流平性得到改善的涂料，采用喷涂施工往往也能够取得更好的涂膜效果。

对于仅使用玻璃或陶瓷空心微珠制备的反射隔热涂料来说，其涂膜表面虽然触感光滑，但平整度较普通涂膜差，而且有类似于轻微"橘皮"的现象。这是早期建筑反射隔热涂料区别于普通乳胶漆的最明显涂膜特征。不过，由于原材料的改变，现在使用成膜与反射隔热功能复合于一体的乳液制备的涂料已经没有这种特征。

二、反射隔热涂料的应用特征和应用要求

反射隔热涂料的应用明显有其领域特征，即在不同的领域应用时有不同的应用特征。

1. 应用于化工领域的钢制储罐和液体输送管道

储存轻质油品或易挥发有机溶剂介质的储罐（包括输送管道），在使用过程中当夏季受到阳光照射时，随着温度的升高，储罐的大小呼吸会加剧，造成资源浪费和环境污染，且危险性增大。在这类钢制储罐外壁涂装反射隔热涂料后，能够使涂覆物的表面温度和内部温度显著降低（例如表面温度可以降低 10～15℃，内部温度降低 8～10℃；使油罐中油面 10cm 处温度下降 4～5℃[12]）。

反射隔热涂料在这类储罐上的应用特征在于应首先根据这类钢制储罐对防腐蚀性能的特殊需要，反射隔热涂料可以作为一般防腐蚀材料的替代品，但应能够满足《钢质石油储罐防腐蚀工程技术标准》GB/T 50393—2017 规定的防腐蚀要求。

其次，反射隔热涂料也可以在罐体基层进行符合 GB/T 50393—2017 标准要求的防腐蚀处理后，再作为面漆应用于表面。

最后则是反射隔热涂料可以与其他防腐蚀材料一起复合使用，这是较好的应用方式。即按照 GB/T 50393—2017 标准的规定进行设计和施工，然后再在涂层表面设置反射隔热涂层，以起到高温季节降温降压的作用和延长防腐蚀涂层寿命的双重功效。除了产生反射隔热作用外，还能够对防腐蚀涂层起到保护作用。

2. 粮食储仓

储存粮食用的准低温、立筒长储粮仓，是应用反射隔热涂料能够取得良好效益的另一领域。我国早在 2003 年就有关于反射隔热涂料在粮仓上应用的试验研究[13]。

反射隔热涂料在储粮仓上的应用特性表现在能够对粮仓起到一定的隔热效果，在储粮度夏期间能有效抑制仓温和上层粮温变化[14]。应用时，也应先进行符合要求的基层处理。而对于钢板储粮仓来说，还应进行符合要求的防腐蚀处理，除夏热冬暖地区外，还应根据实际使用气候区的要求设置保温层。总之，反射隔热涂料只能作为隔热功能饰面层涂装。

反射隔热涂料应用于夏热冬暖地区的储粮仓，则能够得到更为突出的技术-经济效益。

3. 军用装备领域和沥青道路领域的应用要求

（1）军用装备领域　由于反射隔热涂料的特殊功能性，军用装备（如方舱、舰船甲板等）已成为其重要的应用领域。因为反射隔热涂料的热反射原理是从源头上阻止热量向物体内部传递，不需消耗能量就能有效降低暴露在太阳下物体的表面温度，在军事方面具有很好的发展前景。例如，在 1991 年的海湾战争中，美军曾在坦克顶部涂敷的标准黄棕色 Tan686 伪装涂料就是此类涂料，其红外反射率为 45%，同类产品 Tan686A，红外反射率达 70%，使用这种涂料的车辆或掩蔽所内部的温度下降了 8.4℃[15]。

相对于民用领域中反射隔热涂料的要求主要集中于隔热降温功能来说，军用装备领域对反射隔热涂料的要求除了隔热降温功能外，还要求有较高的近红外区域的反射功能，以满足军用装备可见光隐身的需要，即应同时具备太阳热反射涂料和可见光迷彩涂料的性能[16]。

普通民用反射隔热涂料虽具有良好的热反射功能，但因同时增加了对雷达波、可见光和激光的反射，除经过特殊的表面处理外，一般不适用于军用装备。

（2）沥青道路领域　由于沥青路面呈黑色，对太阳热辐射的吸收可达 0.85～0.95。在夏季，太阳热辐射强度高，日照时间长，导致沥青路面温度升高而引起诸如车辙、摩擦生热、沥青中有害物质蒸发和加剧城市"热岛效应"等一系列危害。

沥青路面应用反射隔热涂料的目的在于有效提高路面的太阳光反射比，并降低吸收率，使热量在进入路面之前得以反射回大气，以有效降低沥青路面的温度。

目前我国反射隔热涂料在沥青路面应用还处于研究和路面试用阶段。在进入工程应用前，还需要解决附着力、耐磨损、耐沾污（或沾污后易被冲洗掉）、耐高温、耐紫外光照射粉化和抗滑等问题。

日本是在沥青路面应用反射隔热涂料较早的国家，早在 2002 年就开始在路面工程中应用，并开发出溶剂型、乳液型等多种适合于不同场合的热反射涂层铺装材料。除行车道和人行横道外，还在广场、游泳池旁等特殊工程中应用[17～19]，而且已经在大量工程应用的基础上编制了行业内部的技术应用指南，提出了相关试验方法。

三、建筑反射隔热涂料的应用特征和应用要求

建筑工程领域是反射隔热涂料应用量最大、应用范围最广、也相对较为成熟的行业。由于反射隔热涂料的应用涉及到建筑节能计算且对于不同的气候区有截然不同的应用要求，所以其应用技术比在其他领域更为复杂，也更为重要。

1. 反射隔热涂料适用的气候区和工程部位

在建筑工程领域，反射隔热涂料主要适用于建筑物的外墙（包括玻璃幕墙的玻璃）、屋面和门窗玻璃等。

反射隔热涂料将照射到墙面或屋面的太阳热反射掉，对于维持室内的适宜温度环境来说，只有在夏季才是所需要的。到冬季，由于要保持室内具有高于室外的温度，反射隔热涂料的热反射作用使墙体或者屋面的温度降低，反而不利于保持室内的适宜温度，因而对于反射隔热涂料的应用反而不利。由于在不同气候区夏季和冬季太阳辐射热能的巨大差异，这种有利或不利在不同气候区是不同的。

在夏热冬暖地区，夏季气温非常高，隔热与降温是主要矛盾。反射隔热涂料的应用降低了涂装部位的温度，减少了热量向室内的传递，其降温隔热效果突出，节能效益十分明显。而在冬季，反射隔热涂料的作用又与夏季相反，为负作用，但不明显。因而全年综合来看其节能效益十分突出。

在夏热冬冷地区，夏季气温高，也需要有效的隔热与降温，反射隔热涂料的应用仍能够取得突出的节能效益。而在冬季，反射隔热涂料的热反射作用不利于保持室内的适宜温度，因而对于保持室内适宜温度是负作用，但夏季的有利和冬季的不利两相权衡后仍可以取得很高的节能效益。这是因为夏季和冬季太阳辐射热能量的巨大差异。

同样的道理，在寒冷和严寒气候区，反射隔热涂料全年的综合节能甚微或没有作用。因而，反射隔热涂料主要适用于我国气候分区的夏热冬暖、夏热冬冷和温和地区的某些特殊区域等气候区。

2. 在夏热冬冷地区应用时应配套保温层

夏热冬暖地区冬季无保温要求，反射隔热涂料可以直接应用。而夏热冬冷地区的特点是既需要考虑建筑物的夏季隔热，又需要考虑冬季保温，因而建筑反射隔热涂料在夏热冬冷地区的外墙面和屋面应用时必须考虑冬季的保温问题，即需要与之配套的保温层，形成保温层-建筑反射隔热涂料节能系统，如图1-1所示。

在图1-1中，保温层可以分别是由保温板材、保温浆料、保温腻子和保温胶泥或其他保温材料构成的各种保温层。

3. 反射隔热涂料应用前需要进行建筑节能计算

在建筑工程领域反射隔热涂料最主要的应用目的是作为一种节能材料。反射隔热涂料在应用于具体工程时，需要先由建筑设计部门进行建筑节能计算，而这种计算是非常专业的专门技术，对于涂料研究、生产和普通应用技术的人

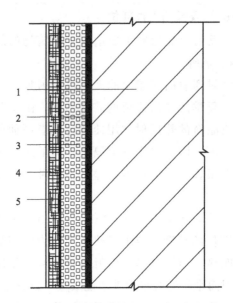

图 1-1　与外墙外保温系统配合使用的建筑反射隔热涂料涂层构造示意图

1—基层墙体；2—防水砂浆找平层；3—保温层；4—抗裂防护层（抗裂砂浆复合耐碱网格布）；

5—建筑反射隔热涂料涂层体系（柔性耐水腻子＋弹性底涂＋建筑反射隔热涂料）

员来说可能是很生疏的。

　　建筑节能设计人员根据相关的标准、涂料工程所处的气候条件及气候区，涂料所处建筑物部位（指墙面或屋面）和涂料的性能，并在选取等效涂料热阻和热惰性指标等参数后，在得到满足节能设计标准要求的条件后选择涂料产品。

四、反射隔热涂料的反射隔热原理

1. 保温隔热涂料的种类

　　热传导机理分为传导传热、对流传热和辐射传热三种，分别主要发生于固体传热、流体传热和高温辐射传热。与此相对应，通常人们将保温隔热材料分为阻隔型、反射型和辐射型三类。下面介绍这三种类型的涂料。

　　（1）阻隔型建筑保温隔热涂料　阻隔型保温隔热涂料的隔热机理是通过热传递的阻抗作用实现隔热保温，这要求涂膜具有低的热导率，并具有一定的厚度，以维持高热阻。常用的大部分保温隔热涂料属于这类涂料，尽管其可能不以涂料名之，例如在建筑工程中曾大量应用的胶粉聚苯颗粒保温浆料。

　　这类涂料的应用要求一是材料本身应具有好的保温性能（即低的热导率），二是应用时需要提供相应的材料厚度以产生较高的传热阻，通常情况下没有一定厚度是不能达到保温要求的。

（2）反射型保温隔热涂料　　反射型保温隔热涂料即为本书主要叙述的反射隔热涂料，这类涂料具有很强的对于太阳辐射能量的反射性能，其主要应用功能是有效地反射太阳热辐射，降低物体表面对太阳辐射能量的吸收。

这里应当指出的是，"反射型保温隔热涂料"一般情况下所能够产生的保温效果（热阻）可能极为有限，所谓"反射型保温隔热涂料"只是三类涂料分类时的一种对应称谓而已，并不能当真认为其能够产生多么好的保温性能。这里郑重其事地申明这一点，主要是有感于多年来对反射隔热涂料功能的过当宣传。

（3）辐射型建筑保温隔热涂料　　辐射型保温隔热涂料是通过辐射的形式将受照射物体吸收的光和热以一定波长发射到空气中，从而降低物体温度的一种涂料。当其应用于建筑物时，涂膜的热辐射功能可加快室内降温速率，从而实现隔热降温。这是一种主动降温隔热的方式。但是，由于辐射传热主要发生于高温状态，因而传统上辐射型隔热涂料主要是高温场合应用的涂料。不过，反射型隔热涂料中现在也应用了辐射传热的机制。

2. 太阳辐射强度和太阳常数

万物生存、生长靠太阳。太阳是一个巨大炽热的球体，在晴朗天气地表获得 $956W/m^2$ 的太阳正向辐射能。照射到物体面的太阳辐射强度取决于所处的纬度、季节、昼夜时间段、天气及表面的方位角、倾角等因素。

巨大的太阳辐射能量给万物的生长、人类的生存（生产和生活）提供了必要条件。但在夏季、强烈的太阳辐射会使地面和物体表面温度不断升高，给人类生产、生活造成很大不利并增加能耗。

太阳辐射是电磁辐射的一种，它是物质的一种形式，既具有波动性，也具有粒子性，其本质与无线电波并无差异，唯波长和频率不同而已。

太阳辐射强度就是太阳在垂直照射情况下，在单位时间（一分钟、一天、一个月或者一年）内，一平方厘米的面积上所得到的辐射能量。如果在特定的情况下测量太阳辐射强度，就叫做太阳常数。也就是说，必须是在日地平均距离的条件下，在地球大气上界，垂直于太阳光线的 $1cm^2$ 的面积上，在 $1min$ 内所接受的太阳辐射能量，才称为太阳常数，是用来表达太阳辐射能量的一个物理量。

3. 太阳辐射的光谱分布和能量分布

（1）光谱分布　　太阳辐射的主要波长范围为 $0.15\sim4\mu m$，而地面和大气热辐射（又称温度辐射）的主要波长范围为 $3\sim20\mu m$。在气象学中，根据波长的不同，常把太阳辐射称为短波辐射，而把地面和大气辐射称为长波辐射。

太阳辐射的光谱可以划分为几个波段。波长短于 $0.4\mu m$ 的称为紫外波段，从 $0.4\mu m$ 到 $0.75\mu m$ 的称为可见光波段，而波长处于 $0.75\sim1000\mu m$ 的则称为红外波段。红外波段还可以分为近红外（0.75～25μm）和远红外（25～1000μm）两个波段。表 1-2 列出了不同颜色的波长及其光谱范围[20]。

表 1-2　不同颜色的波长及其光谱范围

颜色	波长/nm	光谱范围/μm
红	700	640～750
橙	620	600～640
黄	580	550～600
绿	510	480～550
蓝-靛	470	450～480
紫	420	400～450

（2）能量分布　尽管太阳辐射的波长范围很宽，但绝大部分的能量却集中在 0.22～4.0μm 的波段内，该波段的辐射能占太阳辐射总能量的 99%，其中可见光波段约占 43%，红外波段约占 48.3%，紫外波段约占 8.7%，而能量分布最大值所对应的波长则是 0.475μm，属于蓝色光。太阳辐射能分布见表 1-3。

表 1-3　太阳辐射能分布

区域	波长/μm	辐射能/%
紫外区	<0.4	8.7
可见光区	0.4～0.75	43.0
红外区	0.75～1000	48.3
近红外区	0.75～25	
远红外区	25～1000	

4. 反射隔热涂料的基本原理

（1）不透明型反射隔热涂料　处于可见光波段和红外波段的太阳辐射能占太阳辐射总能量的 91.3%，当其入射在反射隔热涂膜表面时将被涂膜吸收、透射或反射。若反射率为 ρ，吸收率为 ε，透过率为 τ，则 $\rho+\varepsilon+\tau=1$。对于不透明涂膜来说，$\tau=0$，则可简化为 $\rho+\varepsilon=1$。可见，反射隔热涂料应具有高反射率 ρ 和低吸收率 ε，如某产品实际检测的反射率（即太阳光反射比）$\rho\geqslant90\%$[21]。

反射能力强可以将可见光区和近红外区的辐射以同样的波长反射出去而不是被涂膜吸收，实现降温。但是，涂料的太阳光反射比不可能达到 1，仍会有部分太阳辐射能被吸收。因而，还要求反射隔热涂料在 8～13.5μm 波段内具有高的辐射性能，从而能够将吸收的部分热能以红外辐射的方式在 8～13.5μm 波段内穿过大气红外窗口，高效地发射到外部空间。关于这一点，下面会有更详细的介绍。

此外，反射隔热涂膜的热导率很小，能够阻止涂膜表面的温度升高和热量通过涂膜的传导，保证涂膜具有一定的隔热功能。例如，我国石化工业在 20 世纪末从国外进口反射隔热涂料应用于输油管道和储油罐，对其热导率的测试表明，在常温下热导率 λ 为 $0.050W/(m \cdot K)$；$85℃$ 下的热导率 λ 为 $0.077W/(m \cdot K)$[22]。我国多年来研制的反射隔热涂料，其热导率一般都处于 $0.06W/(m \cdot K)$ 以下。

因而，非透明型反射隔热涂料的基本原理在于其涂膜具有对紫外光和红外光的高反射能力、在 $8 \sim 13.5\mu m$ 波段内的高辐射能力和涂膜本身较低的热导率。

（2）透明隔热涂料　这类涂料的隔热原理与上述不透明型反射隔热涂料有所不同，其应用原理在于涂膜对可见光具有很高的透过能力，从而能够有效阻隔红外光的透过。

如前所述，太阳辐射的能量主要集中在波长为 $0.22 \sim 4.0\mu m$ 的范围内，其中绝大部分分布在可见光和近红外区，而红外区就占一半的能量。红外光对视觉效果没有贡献，若将这一部分能量进行有效阻隔，可以起到很好的隔热效果而不影响玻璃的透明性。纳米透明隔热涂料就是利用这一原理制成的。

纳米级的半导体材料［如氧化铟锡（ITO）、氧化锡锑（ATO）、氧化铝锌（AZO）等］和纳米金红石型 TiO_2 导电粒子的结构中都含有一定浓度的电子空穴，而引起自由载流子的吸收。具体表现在太阳光谱中，波长在 $400 \sim 800nm$ 的可见光的透过率不受影响；波长在小于 $400nm$ 的紫外区，涂膜吸收率为 90% 左右；波长在 $800 \sim 2500nm$ 的近红外区域，由于太阳入射光的频率高于纳米导电粒子的振动频率，引起了其离子的高反射，从而对分布于红外波段占 43% 左右的太阳能量起反射阻隔作用。

透明隔热涂料就是利用这种对太阳光谱具有理想选择性（即对红外光的反射性很强，而在可见光区透过率很高）的纳米半导体粉体材料作为功能性填料，并使用高度透明的成膜物质制备得到的涂料，拥有反射红外线而阻隔热量传递，并能够使可见光透过涂膜，因而具有透明和隔热的双重功能。

5. 辐射型保温隔热涂料的热工机理

由于反射隔热涂料生产技术中涉及到辐射型隔热涂料的机理，甚至有的反射隔热涂料就是两种涂料的复合型产品，而且有着更为优异的热工性能。因而这里对该类涂料的热工机理进行详细介绍。

太阳光能够部分地直接辐射到地球表面，部分在通过大气层时，由于气层中的水、CO_2、臭氧及固体悬浮颗粒对红外线产生强烈的散射和吸收作用，在两个窗口（$\lambda = 3 \sim 5\mu m$ 和 $\lambda = 8 \sim 13.5\mu m$）之外接受了太阳光的辐射，而地表上的物体在发射红外线辐射时可透过这两个窗口（特别是 $\lambda = 8 \sim 13.5\mu m$）区域，将能量大部分透过并直接辐射到大气外层，通常称这两个窗口为大气窗口[23]。这是光学和红外气象学的一个重要特征。

其中，λ＝8～13.5μm 的这一波段，由于地面上的红外辐射可以直接辐射到外层空间，也称为大气环境中热量吸收和辐射的马鞍形现象，如图1-2 所示。

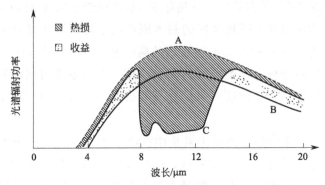

图1-2　涂层在大气环境中存在热量吸收和辐射的马鞍形现象

在波长 8～13.5μm 的区域内，采用红外辐射材料的辐射型建筑保温隔热涂料能提高这一区域的热辐射，把建筑物吸收的日照光线和热量以一定的波发射到空气中，从而达到隔热降温效果，可使涂层表面温度比环境低 7～15℃。

辐射型保温隔热涂料的优势还在于，该类涂料不同于上述的阻隔型保温隔热涂料和反射型保温隔热涂料，因为这两类涂料只能减慢但不能阻挡热能的传递。白天太阳能经过涂装有保温隔热涂料的屋面和墙壁不断传入室内空间及结构中，这些传入的热能在室外气温下降后，再反过来通过涂装有保温隔热涂料的屋面和墙壁向外传递的速度同样很缓慢。而辐射型保温隔热涂料却能够以热辐射的形式将吸收的热量辐射掉，从而促使室内和室外以同样的速率降温，因而具有较高的降温速率。

第三节
反射隔热涂料的应用与发展

一、概述

太阳的高热辐射，给人类赖以生存的空间带来许多危害。例如，夏季阳光照射在金属板上，其表面温度可达 70～80℃，若罐内储有易挥发的物质，如轻质油、液化石油气以及其他化工原料，夏季需要采用喷水降温措施，以减少挥发和保证安全[24]。再例如，夏季阳光照在夏热冬暖或夏热冬冷地区建筑物的屋顶上和外墙面上，顶楼房间的室内温度要比楼下房间高出 3～5℃，外墙面的最高温度也可能达到 70～80℃。

因而，人们利用涂膜反射太阳热以实现降低被照射物体夏季表面温度的目的。早期使用的是铝粉涂料（银粉漆），但因为铝粉在太阳热波长区域内的反射效率低，且铝粉本身的传热性好，夏天在太阳光的照射下，涂膜表面的温度仍能高达 60℃ 以上，其降温效果有限。随着材料科学技术的发展，我们目前称之为反射隔热涂料的新型涂料得以研发和应用。

可以说，由于太阳辐射热的某些极其不利因素、工业生产和安全的需求、人们不断提高生活舒适度的本能和科学技术的发展等综合因素，反射隔热涂料的应用几乎是一种必然的趋势。

1. 国外基本概况

国外在 20 世纪 50 年代研制成功太阳能热反射涂料，随后投产。20 世纪 70、80 年代其基础理论已经形成[25]。该类涂料最初是为了满足军事上和航天上的需求，后来由于其能够显著降低暴露在太阳辐射下的物体表面温度，因而被迅速应用到石油化工行业中。国外早期具有代表性的产品有美国盾牌（Thermoshield）节能涂料、LO/MIT-Ⅰ型隔热涂料和新加坡高科（HIT）涂料等。

其中，盾牌涂料应用于航天飞机，涂料中含有极细的陶瓷空心微珠，成膜后空心微珠排列形成完整的反射隔热层。新加坡高科涂料为美国和南非联合研制，在新加坡生产，其涂料隔热并兼有防腐蚀功能。美国太阳能集团公司的 LO/MIT-Ⅰ型隔热涂料用于屋顶涂装，夏天可使室内温度降低 5.5～14.5℃。

美国 ASTM 隔热委员会还于 2009 年颁布了 ASTM C1483—4 标准《建筑物外用太阳辐射涂料标准规范》，规定了反射涂料的技术指标和测试方法，标志着"反射隔热涂料"已被美国正式接受并规定应用于相关领域，如钢结构、建筑外墙等。

接着，日本、意大利等国紧随其后进行研究并开始产品化。日本研制出的一种粒径极细微的陶瓷填料，具有热导率低、比热容小的特点，构成生产反射隔热涂料的核心技术。此外，日本还是最早将反射隔热涂料应用于沥青路面的国家。目前，日本的反射隔热涂料绝大多数用于建筑物和路面。日本已于 2011 年颁布了工业标准 JIS K5675—2011《屋顶用高太阳光反射清漆》。

2. 国内基本情况

我国从 20 世纪末开始使用进口反射隔热涂料进行输油管道和储油罐[23]的

涂装。市场的需求推动了产品研发。20世纪末至21世纪初，石化工业在使用进口产品的同时，国内很多研究院所、大学和企业研发了多种反射隔热涂料产品，如"Sicc选择性红外制冷降温涂料""海灰色选择性热反射涂料""HC太阳能屏蔽涂料""太空隔热特种涂料""红外伪装降温涂料""J322热反射隔热防腐涂料""JM332迷彩降温涂料"和"防红外热效应涂料"[26]等。可以说，国内研究虽起步较国外晚，但由于众多高校和研究单位的努力，不但在产品研发和工程应用方面取得很大进展，在机理研究方面也能直追国外先进水平。

用于粮仓和建筑物屋顶、外墙的反射隔热涂料的产品开发和应用技术研究紧随其后。在这类外围护结构的表面采用高反射性隔热涂料，能够减少建筑物对太阳辐射热的吸收，阻止建筑物表面因吸收太阳辐射导致的温度升高，减少热量向室内的传入。早期主要是研究产品生产技术和在屋面上应用，以降低温升和对屋面防水材料起保护作用[27]。21世纪初由于国外新型高效能材料玻璃空心微珠在国内对商品的推销，推动了这类涂料在我国南方夏热冬暖地区外墙面和屋面上的应用[13]。与此同时，有的产品也已开始在夏热冬冷地区的外墙面应用[28]。

随着应用需求的推动，应用于建筑幕墙、门窗玻璃的透明隔热涂料也得到开发研究，除了有很多研究论文得以刊发[29~31]外，产品也逐渐推向市场，并于2011年颁布了建工行业标准JG/T 338—2011《建筑玻璃用隔热涂料》；于2012年颁布了JG/T 384—2012《门窗幕墙用纳米涂膜隔热玻璃》；于2015年颁布了建工行业标准JGJ/T 351—2015《建筑玻璃膜应用技术规程》等。

特别是在2006年国家开始强制实施建筑节能后，建筑反射隔热涂料的生产与应用蜂拥而起，开始了反射隔热涂料生产与应用的新时期。

二、在石油化工领域的应用与发展

石化行业是我国民用工程中最早应用反射隔热涂料的行业，其应用反射隔热涂料主要是对各种管道、海上钻井平台、储罐和运输槽车表面的涂覆，例如输油、气管道和溶剂、轻质油储罐等设施、装备的涂装，可以得到降温减压、安全增效、节能节水的效果。

此前，石化行业储罐外壁多采用银粉漆涂装，对于溶剂储罐及低沸点化工产品储罐，在高温季节则采取以水喷淋降温的方法来减少产品的呼吸损耗。对于固定的管道、储罐等装置，采用反射隔热涂料涂装后，可以降低涂覆物表面温度，取代或缩短水喷淋降温时间，减小油气昼夜温差，降低小呼吸损耗；对于管道、槽车等的涂装，则可以降低装卸中的蒸发损失。

我国大庆油田在 20 世纪末就从国外进口反射隔热涂料应用于输油管道和储油罐[23]。到了 2000 年，中国石油化工股份有限公司九江分公司在液化气球罐上应用进口的"太空隔热涂料"，并在 2001 年开始应用国产反射隔热涂料。与传统使用的银粉漆相比，反射隔热涂料可降低球罐表面日照超温（"日照超温"的概念见本书第五章）20℃以上。此后，九江分公司在液化气球罐上全面应用反射隔热涂料，并推广应用到内浮顶汽油罐上。南昌铁路局在上饶机务段柴油罐上应用反射隔热涂料，取消了夏季喷淋水。之后，铁道部下文通知各路局结合实际情况推广应用[32]。

研究表明[32]，反射隔热涂料应用于溶剂、轻质油等易挥发油品储罐的涂装对降低油品储存损耗的作用在于：一是能够减小油气昼夜温差，降低小呼吸损耗；二是降低油品饱和蒸气压，减少蒸发损耗；三是发挥降低蒸发损耗作用的时间长等。例如，在对新疆吐鲁番机场油库的一个有 800m^3 喷气燃料的储罐外表面使用反射隔热涂料后的应用效果研究证明[33]，使用反射隔热涂料后，可以控制油品温度的波动，每日可降低油品"呼吸"损耗约 13kg。

在这期间，如前述，由各种研究院所、大学和企业研发了众多商品名称的反射隔热涂料。除此之外，在工程应用技术的研究过程中，还研究了涂料应用效果的现场检测技术[34]，所研制的现场检测系统能够自动检测和记录涂膜在阳光辐射下的升温过程、表层温度以及储罐内液体的温度。

随着应用技术的成熟，于 2012 年制定了主要用于储罐、设备、建筑船舶、车辆等金属外表面的化工行业标准 HG/T 4341—2012《金属表面用热反射隔热涂料》。2017 年发布了国家标准 GB/T 50393—2017《钢质石油储罐防腐蚀工程技术标准》，引入"储存轻质油品或易挥发有机溶剂介质储罐的防腐宜采用热反射隔热涂料，总干膜厚度不宜小于 250μm"等有利于促进和规范反射隔热涂料应用的内容，并在标准的附录中规定了热反射隔热涂料和涂层的性能指标。

三、在交通、粮仓等领域的应用与发展

1. 交通领域

反射隔热涂料在交通领域的应用主要分为两方面，即运输装备（如各种车辆、轮船、集装箱等）表面和沥青道路路面的涂装。前者的应用与发展几乎和石化行业同步。

反射隔热涂料应用于汽车、火车、飞机和船舶等交通运输设备的外表面，能够起到反射辐射、阻止热量传导的作用，提高运输设备的安全性能。例如，在汽车领域，在 2005 年就开始进行将透明隔热涂料应用于汽车玻璃的研究，其结果表明反射隔热涂膜在隔热率达到 52％的情况下，可见光透射率达到 85％，能够解决使用贴膜时可见光透射率与隔热率之间的矛盾[35]。

反射隔热涂料在路面中首次应用是从 21 世纪初开始的。日本是最早开始路用反射隔热涂料研究的国家。2002 年日本长岛特殊涂料公司和日本铺道公司联合开发出一种能控制公路路面温度升高的新型铺路材料，称为"凉顶"（cool-top）。铺完沥青混合料后，再铺一层由微小陶瓷粒子和热反射颜填料组成的"凉顶"，其中含有的微小陶瓷粒子能反射太阳光中的红外线。继长岛特殊涂料公司后，日本许多家企业纷纷开始了热反射涂料研究，并组建了遮热性路面研究协会，进一步推动了热反射涂料的相关研究及其在路面中的广泛应用工作。继而，又开发了溶剂型、乳液型等多种适合于不同场合的热反射涂层铺装材料，除行车道和人行横道外，还在广场、游泳池旁等特殊工程中应用[18,19]。

目前，日本国内已有 40 多个行政区的道路采用了遮热性路面，累计超过百万平方米，其中东京地区占全国总铺装面积的 54％[36]。对涂装三种不同颜色热反射涂料及未涂装的普通沥青路面进行路表反照率及温度测试，路面温度均有不同程度降低，最大降幅可达 15℃以上；对不同路面进行的降温效果试验表明，涂刷热反射涂料的透水性路面比普通透水性路面温度低 4～5℃。日本遮热性铺装协会在总结已有成果的基础上，编制了行业内部的技术应用指南，提出了相关试验方法。

日本道路用隔热涂料在 2014 年和 2015 年的销售量也达到 322.2t 和 324.4t[37]。2015 年比 2004 年的 41.9t 增加了 6.7 倍。

我国将反射隔热涂料用于沥青路面降温的研究较晚，目前虽然还处于研究探索阶段，像日本那样大面积推广应用尚待时日，但也已经进行了许多技术研究工作，取得了一定的成果，并总结出实际工程应用中需要解决的问题[38]，诸如水性热反射涂料存在黏结力较差、强度不够、涂层的耐磨性能不足、须提高涂料的耐污性以及制定路用热反射涂料降温标准的评价方法等。

除沥青路面外，目前见诸报道的反射隔热涂料在交通领域研究和应用还有在高铁桥梁高墩上的应用[39]、在无砟轨道上的应用[40]、在混凝土桥梁表面的应用[41] 等研究。

2. 粮食储仓

粮仓也是应用反射隔热涂料较早、较多的领域，其应用在 21 世纪初就已开始[42]。

对于粮仓外表面采用反射隔热涂料涂装的研究主要是应用技术和效果的研究。例如，对武汉某粮仓涂装反射隔热涂料后的实际效果进行跟踪实测[43]，结果表明，粮仓仓顶和仓墙外表面涂装反射隔热涂料后，可以明显降低仓顶的表面温度，减少太阳辐射对仓房的热能传递。在夏季储粮时可以使仓温和上层粮温下降5℃以上，达到维持粮温稳定上升，增强储粮稳定性的效果。

在将涂装反射隔热涂料的粮仓与对照仓的对比试验研究中还发现[44]，反射隔热涂料具有抗腐蚀性、防渗透性和耐候性，对仓温能起到一定的隔热保温效果，在储粮度夏期间能有效降低仓温和表面粮温上升幅度，与对照仓相比分别能降低5℃以上，从而增加储粮稳定性、延缓粮食品质变化。

对彩钢板屋顶高大平房仓喷涂太阳热反射隔热涂料的研究结果证明[45]，喷涂反射隔热涂料对控制彩钢板屋顶高大平房仓仓温效果明显，同时可以达到延缓仓顶彩钢板老化、改善仓内工作环境和节能的目的，是彩钢板屋顶高大平房仓控温储粮的一种有效方法。

3. 军用装备领域

反射隔热涂料是为了满足军事与航天上的需求而发展起来的，目的是使用该涂料降低和削弱敌方热红外探测设备的效能，改变被涂物的热辐射特征或使其综合热辐射特征与周围背景相适应。因而军用装备领域用太阳热反射涂料应同时具备太阳热反射涂料和可见光迷彩涂料的性能，这使得它的设计要点和对其性能的要求不完全等同于普通的太阳热反射涂料。例如，为兼顾可见光隐身，军用装备多涂覆迷彩涂料，色块较深，由于物体的颜色对可见光的吸收呈现强烈的选择性，颜色越深，对可见光吸收越强。因此，对用于军事领域的深色伪装降温涂料来说，着色颜料的使用至关重要[16]。

鉴于军用装备领域的特殊性，其应用与发展很难为外人了解。以下是各种媒体上已公布的信息。例如，空军后勤学院于2003年研制了红外伪装降温涂料；北京工业大学在2003年研制了可用于部队的油罐、车辆和建筑的JM332迷彩降温涂料[26]；青岛海洋化工研究院在2003年研制了WSRC-02型双组分水性聚氨酯热反射海灰船壳漆[46]；青岛科技大学在2008年研制了可供民用和军用的绿色帐篷用涂料[47]。如此等等，不一而足。此外，有的军用装备领域研究者对反射隔热涂料的理论和研究等方面往往有更为深刻的认识[16]。而我国早在1993年就颁布了国家军用标准GJB 1670—1993《GF-1热反射涂料规范》、足可以看出军用领域反射隔热涂料发展应用之早和技术之成熟。

4. 其他领域的应用与发展

除了以上介绍的外，目前见诸报道的反射隔热涂料研究和应用诸如在工业带温设备表面应用[48]、在预涂金属卷材表面应用[49]、在涂布纸中应用[50]、在建筑工程安全帽中应用[51]、在织物上应用[52]、在油脂工业中应用[53]等。

第四节
建筑反射隔热涂料的应用与发展

一、建筑反射隔热涂料新产品的研发

在 2006 年国家强制实施建筑节能后，相关技术和材料应运而生，建筑反射隔热涂料就是其中之一。经过多年的应用、研究和发展，建筑反射隔热涂料已成为夏热冬暖和夏热冬冷地区一种重要的建筑节能技术。

建筑涂料是涂料工业应用量最大的行业，反射隔热涂料亦如此，不但我国是这样，日本亦如此。例如[37]，日本 2015 年全年销售反射隔热涂料的总量为 13114.9t，而建筑反射隔热涂料就达到 12759.3t，占总量的 97.3%。

近年来，建筑反射隔热涂料的应用出现新局面：应用区域扩宽，应用量增大，应用技术受到重视，应用水平不断提高，相关技术标准陆续颁布实施，产品品种增多；同时，应用市场方面和技术方面都存在着很混乱的现象。

在建筑反射隔热涂料发展的初期阶段，其品种仅仅是功能性合成树脂涂料类的单一品种。随着应用需求和涂料生产技术进步以及原材料的发展，出现了诸如透明隔热涂料、智能隔热涂料、高装饰性（非均质）反射隔热涂料、高性能反射隔热涂料等新品种。

透明隔热涂料主要应用于玻璃表面制成反射隔热型节能玻璃，也可以和外墙涂料一起涂装成具有反射太阳热功能的功能型涂层[54]，以及应用于外墙面砖表面。因而，该类涂料扩展了建筑反射隔热涂料的应用范围，也为建筑节能提供了重要技术措施。

正在研发的陶瓷智能隔热涂料具有单向反射散射特点，其特点是涂装于建筑外墙，不仅可反射太阳光，减少进入室内的太阳辐射热量，还可有效将室内的热量迅速向外迁移，实现室内散热[55]。实际上，该类涂料应当是一种反射-辐射功能复合的隔热涂料，或者说是辐射功能较强的反射隔热涂料，和水性高反射高辐射型隔热涂料[56] 是同一类技术。

高装饰性建筑反射隔热涂料也称非均质建筑反射隔热涂料，主要是指具有反射隔热功能的合成树脂乳液砂壁状涂料（反射隔热型真石漆）和水包水型多彩涂料等。

从目前的研制情况来看，不同的研究者制备反射隔热型真石漆的方法有所不同。例如，某专利的制备方法是以反射型彩砂作为功能型填料制成，而反射型彩砂系使用红外反射颜料配合常规无机色浆用油性包覆或烧结方式染色到白色彩砂上，染成能够反射红外线的彩砂[57]。有的制备方法[58]则是直接采用高反射性颜填料、陶瓷空心微珠和各种普通彩砂分别制备成具有反射隔热功能的封闭底漆、真石漆和罩面漆，施工时复合成反射隔热型真石漆涂层体系；有的则是通过空心玻璃微珠增强改性常规质感涂料[59]，或者利用空心玻璃微珠与常规质感涂料复合进行制备[60]。

除了直接研制反射隔热型真石漆外，研制反射隔热石英砂[61]，再用这样的石英砂制备反射隔热型真石漆就更为简单了。

同样，不同的研究者制备反射隔热型水包水型多彩涂料的方法也有所不同。例如，某专利的制备方法是在水包水型多彩涂料的制备过程中，在分散相调色基础漆中添加玻璃空心微珠和反射隔热色浆，以及在分散介质中添加反射隔热色浆而制得[62]。此外，也有关于以钛白粉、陶瓷空心微珠为原材料分别制得具有反射红外光性能的底漆和多彩面漆的分散颗粒，配合以硅丙乳液作为连续相并进而制得多彩反射隔热涂膜的研究[63,64]。

建筑反射隔热涂料在外墙外表面应用时的一大问题是其耐久性和耐沾污性能不良，因而催生了高耐久、高耐沾污性和具有自清洁性的高性能反射隔热涂料的研制。具有这种高性能水性涂料以氟碳-丙烯酸酯共聚类最好，有机硅-丙烯酸酯共聚类次之。目前得到较多研究的是氟碳-丙烯酸酯共聚类[65,66]，后者仅见于研制水性多彩反射隔热涂料的报道[62]。

二、反射隔热涂料原材料的发展

用于外墙和屋面的建筑反射隔热涂料绝大多数是水性涂料，其分散介质为水；而制备水性建筑反射隔热涂料用助剂通常为一般水性涂料用助剂，其应用虽然会对反射隔热涂料的性能产生重要影响，但主要是品种选用和合理搭配、协调使用等问题，且同一类产品的不同商品的使用可能会有很大差别，更多的是实际应用中积累的经验。因而，建筑反射隔热涂料生产用原材料的发展主要集中在成膜物质、颜料和功能性填料等方面。

1. 成膜物质

反射隔热涂料用成膜物质（合成树脂乳液），其涂膜必须透明，且对太阳光的吸收率尽可能小。在发展应用的起步阶段，生产建筑反射隔热涂料使用的成膜物质主要是生产普通外墙乳胶漆用的聚丙烯酸酯乳液和苯乙烯-丙烯酸酯共聚乳液（包括普通乳液和弹性乳液）。但随着使用时间的推移，这种情况发生了明显变化，使用其他类胶结材料作为成膜物质的研究和应用逐渐增多。

(1) 使用改性聚丙烯酸酯乳液的研究　其实，使用改性聚丙烯酸酯乳液生产建筑反射隔热涂料是很自然的事，这基于以下几种条件：一是对涂膜的反射隔热性能来说，不同种类树脂作为涂料成膜物质对反射隔热性能的影响很小[67]；二是建筑反射隔热涂料在外墙外表面应用时受到的一大诟病是其耐久性和耐沾污性能不良；三是我国以前在使用改性聚丙烯酸酯乳液生产普通外墙涂料方面已经积累了丰富的经验。使用改性聚丙烯酸酯乳液生产建筑反射隔热涂料则能够不同程度地克服这些问题。

使用改性聚丙烯酸酯乳液生产建筑反射隔热涂料的研究包括使用有机硅-丙烯酸酯共聚乳液研制水性多彩反射隔热涂料[68]，使用氟碳-丙烯酸酯共聚乳液研制高耐久、高耐沾污性和具有自清洁性的高性能建筑反射隔热涂料[65,69] 等。由于紫外线发射出的能量为 314～419kJ/mol，而 F—C 键具有 485kJ/mol 的高键能，使其具有较强的抵御紫外线破坏能力，因而氟碳-丙烯酸酯共聚乳液一般被认为是具有高耐沾污性、高耐久性的高性能乳液。例如，实际研究中使用氟碳乳液制备的热反射隔热涂料在耐污试验后表现出了较丙烯酸涂料更优异的热反射性能[70]。

(2) 使用环氧改性聚丙烯酸酯乳液研制反射隔热涂料　聚丙烯酸酯乳液（树脂）的抗回黏性差和耐热性不良，在高温下的耐沾污性更差，而建筑反射隔热涂膜受到严重沾污后其反射隔热性几乎损失殆尽。利用环氧树脂良好的硬度和耐热性优势对聚丙烯酸酯乳液进行物理共混改性，能够制得性能更为优异的复合乳液。以此乳液为基料的反射隔热涂料性能显著提高[71]。但是，环氧树脂耐紫外线照射的粉化性差，因而应注意限制两种树脂的共混比例。

(3) 使用地质聚合物研制反射隔热涂料　地质聚合物也称地聚物，是通过水玻璃碱性激发偏高岭土而制备的，是一种在硅氧、铝氧四面体之间通过桥氧在三维空间聚合而成的无机聚合物。以地聚物为基料、以空心玻璃微珠为功能性填料制备的反射隔热涂料属于无机类涂料，具有强度高、耐久性好、耐沾污和反射效率高等特点，且隔热效果显著。例如，某反射隔热涂料的太阳光反射比达 90% 以上，隔热温差可达到 24℃[72]。应指出，根据反射隔热涂料的制备机理，在使用地聚物制备涂料前应先解决其涂膜的透明问题。

（4）使用无机-有机聚合物复合基料研制反射隔热涂料 地聚物虽然具有和有机高分子相似的聚合物网络结构和结合性能，但其结构耐受环境影响的能力较差，易产生质量劣化。当其和黏结性能、柔性均较好的苯丙乳液复合后，二者各自的性能不足可以得到相互补充。

研究表明[73]，以偏高岭土基地聚物和苯丙乳液进行复合制得的有机-无机复合胶结材料作为成膜物质制成的反射隔热涂料，与仅使用苯丙乳液制备的反射隔热涂料相比，前者除了具有较为理想的耐水、耐碱性，以及较强的耐温变形外，还具有更高的太阳光反射比、更好的耐候性和耐久性以及更好的综合性能。

同样，由于反射隔热涂料的基料要求其成膜后是透明的，因而在这种复合型基料中，应对地聚物的复合量进行限制。

（5）采用硅溶胶-合成树脂乳液复合成膜物质制备反射隔热涂料 硅溶胶属于纳米级细度的 SiO_2 分散体，作为无机组分与合成树脂乳液复合制备通常的建筑涂料能够取得良好效果。这种技术也同样适用于反射隔热涂料的制备。一些研究者进行了这方面的研究[74,75]，并发现[73]涂料中硅溶胶比例的增加有助于提高涂膜的太阳光反射比和污染后的太阳光反射比，最终能够制备出具有耐沾污、高热反射和辐射能力的无机-有机复合型反射隔热涂料。

2. 功能性填料和冷颜料

（1）功能性填料 赋予不透明型反射隔热涂料热性能的是功能性填料，主要是玻璃或陶瓷空心微珠。但是，近年来对于产生反射隔热功能作用的原材料也发生了一些变化，出现了一些新型功能性填料，例如陶瓷粉、膨胀聚合物微球、反光粉、反射隔热粉和热反射粉等。除此之外，就玻璃空心微珠产品本身而言，近年来也出现新的高性能产品。例如，德国 Dennert 公司推出的 Poravor $X^{®}$ 低吸水膨胀玻璃微珠，系由纯无机矿物组成，具有良好的抗化学腐蚀性、不燃性和抗压强度，能有效抵抗户外紫外线照射和酸雨侵蚀。该玻璃微珠内部具有蜂窝中空结构，因而具有很低的热导率、表观封闭，可使吸水率大大降低，在涂料中添加具有黏度稳定性好、几乎不改变涂料颜色等特点[76]。

① 陶瓷粉（红外辐射颜料） 陶瓷粉实际上是一种红外辐射颜料，也称陶瓷红外辐射颜料，主要是为了提高反射隔热涂膜的半球发射率，在涂料配方中配合玻璃或陶瓷空心微珠而使用。陶瓷粉主要是由一些半导体金属氧化物（如 TiO_2、MgO、Al_2O_3 等）在 1000℃以上的温度煅烧制得的。当光线照射到半导体金属氧化物表面时，发生光电作用而产生大量电子跃迁，将一部分能量以红外线的形式辐射到空气中，从而提高反射隔热涂膜的半球发射率。研究表明[77]，陶瓷粉能够明显提高涂膜的半球发射率，且半球发射率随陶瓷粉添加量

增加而增大，达到最大值后则随添加量增加而减小。

② 膨胀聚合物微球　膨胀聚合物微球外壳是高分子聚合物（丙烯腈共聚物），内部是碳氢化合物，在受热（100～150℃）情况下，外壳软化，碳氢化合物由液态气化，从而使外壳膨胀增大，当温度降低后外壳冷却变硬，微球仍然能保持膨胀后的状态。近年来该材料被应用于建筑反射隔热涂料中，如美国阿克苏诺贝尔公司的 Expance 微珠，为一种粒径在常温时为 12μm，加热至 80～190℃可膨胀至 40μm 的聚合物壳体包裹的中空结构物。

不过，有的研究发现[78]，在建筑反射隔热涂料中加入直径 20～30μm 膨胀丙烯酸微球前后，与参比黑板的隔热温差的差别并不明显。

此外，对其在反射隔热涂料中的应用进行详细研究的一种称为 Solarproof 舒热盾反射隔热型聚合物[79] 材料应当也属于这类产品。

③ 反光粉　一般来说，仅使用玻璃或陶瓷空心微珠制备的建筑反射隔热涂料，其涂膜表面粗糙、空隙较大，耐沾污性差。将不同粒径的反射填料合理搭配使用，能够使涂膜既具有良好的隔热效果，表面又光滑平整、耐沾污性好。由于反光粉粒径较小，合理使用能够实现这一目的。因为小粒径粒子可有效地填充大颗粒间的间隙，提高涂膜的致密度和平整度，从而提高涂层的耐沾污性和太阳光反射比。

反光粉是高折射率玻璃微珠的半球镀铝反光材料，具有很高的反射光能力，一直是用于生产道路反光涂料的主要功能填料。某研究[80] 将质量分数为 5% 的玻璃空心微珠、2% 的陶瓷空心微珠和 3% 的反光粉复合成功能填料，制备的反射隔热涂料涂膜隔热温差为 15.3℃，太阳反射比为 0.86，半球发射率为 0.88，且涂膜致密，表面光滑。

（2）冷颜料　冷颜料也称红外反射颜料，通常定义为具有高太阳光反射比和良好的耐温性、耐候性，并且自身化学稳定性非常优异的一类颜料。一些复合无机"冷颜料"系经 800℃以上的高温煅烧而成，因而具有优异的耐候性、耐高温性和环保性。

"冷颜料"的应用基础是使用普通颜料调制彩色涂料时太阳光反射比会显著降低。使用冷颜料会大大减轻这一现象。一般来说，配制相同颜色的涂料，用红外反射颜料的涂料和用普通颜料的涂料相比，其涂膜的太阳光反射比会较高，且颜色越深，差值越大，最大可达 20% 以上[81]。

研究认为，由于白色建筑反射隔热涂料的太阳光反射比大于 80%（浅色大于 65%），其光、热反射性能较好，数值比较高，使用"冷颜料"对太阳光反射比降低作用有限，效果不明显；而对于深色涂料结果则相反，因而深色建筑隔热涂料适宜使用"冷颜料"。例如，铬铁黑等"冷颜料"能够有效提高涂料太阳光反射比，降低太阳辐射吸收率（ρ），节能明显，节能效率10%～14%[82]。

目前市场上的红外反射颜料是一种改性金红石型钛白粉，也称热反射型钛白粉，属于"冷颜料"一类产品。典型产品是亨斯迈公司（Huntsman Corporation）的红外反射颜料 ALTIRIS®550 和 ALTIRIS®800，是通过改变 TiO_2 晶体的粒径来提高反射率，通过改性和包覆处理而赋予其极高耐久性的新型功能颜料。ALTIRIS®550 能使一些中等色度和浅色（$L^* > 40$）的涂料具有很高的太阳光反射比。

研究表明[83]，调制中明度区彩色反射隔热涂料，可将普通钛白粉、反射隔热粉（红外反射颜料）和冷颜料三者配合使用。

ALTIRIS®800 颜料冲淡力极低（约为传统钛白粉的 25%），能使深色（$L^* < 40$）和一些亮丽色彩涂料具有很高的太阳光反射性能，故可用于低明度（$L^* < 40$）涂料，这些涂料（如黑色和绚丽的红色）通常不使用或很少使用普通钛白粉，配色时，如使用 ALTIRIS®800 颜料取代普通钛白粉，则可适当减少有色颜料添加量[84]。

3. 综合技术

除了以上单纯品种原材料的发展与进步外，也还有将不同功能原材料组合在一起以简化生产和保证涂料性能的情况。例如，将作为成膜物质的合成树脂乳液和具有反射隔热功能的填料组合成一种具有反射隔热功能的复合型产品。例如，陶氏化学公司的百历摩™SR-01 乳液就是这样一种产品[11]。使用该乳液配制的不同明度的反射隔热涂料可以有效地反射可见光及近红外波段入射的太阳辐射通量。作者曾对市场上属于这类乳液的某一产品是有机-无机复合型还是有机复合型反射隔热乳液的问题进行了研究。所用方法是检测干乳液膜的透明性和测试乳液固体物的 650℃烧失量。

将该乳液产品涂刷于试板上，在 40℃烘干后发现，其涂膜是不透明的。这也可以判断该产品是有机复合型反射隔热乳液，因为现在制备有机-无机复合型反射隔热乳液，通常是在乳液聚合过程中加入纳米氧化铟锡（ITO）、氧化锡锑（ATO）、氧化铝锌（AZO）等半导体金属氧化物，并使之结合于聚合物结构中[85～87]，因而其干乳液膜是透明的。

测 650℃烧失量时，先取乳液在 85℃烘干至恒重，再取所得烘干物在 650℃灼烧。在该过程中测得乳液产品的固体含量为 48.35%，固体聚合物树脂的烧失量为 99.11%，从这种固体树脂在 650℃下几乎灼烧殆尽的情况看，也能够判断这种复合乳液是有机复合型反射隔热乳液。

作者发现，使用这种乳液制备反射隔热涂料的优势：一是储存稳定性较好，相比较于使用玻璃空心微珠类涂料产品，其黏度稳定，不会出现填料上浮现象；二是涂膜光滑度和平整度好；三是简化了涂料的生产过程。

三、建筑反射隔热涂料应用技术的发展

由于涉及到建筑节能计算，因而与普通涂料相比建筑反射隔热涂料的应用技术更为重要，有时甚至成为制约其应用的关键因素[88]。对其应用技术的研究包括对涂料工程节能效果的评价、对工程应用中复合外墙外保温系统的研究以及应用技术规程、现场检测技术标准的制定等。

1. 对涂料工程实际节能效果的评价

对建筑反射隔热涂料工程实际节能效果的评价早就受到重视，并被列入国家"十一五"科技支撑计划项目[89]。尽管如此，该方面的研究仍然薄弱[88]。目前的相关研究分别集中于屋面与墙面。

例如，有文献[90]介绍，通过在江苏省苏州、太仓等地区的多栋建筑物的涂料工程进行实测，得出在该省夏季较强的太阳辐射下建筑反射隔热涂料能够有效地降低建筑围护结构外表面的温度，并降低能耗，因而其应用在建筑热工设计中能够代替一部分建筑围护结构热阻；如采用深色反射隔热涂料对比采用相同色度普通涂料，夏季仍然能够大幅降低建筑围护结构表面温度而取得节能效果；而在12月份太阳辐射强度不高的情况下，反射隔热涂料与相同色度普通涂料表面的平均温差仅为1.7℃，影响不大。此外，对杭州测试房的实测结果则表明[91]，建筑反射隔热涂料能有效减少东、南、西三面墙体导热量，降温效果显著。

对屋面建筑反射隔热涂料的实测则表明[92]，在仓房表面使用反射隔热涂料，可以有效控制仓温随气温上升的速度，不但可以较好地保护仓顶防水卷材，并能明显降低仓温。

总之，一些对建筑反射隔热涂料工程节能效果的研究均能得到其具有明显节能效果的结果，但定性的多，定量的少。建筑反射隔热涂料成规模性地在工程中应用已有10年以上的历程，其工程应用量绝对应以亿平方米计，而对实际节能效果的研究始终是个非常薄弱的环节，应当引起重视。

2. 对工程应用中复合外墙外保温系统的研究

在夏热冬暖地区，建筑反射隔热涂料可以单独使用，而在夏热冬冷地区则需要与其他保温材料配合构成外墙外保温系统使用才能满足建筑节能要求。为了满足节能设计的需求，近年来出现了一些新系统，如保温腻子-建筑反射隔热涂料系统[93,94]、保温胶泥-建筑反射隔热涂料系统[95]、建筑反射隔热涂料组合脱硫石膏轻集料砂浆系统[96] 等。其中，保温胶泥-建筑反射隔热涂料系统是安徽省建筑科学研究设计院和安徽天锦云节能防水科技有限公司合作研制的，得到了跨地区、跨气候区的广泛大量应用。

3. 反射隔热型多彩涂料和质感涂料的涂层设计[97]

对于反射隔热型多彩涂料和质感涂料工程来说，要实现反射隔热和装饰性效果良好的涂料工程，既需要高性能的优良产品和涂装，也需要进行系统的涂层系统设计。

反射隔热型多彩涂料和质感涂料的涂层设计包括色彩隔热设计和构造隔热设计两个方面。

色彩隔热设计是根据装饰效果的要求进行调色，对主要基本色隔热颜料复配调制相应的色彩，并通过添加量控制涂层的明度值。关键技术在于基本色隔热颜料的选择与复配。

构造隔热设计应首先确定涂料的基层处理，若基层的反射比较低（可能是由于颜色较深且较粗糙的原因），此时若表面隔热涂层的厚度低于 $60\mu m$，则应采用高反射比的底涂层；真石漆尤应采用增厚的高反射性底涂层；对于涂层明度设计值大于 60 的情况，则应采用耐沾污（自清洁）性能好的反射隔热涂料，以确保涂层受沾污后的反射隔热性能。

4. 应用技术标准的制定与修订

建筑反射隔热涂料的应用涉及到热工设计、实际节能效果的评价和节能工程的验收（包括现场检测）等问题。其中有些是反射隔热涂料应用于产品后的产品标准，例如 JC/T 2340—2015《热反射混凝土屋面瓦》、JG/T 402—2013《热反射金属屋面板》、JG/T 384—2012《门窗幕墙用纳米涂膜隔热玻璃》等。

应用技术规程是工程应用的重要技术支撑，能够解决工程应用的一些实际问题，例如基本应用范围、材料性能要求、工程设计（包括构造、防水和热工设计等）、施工技术和工程验收等。目前我国已经形成了系统的建筑反射隔热涂料应用技术标准，如表1-4所示。

5. 建筑反射隔热涂料产品标准的进展

我国目前已经形成包括产品标准、应用技术标准、应用技术条件和现场检测标准等四类、12 个标准（见表1-4），基本上满足了建筑反射隔热涂料的工程应用需求。

表 1-4　建筑反射隔热涂料相关标准一览表

类别	标号	名称	主要适用范围
产品标准	GB/T 25261—2018	建筑用反射隔热涂料	产品质量控制
	JC/T 2340—2015	热反射混凝土屋面瓦	产品质量控制
	JC/T 1040—2007	建筑外表面用热反射隔热涂料	产品质量控制
	JG/T 235—2014	建筑反射隔热涂料	产品质量控制
	JG/T 338—2011	建筑玻璃用隔热涂料	产品质量控制
	JG/T 375—2012	金属屋面丙烯酸高弹防水涂料	产品质量控制
	JG/T 402—2013	热反射金属屋面板	产品质量控制
	JG/T 384—2012	门窗幕墙用纳米涂膜隔热玻璃	产品质量控制
应用技术标准	JGJ/T 359—2015	建筑反射隔热涂料应用技术规程	工程应用
	GB/T 31389—2015	建筑外墙及屋面用热反射材料技术条件及评价方法	工程应用
	JGJ/T 287—2014	建筑反射隔热涂料节能检测标准	产品检测、工程检测
	JGJ/T 351—2015	建筑玻璃膜应用技术规程	工程应用

注：JG/T 375—2012《金属屋面丙烯酸高弹防水涂料》内容中含有屋面用热反射隔热涂料的产品质量要求和检测方法；JG/T 384—2012《门窗幕墙用纳米涂膜隔热玻璃》中有关于纳米玻璃隔热涂料的性能要求和在玻璃表面的涂装厚度要求等；JGJ/T 351—2015《建筑玻璃膜应用技术规程》中含有透明隔热涂料在建筑玻璃上应用的材料性能、设计要求、施工工艺流程和工程质量要求。

　　表 1-4 所述标准中，GB/T 25261 在 2010 年的第一版中由于在其附录 A 中给出等效涂料热阻的计算方法，在一定程度上解决了建筑节能计算中涂料节能效果的量值化问题，方便了工程应用，因此在建筑反射隔热涂料发展过程中曾产生过重要的推动作用。同样原因，由于 JGJ/T 359—2015 标准和 JGJ/T 287—2014 标准的颁布实施，解决了工程应用中关于节能计算、彩色涂料等效热阻、涂膜老化后的等效热阻以及工程质量控制项目和现场检测等实际问题，除了规范工程应用外，对该类涂料的应用也起到一定的推动作用。

　　除了国家标准、行业标准外，一些省、市还根据地区实际情况制定了地方标准。例如，上海市[98]、重庆市[99] 以及江苏[100]、浙江[101]、四川[102]、广东[103]、安徽[94]、湖南[104] 和贵州[105] 等省市都先后制定了建筑反射隔热涂料应用技术规程，并随着技术和应用情况的变化对其继续修订，为其省（市）建筑反射隔热涂料的工程应用提供可靠的技术支撑。

参 考 文 献

[1]　元强，刘文涛，饶惠明. 涂覆反射隔热涂料对高铁桥梁高墩日照温度效应的影响. 铁道学报，2019，41 (7)：95-101.

[2] 李佳莉，康维新，孙泽江．反射隔热涂料在无砟轨道上的适用性分析．铁道科学与工程学报，2018，15（1）：24-30.

[3] 曹雪娟，刘攀，李瑞娇，等．路用热反射涂料的研究进展．电镀与涂饰，2016，35（18）：943-948.

[4] 蔡森，张松，李永．军用装备用太阳热反射涂料发展现状及趋势．装备环境工程，2009，6（2）：10-13.

[5] 倪余伟，张松，董建民．热反射隔热防腐蚀涂料的性能研究．涂料工业，2015，45（4）：5-8.

[6] 张彦军，张丽萍，张玉滨．薄型太阳热反射隔热涂料的研究．现代涂料与涂装，2006，（3）：9-10.

[7] 郭年华，陈先，张强，等．聚氨酯改性高氯化聚乙烯热反射涂料．涂料工业，1999，29（7）：11-13.

[8] 黄菊，杨莹．纳米 ATO/PVB 透明隔热涂料制备与性能研究．电镀与涂饰，2016，35（2）：58-62.

[9] 杜郑帅，罗侃，焦钰．紫外光固化 WPUA/WATO 纳米透明隔热涂料的制备．电镀与涂饰，2016，35（2）：60-63.

[10] 谈素芬，鲁钢．紫外光固化薄层保温隔热涂料的研制．电镀与涂饰，2013，32（7）：11-13.

[11] 张向雨，应灵慧，刘小云．纳米 ATO 透明隔热有机硅涂料的研制．涂料工业，2012，42（3）：40-43，47.

[12] 孙元宝，邱贞慧，等．绿色太阳热反射涂料降温性能研究．电镀与涂饰，2006，25（2）：22-25.

[13] 徐峰，么文新．日光热反射型外墙涂料．南方涂饰，2003（4）：30-31.

[14] 王海明，董彩莉，张延东．太阳热反射涂料对仓房温度的影响研究．粮油仓储科技通讯，2010，（3）：48-49.

[15] 宜兆龙．地面军事目标伪装材料的研究进展．兵器材料科学与工程，2000，（3）：51-55.

[16] 蔡森，张松，李永．军用装备用太阳热反射涂料发展现状及趋势．装备环境工程，2009，（6）：9-13.

[17] 曹雪娟，刘攀，李瑞娇，等．路用热反射涂料的研究进展．电镀与涂饰，2016，36（18）：943-948.

[18] 久保和幸，川上篤史．道路舗装におけるヒトアイランド対策．土木技術，2006，61（8）：29-36.

[19] 加藤寛道．遮熱塗料を塗布した道路舗装の概要について．塗装工学，2005，40（8）：302-310.

[20] 李申生．太阳常数与太阳辐射的光谱分布．太阳能，2003，（4）：5-6.

[21] 周健，王健，陈军．YFJ332 型热反射隔热防腐蚀涂料的特点和应用．石油化工腐蚀与防护，2006，23（3）：42-44.

[22] 刘晓燕．绝热瓷层性能及应用领域．保温材料与节能技术，2000，（2）：16-17.

[23] 胡传炘．隐身涂层技术．北京：化学工业出版社，2004：345-352.

[24] 何睿．太阳热反射涂料的现状和发展．上海涂料，2004，42（3）：25-27.

[25] 马一平，杨帆，谈畅．隔热涂料研究现状．材料导报，2015，29（25）：300-303.

[26] 胡传炘，孟辉，胡家晖．热反射隔热防腐蚀涂层的现状及其应用．石油化工腐蚀与防护，2005，22（3）：20-24.

[27] 任秀全，等．太阳热反射弹性涂料的研究．新型建筑材料，2004，（2）：26-28.

[28] 江苏晨光涂料有限公司．CHG-HI 薄层弹性隔热保温涂料产品评估资料．2006.

[29] 王靓，赵石林．纳米氧化锡锑透明隔热涂料的制备及性能研究．涂料工业，2004，34（10）：4-8.

[30] 陈飞霞．纳米氧化锡锑透明隔热涂料的制备及性能表征．涂料工业，2004，34（10）：48-51.

[31] 姚晨，赵石林，缪国元．纳米透明隔热涂料的特性与应用．涂料工业，2007，37（1）：29-32.

[32] 童仲轩．高效太阳热反射涂料降低油品蒸发损耗的研究．石油商技，2004，20（5）：35-39.

[33] 张振江．太阳热反射涂料在新疆储油罐上的隔热性能探讨．中国涂料，2014，29（3）：70-72.

[34] 康翠荣，宋威，孟庆英，等．反射太阳热涂层屏蔽辐射热的自动检测系统．涂料工业，1996，26（5）：38-39.

[35] 靳玉涛，冉浩．隔热涂料在汽车领域的应用研究，上海涂料，2015，53（6）：19-22.

[36] 遮熱性舗装技術研究会．遮熱性舗装の実績（H14年度～H22年度）．

[37] 梁海珍．日本隔热涂料市场概况．中国涂料，2017，32（8）：74-76.

[38] 曹雪娟，刘攀．路用热反射涂料的研究进展．电镀与涂饰，2016，35（18）：943-947.

[39] 元强，刘文海，饶惠明，等．涂覆反射隔热涂料对高铁桥梁高墩日照温度效应的影响．铁道学报，2019，41（7）：95-98.

[40] 李佳莉，康维新，孙泽江，等．反射隔热涂料在无砟轨道上的适用性分析．铁道科学与工程学报，2018，15（1）：24-28.

[41] 徐景江，杨坚强，钟媛．基于减少混凝土桥梁温度效应的热反射型涂料应用技术分析．中小企业管理与科技，2017，（14）：162-163.

[42] 刘圣安，邹贻方，董光明，等．新型反辐射防水隔热涂料控温效果研究．粮食储存，2004，33（3）：38-40.

[43] 黄雄伟，许建华，吴晓宇，等．防水反辐射隔热涂料的应用．粮油仓储科技通讯，2007，（6）：18-19.

[44] 黄雄伟，许建华，朱全林．太阳热反射涂料在高大平房仓中的应用试验．粮食储存，2009，38（2）：30-32.

[45] 鲁俊涛，陶琳岩，吴万峰，等．彩钢板屋顶高大平房仓仓顶喷涂反射隔热涂料的应用效果．粮食储存，2016，45（3）：8-12.

[46] 王晓，郭年华，刘志，等．水性热反射船壳漆的研制．现代涂料与涂装，2010，13（3）：4-6.

[47] 杨万国，李少香，王文芳，等．帐篷用军绿色热反射涂料的研究．涂料工业，2008，38（9）：22-25.

[48] 杨红涛，周如东，郭亮亮，等．工业带温设备用水性隔热涂料的制备及性能研究．上海涂料，2018，56（36）：11-13.

[49] 蒋旭，甘崇宁，王须荀，等．热反射型卷材涂料的研制．涂料工业，2014，44（1）：52-56.

[50] 毛腾．太阳热反射隔热涂料的制备及其在涂布纸中的应用．杭州：浙江理工大学，2019.

[51] 黄祥，郭明，周行．建筑工程安全帽反射隔热涂层的实验测试．建材与装饰，2020，（1）：36-37.

[52] 边英善，李琴，张林，等．太阳热反射隔热涂层织物的制备研究．现代涂料与涂装，2015，18（7）：17-20.

[53] 段书平．Mascoat DTI陶瓷隔热涂层在油脂工业中的应用．石油和化工设备，2013，16（3）：31-33.

[54] CN201520025144.2．一种具有反射隔热功能的真石漆涂层系统构造．

[55] 卢敏，万众，王贤明，等．一种陶瓷智能隔热涂料的研制和应用．中国涂料，2014，29（3）：49-52.

[56] 余龙，何海华．新型水性高反射高辐射隔热涂料的制备及性能研究．上海涂料，2012，50（7）：

13-16.

[57] CN201510346050. 一种反射隔热型真石漆及其制备方法.

[58] 王剑峰. 反射隔热真石漆的制备及其性能研究. 新型建筑材料, 2019, (10): 88-90.

[59] 宋微, 于明星, 刘宝, 等. 建筑复合型隔热质感涂料的制备与研究. 涂料工业, 2014, 44 (12): 29-31.

[60] 宋微, 刘宝, 于明星, 等. 建筑外墙隔热质感复合涂料的研究. 中国涂料, 2014, 29 (11): 68-72.

[61] 徐金宝, 杜丕一, 钟国伦, 等. 建筑涂料用反射隔热石英砂的制备. 中国涂料, 2017, 32 (5): 73-75.

[62] CN104194456 A. 水包水多彩反射隔热仿石涂料及其制备方法.

[63] 林燕, 何生才. 水性多彩外墙反射隔热涂料的配方设计. 上海染料, 2015, 4 (43): 1-3.

[64] 沈航. 反射隔热多彩涂料的制备及性能探讨. 涂料工业, 2016, (46): 6-12.

[65] 薛小倩, 刘洪亮, 董立志, 等. 水性反射隔热涂料的研究. 中国涂料, 2010 (11): 40-42.

[66] 孙明杰, 贾梦秋, 文倩倩. 太阳热反射隔热涂料的研制. 涂料工业, 2010, 40 (9): 37.

[67] 廖翌滢, 曾碧榕, 陈珉, 等. 反射隔热涂料的制备与隔热性能. 高分子材料科学与工程, 2012, 28 (4): 118-124.

[68] 林燕, 何生才. 水性多彩外墙反射隔热涂料的配方设计. 上海染料, 2015, (43) 4: 1-3.

[69] 孙明杰, 贾梦秋, 文倩倩. 太阳热反射隔热涂料的研制. 涂料工业, 2010, 40 (9): 38-39.

[70] 郭岳峰, 陈铁鑫, 杨斌, 等. 新型建筑太阳热反射涂料的制备. 新型建筑材料, 2012 (8): 36-38.

[71] 李建涛, 蔡会武, 王瑾璐, 等. 环氧改性纯丙乳液反射隔热涂料的研制. 涂料工业, 2009, 39 (10): 46-49.

[72] 孙道胜, 王爱国, 胡普华. 地质聚合物的研究与应用发展前景. 材料导报, 2009, 23 (4): 61-65.

[73] 孟方方. 无机-有机聚合物复合基料的红外反射隔热涂料的制备. 马鞍山: 安徽工业大学, 2016.

[74] 林美. 硅溶胶-纯丙复合乳液反射隔热涂料的制备及性能. 高分子材料科学与工程, 2017, 33 (3): 168-173.

[75] 陈荣华, 向波, 瞿金清. 新型有机/无机反射型隔热建筑涂料的研制. 中国涂料, 2017 (1): 40-42.

[76] 焦钰钰, 孙顺杰, 郭超. 低吸水膨胀玻璃微珠在热反射隔热涂料中的应用. 涂层与防护, 2018, 39 (9): 9-14.

[77] 李伟, 李安宁, 朱殿奎, 等. 高性能反射隔热弹性涂料的研究. 涂料工业, 2015, 45 (5): 7-10.

[78] 李广军. 建筑反射隔热涂料的研究. 涂层与防护, 2019, 40 (4): 28-34.

[79] 王永良, 金友军. 新型高分子聚合物在彩色反射隔热涂料中的应用. 上海涂料, 2016, 54 (2): 22-25.

[80] 蔡鹏, 应向东, 万成龙, 等. 建筑反射隔热涂料的制备及性能研究. 涂料技术, 2015, 45 (5): 14-16.

[81] 张雪芹, 曲生华, 苏蓉芳, 等. 建筑反射隔热涂料隔热性能影响因素及应用技术要点. 新型建筑材料, 2012 (11): 16-19.

[82] 林惠赐, 杨文睿. 建筑外墙反射隔热涂料节能效率探讨. 涂料工业, 2011, 41 (12): 71-75.

[83] 廖丽, 刘朋, 成时亮, 等. 经济型彩色建筑反射隔热涂料的配方研究. 新型建筑材料, 2017 (8):

26-28.

[84] 吴小芳. 红外反射颜料在建筑反射隔热涂料中的应用. 上海染料，2015，43（3）：31-35.

[85] 张贵军. 聚丙烯酸酯/纳米氧化锡锑复合乳液的制备、表征及其在透明隔热涂料中的应用研究. 广州：华南理工大学，2010.

[86] 许戈文，代震，李智华，等. 纳米氧化锡锑改性水性聚氨酯的制备与表征. 应用化学，2011，28（4）：408-412.

[87] 郑飞龙，潘青青，项尚林. 纳米级 ATO 在含氟聚丙烯酸酯乳液中的应用研究. 涂料工业，2010，40（10）：71-75.

[88] 石玉梅，杨文颐，乔亚玲. 建筑反射隔热涂料的应用现状及存在问题分析. 中国涂料，2014，29（1）：8-10.

[89] 邱童，徐强，李德荣，等. 建筑外墙隔热涂料节能效果实测研究. 新型建筑材料，2010，37（9）：80-82.

[90] 许锦峰，陈浩. 建筑反射隔热涂料节能效果与测试. 涂料技术与文摘，2014，35（7）：45-48.

[91] 郭卫琳，卢国豪，何超. 夏季热反射隔热涂料对建筑墙体的节能实效研究. 施工技术，2010（7）：80-83.

[92] 朱庆锋，张锡贤，孙苟大，等. 新型太阳热反射隔热涂料在粮食仓储中的应用. 粮油仓储科技通讯，2013（4）：45-46.

[93] 冯长伟，朱惠芳，史琴，等. 建筑反射隔热涂料-保温腻子外墙保温系统性能研究. 工程质量，2015，33（1）：70-72.

[94] DB34/T 1505—2011《建筑反射隔热涂料应用技术规程》（安徽省地方标准）.

[95] 徐峰. 建筑反射隔热涂料应用技术的研究. 上海涂料，2013，51（11）：35-41.

[96] DB31/T 895—2015《反射隔热涂料组合脱硫石膏轻集料砂浆保温系统应用技术规程》.

[97] 邱童，王国建，倪钢. 建筑用复层反射隔热涂层的设计与应用研究. 新型建筑材料，2017（4）：113-115.

[98] DG/TJ 08—2200—2016《建筑反射隔热涂料应用技术规程》（上海市地方标准）.

[99] DBJ/T 50—076—2008《建筑反射隔热涂料外墙保温系统技术规程》（重庆市地方标准）.

[100] DGJ32/TJ 165—2014《建筑反射隔热涂料保温系统应用技术规程》（江苏省地方标准）.

[101] DB33/T 1137—2017《建筑反射隔热涂料应用技术规程》（浙江省地方标准）.

[102] DBJ51/T 021—2013《建筑反射隔热涂料应用技术规程》（四川省地方标准）.

[103] DBJ 15—75—2010《广东省建筑反射隔热涂料应用技术规程》（广东省地方标准）.

[104] DBJ43/T 303—2014《建筑反射/保温隔热涂料应用技术规程》（湖南省地方标准）.

[105] DBJ52/T 070—2015《建筑反射隔热涂料应用技术规程》（贵州省地方标准）.

第二章
水性反射隔热涂料

第一节
原材料

水性反射隔热涂料实际上是一种功能性合成树脂乳液涂料，除了功能性颜、填料外，其生产用原材料的选择和普通合成树脂乳液类涂料的大部分相同。因而，在合成树脂乳液涂料的基础上，反射隔热涂料原材料的选用应特别注重对涂料反射隔热性能的影响。下面将基于这些考虑介绍原材料的选用。

一、成膜物质的选用

1. 水性树脂的种类和基本选用要求

（1）水性树脂的种类　水性树脂一般包括聚合物乳液和水溶液两种。用于生产反射隔热涂料的水性树脂大多数是聚合物乳液。聚合物乳液也称合成树脂乳液，主要是在乳化剂存在下和一定温度条件下，在机械搅拌过程中由同类的或不同类的不饱和单体通过胶束机理或低聚物机理进行自由基加成聚合反应，或离子加成反应而生成的树脂微细粒子或粒子团的水分散体。

水溶性树脂是在其合成过程中向聚合物的大分子链上导入一定量的强亲水基团，再使用带有氨基的聚合物以羧基中和成盐或带有羧酸基团的聚合物以胺中和成盐而获得水溶性。常见的水溶性树脂多为含羧基、氨基和羟基型。为了提高树脂的水溶性，必须加入少量的亲水性溶剂（助溶剂）如低级的醇或醚醇类溶剂。

（2）基本选用要求　从理论上来说，反射隔热涂料的成膜物质应根据涂膜的耐候性、反射率和吸收率的要求选用。所选用的树脂不仅要有良好的附着力、耐水性、耐黄变性和透光率，还需要有优良的耐老化性。其中，对于透光率的要求是反射隔热涂料所特有的，一般涂料（高光泽涂料除外）对透光率并无要求。

从耐候性来说，因为反射隔热涂料的应用必然处于太阳光的直接照射和大气环境的作用下，所以要求有良好的耐候性是显而易见的。

就对涂膜的反射隔热性能来说，不同种类树脂作为涂料成膜物质对反射隔热性能的影响很小[1]。用于反射隔热涂料的树脂要求其涂膜对可见光和近红外光的吸收率低，通常要求树脂的透明度高（透光率应在 80％以上），对辐射能的吸收率低（树脂分子结构中尽量少含 C—O—C、C＝O、—OH 等吸能基团）等。

根据这些要求，目前用于合成树脂乳液涂料的聚合物乳液，如聚丙烯酸酯（纯丙）乳液、苯乙烯-丙烯酸酯共聚（苯丙）乳液等都能够满足要求，而有机硅改性苯丙烯酸酯（硅丙）乳液、聚氨酯-丙烯酸共聚物、氟树脂改性聚丙烯酸酯乳液等都是更良好的成膜物质。

此外，从另一方面来说，选择成膜物质的一个重要考虑因素应是涂料的应用对象和应用环境。因而，具体对于不同领域应用的涂料，往往也有具体的考虑因素。例如，通常认为纯丙乳液的性能优于苯丙乳液，价格也明显比苯丙乳液的高。苯丙乳液易黄变，但其耐水能却明显优于纯丙乳液。

有研究表明[2]，将同样用苯丙乳液和纯丙乳液制备的普通涂料施涂在预涂了封闭底漆的纤维水泥板上，常温干燥 24h 后，进行喷水试验。喷水 6h 后，纯丙乳液涂膜开始起泡，而苯丙乳液涂膜没有起泡。而且苯丙乳液涂膜喷水 24h 仍然没有起泡，放在水中浸泡 7d 也没有起泡。同样制备的反射隔热涂料的耐水性试验也有类似的结果。因而，在纯丙乳液中适量复配一定量的苯丙乳液，既能提高涂层的耐水性，又能满足涂层耐候性要求。

2. 工程建筑领域的选用要求

工程建筑领域应用反射隔热涂料的基层为墙面、屋面和门窗、幕墙的玻璃等，这些结构部位所涉及的基层有水泥砂浆、金属（主要是屋面）、沥青、橡胶或合成树脂卷材和玻璃等。其中水泥砂浆基层具有很高的碱性，但一般涂料成膜物质都能够满足这种耐碱性的要求；金属基层的要求是防腐蚀性和附着性；沥青、橡胶或合成树脂卷材基层主要要求涂层间的相容性；玻璃基层用隔热涂料是透明型的，将在第五章专门叙述。

工程建筑领域对反射隔热涂料的要求主要是高耐久性和高耐沾污性，这在很大程度上源于其重涂设计（因为需要考虑满足首次涂装时的节能效果）和施工的复杂性。

普通建筑涂料最广泛使用的成膜物质是聚丙烯酸酯类乳液。为了提高性能或赋予新性能，普通建筑涂料对所用成膜物质在建筑涂料发展过程中曾进行过大量的研究。在建筑反射隔热涂料发展过程中许多研究得到重复或借鉴。

例如，研究表明，使用硅丙乳液能够制备耐候性和耐污性均优良的建筑反射隔热涂料[3]；使用氟碳乳液能够制备出耐候性好又具有极好耐污性能的热反射隔热涂料[4]，该热反射隔热涂料在耐污试验后表现出了较聚丙烯酸酯涂料更优异的热反射性能；使用地聚物与苯丙乳液复合能够制备出无机-有机复合型反射隔热涂料[5]，此涂料的耐水、耐碱和耐温性更为优良。

再例如，将不同类乳液进行复合作为成膜物质也是达到要求涂料性能的良好方式。例如，将普通与弹性两类聚丙烯酸酯乳液复合[6]，将有机硅树脂乳液和聚丙烯酸酯乳液复合[7] 等，都能够取得很好的结果。

又例如，将硅溶胶和聚丙烯酸酯类乳液复合是普通外墙涂料研究较多的课题。二者复合制得的涂料耐沾污性和耐久性提高、与水泥砂浆基层的附着力增强。同样，使用这种复合型成膜物质制备的反射隔热涂料，其反射隔热性、耐沾污性、耐久性都明显得到改善[8]。

以上引用的这些研究结果在反射隔热涂料多年的发展过程中虽属挂一漏万，但可以作为配方设计和研究的参考基础。

3. 化工领域的选用要求

以钢制储罐应用为例，化工领域中对反射隔热涂料的应用一般要进行防腐蚀处理，所以往往是底漆、中层漆和面漆配合的涂料体系。这类应用对于反射隔热涂料流平性、耐腐蚀性等的要求很高。所以对于高性能的反射隔热涂料，往往选用 FEVE 型氟碳树脂[9]、丙烯酸聚氨酯树脂[10] 等；中等性能的选用饱和聚酯树脂[11]、丙烯酸改性醇酸类树脂、高氯化聚乙烯树脂[12]、聚氨酯改性高氯化聚乙烯树脂等作为成膜物质。

4. 其他领域的选用要求

（1）沥青路面 如第一章第三节所述，沥青路面用反射隔热涂料还没有规模化的进入工程实用阶段，但目前已经进行了比较多的研究。即使进行研究，也应该有个如何选择成膜物质的问题。比如，针对沥青路面用涂料需要具有高黏结力、高强、高耐磨和高耐沾污等特性，再加上树脂水性化导致的性能下降等因素，应当选择高性能的树脂，例如氟碳类、聚氨酯（脂环族类）丙烯酸酯类，但也不是能够满足高黏结力、高强、高耐磨和高耐沾污等性能要求的树脂就可选用。例如，环氧树脂具备这样的性能，但因其受到紫外线照射时粉化严重，仍不适宜作为路用涂料的主导成膜物质选用。

鉴于沥青路面用涂料的特殊性，一些在其他领域被认为是综合性能较好的成膜物质从原理上来说可能根本就不适宜路面涂料选用，例如聚丙烯酸酯乳液、硅丙乳液等。

（2）军用装备领域　从已公开的文献来看，这个领域都是选用高性能树脂作为涂料成膜物质，例如聚氨酯类和氟碳树脂等，这也是由军用装备的特殊性决定的，即对性能的高度重视，成本则居于第二位。

（3）其他　反射隔热涂料在其应用领域首先必须满足基本涂料性能要求。基于此，诸如卷材用反射隔热涂料应选用氟碳树脂作为成膜物质[13]；涂布纸用反射隔热涂料选用硅丙乳液作为成膜物质[14]；而对于轿车涂料，其反射隔热型电泳底漆选用水分散性环氧树脂和环氧乳液，中涂和面涂涂料选用聚酯树脂、三聚氰胺树脂作为成膜物质[15]；工业带温设备用隔热涂料选用水性硅丙树脂为成膜物质等[16]；而研制应用于轨道结构降温的反射隔热涂料时，其成膜物质也选用水性氟碳树脂[17]。如此等等，不一而足。

二、水性反射隔热涂料用颜料

颜料的主要作用是赋予涂膜一定的遮盖力并使之呈现不同的色彩，因此要使涂膜具有优异的耐候性，颜料就需具有较好的遮盖力和着色力、较高的分散度、鲜明的色彩以及对光的稳定性等。

1. 颜色对反射隔热涂料反射性能的影响

（1）颜料对涂料热反射性能的影响　白色反射隔热涂料具有最好的光、热反射性能，白色反射隔热涂料中加入任何颜色的普通颜料通常都会导致其光、热反射性能的降低，因而认为普通颜料对涂料热反射性能会产生不利影响。

涂料常用颜料有氧化铁红、氧化铁黄、无机黑、钼红、酞菁绿和酞菁蓝等，表 2-1 中列出部分颜料太阳光反射比[18]。

表 2-1　几种单一颜料色漆体系的太阳光反射比

颜料种类	太阳光反射比	颜料种类	太阳光反射比
氧化铁红	0.28	酞菁绿	0.14
无机黑	0.06	永固紫	0.19
钼红	0.33	酞菁蓝	0.18
酞菁蓝＋玻璃空心微珠	0.22	酞菁蓝＋硫酸钡	0.19
酞菁蓝＋玻璃微珠	0.17		

从表 2-1 可以看出，颜色的明度越高，太阳光反射比越高，而对于明度低的颜料，红外反射比呈现明显高于可见光波段反射比的特征。相对于白色反射隔热涂料来说，颜料的添加将会显著降低涂料的热反射性能。

（2）不同颜色、不同明度墙体的表面温度 反射隔热涂料的颜色和明度影响涂料的热反射性能。当涂料涂装后会进而影响涂装基层的温度，例如墙面涂料即如此。在德国，曾对不同颜色、不同明度外墙的表面温度进行实测，其结果的部分数据如表 2-2 所示[19]。从表中的实测结果可以看出涂膜颜色对反射太阳光性能的影响。

表 2-2　不同颜色、不同明度外墙表面温度的实测结果

颜色	明度	表面温度/℃	
		西南墙 195°,2001 年 8 月	西南墙 45°倾角,2003 年 8 月
白色	91	40.6	45.4
黄色	70	48.9	54.5
	65	51.1	59.3
红色	70	44.9	49.7
	11	60.9	70.9
蓝色	68	47.1	53.6
	5	68.1	81.0
绿色	70	46.1	53.2
	18	60.5	72.9
黑色	4	73.7	86.8

从表中可见，颜色的明度越高墙面的温度越低，说明对太阳光的反射性能越强。例如，明度为 91 的白色墙面温度为 40.6℃，而明度为 4 的黑色墙面温度高达 73.7℃。

由于实际中使用的大多数是彩色涂料，因而颜料的使用（即彩色反射隔热涂料的配制）是反射隔热涂料的重要技术问题。

2. 钛白粉

金红石型钛白粉是外用涂料领域遮盖力最好、应用量最大的白色颜料，其性能稳定，耐光、耐候和耐酸碱等。在反射隔热涂料中应用，钛白粉的光、热反射性能也非常好。

（1）钛白粉的折射率对涂膜太阳光反射比的影响 据研究[20]，钛白粉的折射率越大，涂膜对太阳光的反射比越大，如表 2-3 所示。

表 2-3　不同钛白粉涂膜的太阳光反射比

钛白粉型号	折射率	相对遮盖力	比表面积/(m²/kg)	太阳光反射比
R706	2.81	100	3894.13	0.824
R996	2.76	93	3879.32	0.762
NTR606	2.69	71	3824.84	0.678

　　成膜物质确定后，反射隔热涂料的太阳光反射比主要取决于涂料中颜、填料的光学属性。当光从第一个介质射入第二个介质时，光在分隔两种介质的界面处的偏折取决于两种介质的折射率，颜、填料的折射率与成膜物质（树脂）折射率相差越大，对太阳光的反射能力越强。对于白色颜料，颜料的折射率越大，光在其表面反射的能量越大，介质呈不透明，即表现为遮盖力。

　　（2）钛白粉在反射隔热涂料中的基本用量　在通常的反射隔热涂料中金红石型钛白粉的添加量一般为5%～15%；在浅彩色反射隔热涂料中为15%左右；在中等颜色彩色反射隔热涂料中为10%左右；在深彩色反射隔热涂料中为5%左右[21]。

　　（3）钛白粉添加量对反射隔热涂料太阳光反射比的影响　如图2-1所示。

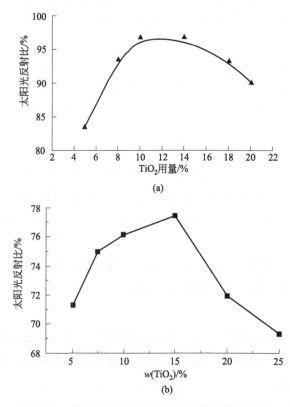

图 2-1　金红石型钛白粉用量对反射隔热涂料太阳光反射比的影响

（a）文献［22］试验结果；（b）文献［23］试验结果

由图 2-1（a）可知，随着钛白粉用量的增加，白色涂层的太阳光反射比先增大后降低：在用量为 12%～15% 时达到最高值，之后随着用量的增加，太阳光反射比反而有所下降。其原因可能是：当刚开始添加钛白粉并逐渐增大用量时，涂膜内颜料的相对密度增大，起反射作用的颜料粒子数增多，故太阳光反射比呈上升趋势；当用量到达一定值以后，随着用量的进一步增加，分散的颜料颗粒开始重新聚集，使反射的比表面积减少，反射效率降低，导致太阳光反射比下降。显然，钛白粉用量并不是越大越好，而是有一个较佳范围。

（4）钛白粉的粒径对涂膜太阳光反射比的影响　钛白粉的粒径对涂料的反射性能起重要影响。理论上讲，颜料的粒径 d 与散射波长 λ 存在如式(2-1)、式(2-2) 所示的线性关系：

$$\lambda = \frac{d}{k} \tag{2-1}$$

$$k = \frac{0.9(m^2+2)}{n_g \pi(m^2-1)} \tag{2-2}$$

式中，m 为涂料的散射率；n_g 为基料折射率；π 为 3.14。

不同厂家生产的不同粒径范围的钛白粉，在涂料基础配方相同情况下，反射隔热涂料的太阳光反射比如表 2-4 所示。

表 2-4　不同粒径钛白粉配制的反射隔热涂料的太阳光反射比

钛白粉牌号	生产商	钛白粉粒径/nm	涂料太阳光反射比
HTTI-03	美礼联无机化学公司	20～100	0.82
Rm-1	南京海泰纳米材料有限公司	300～1500	0.84
RCL595	山东东佳集团股份有限公司	100～1200	0.88

从表 2-4 可以看出，采用 HTTI-03 纳米级钛白粉，由于粒径过小（主要分布在 20～100nm），由式(2-1)、式(2-2) 计算可知，相应可散射波长为 200～400nm 的太阳光，其他波段不能散射，因此其涂料的太阳光反射比在三种试验钛白粉中最低；采用 Rm-1 钛白粉时，由于粒径分布范围较大（主要分布在 300～1500nm），相应可散射波长为 1300～2800nm 的太阳光，可见光区域不能散射，因此其涂料的太阳光反射比处于中等水平；而采用 RCL595 钛白粉制备的涂料样品，由于其粒径分布为 100～1200nm，在涂料中分散相对均匀，所以对可见光区域 400～700nm 和红外光区域 700～2500nm 相对具有较强的散射能力，因此太阳光反射比最高。

在类似的研究中[24]，不同厂家和牌号钛白粉对涂膜的太阳光反射比的影响如表 2-5 所示。

表 2-5　钛白粉品种对太阳光反射比的影响

钛白粉牌号	L^*	a^*	b^*	太阳光反射比	近红外反射比
RCL595	95.47	0.08	2.21	0.84	0.82
ALTIRIS-550	94.04	0.32	2.93	0.84	0.85
ALTIRIS-800	93.99	0.35	3.03	0.85	0.87

ALTIRIS-550 和 ALTIRIS-800 在长波近红外光区（1100～2500nm）具有较高的反射比。这是由于钛白粉径不同造成的，普通金红石型钛白粉的粒径为 $0.2～0.4\mu m$，而 ALTIRIS-550 的粒径为 $0.6\mu m$，ALTIRIS-800 的粒径为 $0.9\mu m$，比普通金红石型钛白粉粒径大，红外光反射能力略有增大。

钛白粉的外观形貌也会对涂膜的热反射性产生重要影响。将钛白粉用超声分散后，在电子扫描显微镜下观察其形貌，如图 2-2 所示[20]。可以看出，R706 型号钛白粉粒径大小均匀，为球形颗粒；NTR606 型号钛白粉粒径分布较宽，颗粒形状不均匀。当钛白粉为球形时，其比表面积最大，遮盖力最大，反射性能最好。

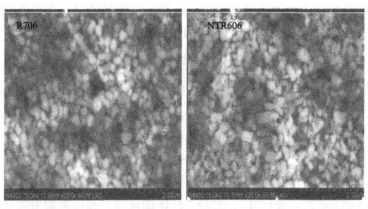

图 2-2　不同型号钛白粉的电子扫描显像图（左边为 R706 型；右边为 NTR606 型）

通常，反射隔热涂料中钛白粉的添加量一般为 5%～15%。如需要提高涂膜的太阳光反射比就需要采用热反射型钛白粉，这样才能加大钛白粉的用量，然后辅以热反射彩色颜料或色浆配制出合乎要求的色彩。热反射型钛白粉将在本章第三节中详细介绍。

3. 彩色颜料

由于工程中实际应用的反射隔热涂料大多数是彩色的，彩色颜料的使用对于墙面涂料来说是必不可少的。颜料主要有有机和无机两大类，这两类颜料的性能特征有较明显的差别，见表 2-6。此外，许多有机颜料由于耐候性、耐光性不良，不适宜在反射隔热涂料中使用。

表 2-6　有机和无机颜料理化性能对比

性能项目	无机颜料	有机颜料
粒径/μm	0.2～0.5(粒径较粗)	0.05～0.2(粒径较细)
密度/(g/cm³)	3～6(高)	1.5～2(低)
遮盖力	较差	良好
透明度	良好	较差
着色力	低	高
颜色鲜艳度	低	高
易分散性	良好	较差
抗絮凝性	好	差
热稳定性	优异	局限性
耐溶剂性	优异	局限性
耐候性	优异	局限性

　　反射隔热涂料中常用颜料有氧化铁红、氧化铁黄、无机黑、钼红、酞菁绿和酞菁蓝等，前述表 2-1 中列出其中部分颜料太阳光反射性能。

　　从前面对钛白粉的介绍可知，钛白粉的太阳光反射比和近红外反射比一般在 0.85 左右，或者说至少大于 0.8，这相对于白色涂料来说，其太阳光反射比和近红外反射比较高，标准的要求都是不小于 0.8。而各种常用彩色颜料的太阳光反射比都非常低，且颜色的明度越低，太阳光反射比越低。这也就是国家标准对中、低明度涂料的太阳光反射比要求降低的原因。

　　为了提高彩色反射隔热涂料的反射和发射性能，现在的先进技术是使用所谓的"冷颜料"生产彩色反射隔热涂料，但同时为了保持涂料具有较好的成本性能比，也有一些使用普通涂料用颜料或色浆生产彩色反射隔热涂料的研究。这些内容将在本章第三节中介绍。

　　当使用普通颜料或色浆生产彩色反射隔热涂料，特别是使用普通色浆对白色反射隔热涂料调制彩色涂料时，除了注意涂料的热工性能需要满足相关标准的要求外，其他方面几乎与普通涂料无异。

三、功能性填料

1. 玻璃空心微珠

　　（1）基本性能　玻璃空心微珠是制备反射隔热涂料最广泛使用的功能性填料，能够赋予涂料反射隔热功能。玻璃空心微珠是一种中空、薄壁、坚硬、轻质的球体或近似球体，球体内部封闭有稀薄的惰性气体，具有良好的耐酸、耐碱性，不溶于水和溶剂，软化温度为 $500\sim550℃$，抗压强度较高。

图 2-3 为玻璃空心微珠的偏光显微镜照片[26]，从图 2-3 中可以看出，玻璃空心微珠是一颗颗透明的微米级玻璃质密闭中空球体，圆形度很高。此外，它还有坚硬的球壳，球体内呈海绵状构造（见图 2-4[27]），并充有稀薄的 N_2。

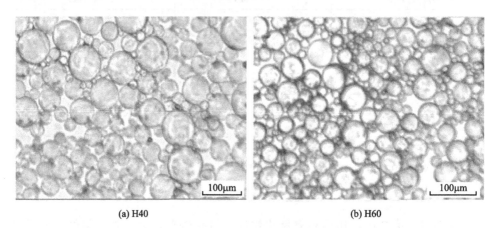

(a) H40   (b) H60

图 2-3　玻璃空心微珠的偏光显微镜照片

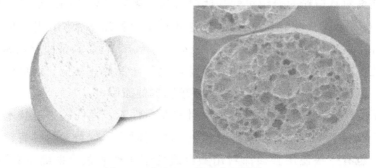

图 2-4　玻璃空心微珠内部结构

（2）基本应用特性　玻璃空心微珠作为一种新型的功能填料，具有以下优点[28]：

①热导率低，20℃时，可在 $0.0512\sim0.0934W/(m\cdot K)$ 之间进行调节；②真密度小，在乳液体系中均匀分散，可在 $0.25\sim0.60g/cm^3$ 之间进行密度调节；③抗压强度高，可在 $5\sim82MPa$ 之间进行调节，在混合过程中不易破碎，能充分发挥隔热作用；④密封性好，能够保持涂料体系稳定。

（3）产品性能指标　某玻璃空心微珠产品的各项理化性能如表 2-7 所示。

表 2-7　某玻璃空心微珠产品的各项理化性能

项目	性能
外观	流动性良好的白色粉末
含水量/%	≤0.50
漂浮率/%	≥92
热导率(20℃)/[W/(m·K)]	0.0512～0.0934
堆积密度/(g/cm³)	0.11～0.42
真密度/(g/cm³)	0.20～0.60
粒径范围/μm	2～150
抗压强度/MPa	2～82
pH 值	8～9

（4）在反射隔热涂料中的作用机理　玻璃空心微珠在反射隔热涂料中作用的基本原理是：当反射隔热涂料涂布在基层形成涂膜时，在涂膜中形成一个由玻璃空心微珠组成的中空层，玻璃空心微珠外部呈近似的球形，具有很好的红外光反射性能，对可见光具有很好的反射作用，如图 2-5 所示。由于玻璃空心微珠的中空特点，其会紧密排列成对热有隔阻性能的中空气体层，阻隔热量通过传导机理的传导。

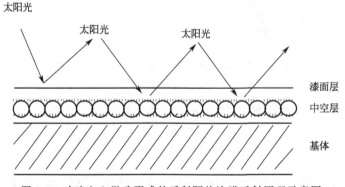

图 2-5　玻璃空心微珠形成的反射隔热涂膜反射原理示意图

紧密排列的玻璃空心微珠内部含有稀薄的惰性气体，使其热导率很低，使涂层具有好的隔热保温效果。因而，反射隔热涂料可以对太阳光的可见光和红外光进行反射（如图 2-5 所示），达到降低涂膜表面温度而阻隔热量传导的目的。

（5）玻璃空心微珠在反射隔热涂料中的作用　当然，玻璃空心微珠在反射隔热涂料中的最主要的作用还是赋予涂膜以反射性能。但除此之外，玻璃空心微珠在反射隔热涂料中还能具有以下一些作用：

① 单个玻璃空心微珠近似于球形，在涂料中具有自润滑作用，可有效增强涂层的流动、流平性。由于球形具有同体积物体最小的比表面积特性，使得玻璃空心微珠比其他填料具有更小的吸油率，可降低涂料其他组分的使用量。

② 玻璃空心微珠内含有气体，具有较好的抗冷热收缩性，增强涂层的弹性，减轻涂层因受热胀冷缩而引起的开裂倾向。

③ 玻璃空心微珠的玻璃化质表面具有良好的抗化学腐蚀性，能够增强涂膜的防沾污、防腐蚀、耐紫外线老化和耐黄变效果。

（6）玻璃空心微珠用量对涂料隔热性能的影响　图 2-6 为玻璃空心微珠与 TiO_2 复配的涂料对隔热保温箱内部温度的影响[26]。

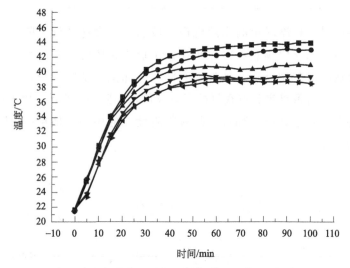

图 2-6　玻璃空心微珠用量对保温箱内部温度的影响

■ 0；● 5%；▲ 10%；

▼ 15%；◄ 20%；► 25%

由图 2-6 可知，随着玻璃空心微珠用量的增加，隔热保温箱内温度逐渐降低，即涂料的隔热性能逐渐增强。当玻璃空心微珠用量小于 5% 时，涂料的隔热性能增加不明显；玻璃空心微珠由 5% 增加到 15%，涂料的隔热性能迅速增加；当用量超过 15% 后再继续增加时，涂料的隔热性能变化缓慢，仅略有增大。可见，玻璃空心微珠的最佳添加量在 15% 左右。这是因为当玻璃空心微珠用量较少时，涂层中难以形成连续空腔来阻隔热量的传递；而超过一定范围再继续增大用量，涂膜中增多的空心微珠能够发挥的反射隔热作用已不明显。

（7）玻璃空心微珠在反射隔热涂料中应用应注意的问题

① 构成玻璃空心微珠的材料应为优质玻璃。只有优质的玻璃其表面才能够有效提高反射隔热涂料的太阳光反射比和发射率。

② 玻璃空心微珠应具有合理的粒度分布。玻璃空心微珠粒度应呈正态分布，这样有利于形成稳定的中空层。

③ 玻璃空心微珠应具有良好的力学性能、抗酸、碱性和抗老化性能，这是其在反射隔热涂料中应用的基本要求。

④ 玻璃空心微珠应具有良好的表面结合性能，其表面和涂料中有机分子结合的亲和性（相容性）决定最终涂膜的力学性能。

2. 陶瓷空心微珠

（1）基本特性 陶瓷空心微珠是指尺寸在几十纳米到几百微米的中空球形颗粒、而外观呈粉体的材料，其主要成分为 SiO_2 和 Al_2O_3。陶瓷空心微珠具有质轻、密度小、热收缩系数小、化学稳定性良好、熔点高、热反射率高、低导热、绝热性能好等优点。在可见光和近红外光区域，陶瓷空心微珠具有与玻璃空心微珠基本相似的反射性能，因而在反射隔热涂料中应用时，具有如前述玻璃空心微珠类似的性能特点。但两种填料相比，陶瓷空心微珠往往有更好的性能，例如能够大大提高涂膜的表面硬度。不过，粒径较小规格的陶瓷空心微珠价格较为昂贵。

与玻璃空心微珠不同的是，陶瓷空心微珠可以直接制成具有某种颜色的彩色产品而称为彩色陶瓷空心微珠，其颜色鲜艳，且由于产品是高温制成，其颜色在太阳光的紫外线照射下或化学介质的作用下稳定性好。

（2）产品性能举例 作为示例，某研究使用的陶瓷空心微珠性能指标如表2-8 所示[29]。

表 2-8 陶瓷空心微珠和发射隔热陶瓷粉的性能指标举例

功能填料名称	指标名称	技术参数
陶瓷空心微珠	粒径/μm	6～32.4
	平均粒径/μm	18.4
	堆积密度/(g/cm^3)	0.227
	热导率/[W/(m·K)]	0.05
发射隔热陶瓷粉 （红外辐射粉）	细度:筛余物	0.4μm:<0.5%
		1.0μm:<0.02%
	明度	>95%
	8～14μm波段发射率	≥0.94
	密度/(g/cm^3)	3.89

（3）在反射隔热涂料中的分布 对使用陶瓷空心微珠制备的反射隔热涂料

的电子扫描显微镜微观分析研究发现：陶瓷空心微珠在涂料中分布大体均匀，陶瓷空心微珠壁面内分布有气孔，其有效热导率应该比陶瓷材料本身的低；陶瓷空心微珠的直径约为 $60\mu m$，壁厚约 $6\mu m$[30]。

3. 发射隔热陶瓷粉

发射隔热陶瓷粉也称红外辐射粉，主要是由一些半导体金属氧化物（如 TiO_2、MgO、Al_2O_3、Fe_2O_3、Cr_2O_3、MnO_2、ZrO_2 等）在 $1000\sim1500℃$ 煅烧 $2\sim6h$ 后得到的，当光线照射到半导体金属氧化物表面时，发生光电作用而产生大量电子跃迁，从而将一部分能量以红外线的形式辐射到空气中[31]。

发射隔热陶瓷粉的应用原理在于陶瓷材料结构中的原子在振动过程中易改变分子的对称性，而使偶极矩发生变化，产生较高的发射率。因而，许多陶瓷材料都具有较高的发射率。由过渡金属氧化物构成的红外陶瓷粉的发射率达到 85% 以上，发射出的热大部分位于波长 $8\sim13.5\mu m$ 范围的"大气窗口"[32]，在反射隔热涂料中适量添加能够显著提高涂膜的半球发射率。作为示例，某研究使用的发射隔热陶瓷粉性能指标如表 2-8 所示[29]。

表 2-9 中列出发射隔热陶瓷粉用量对反射隔热涂料性能的影响以及其和玻璃空心微珠的协同作用效果[33]。

表 2-9　发射隔热陶瓷粉用量对反射隔热涂料性能的影响

项目		技术参数			
功能填料添加量（质量分数）①/%	玻璃空心微珠	0	5	0	5
	发射隔热陶瓷粉	0	0	3	3
涂膜常规性能	光泽（60°）	86	76	85	80
	附着力/级	1	1	1	1
	耐冲击性/cm	50	50	50	50
	柔韧性/mm	1	1	1	1
涂膜功能性能	太阳光反射比	0.80	0.79	0.80	0.81
	半球发射率	0.82	0.83	0.87	0.88

①以甲组分配方的质量计。

通过添加 3% 的发射隔热陶瓷粉可以提高涂层的红外辐射能力，同时，玻璃微珠作为发射隔热陶瓷粉的载体，起到增大其比表面积的作用，提高其单位面积发射隔热陶瓷粉的辐射能力，二者协同作用，对提高隔热涂料的半球发射率更为有利。采用质量分数为 5% 的玻璃空心微珠、3% 的发射隔热陶瓷粉进行复配，制得的面漆具有较高的太阳光反射比和半球发射率。

4. 反光粉

反光粉是一种特殊制造的、具有良好反光性能的玻璃微珠反光材料，其玻璃微珠的主要成分为 SiO_2、CaO、Na_2O、TiO_2 和 BaO 等。反光粉具有回归反光的特性并由此产生较强的反射效应。

当光线照射在玻璃微珠表面时，由于微珠的高折射作用而聚光在微珠焦点的特殊反射层上，反射层将光线通过透明微珠又重新反射到光源附近，所以在光源处能看到非常明亮的反射光。根据光学公式计算证明，只有当微珠的折射率在 1.9 以上时，才能形成良好的回归反光效果。

反光粉是生产反光布，反光贴膜，反光涂料，反光标牌，广告宣传材料，服饰材料，标准赛场跑道，鞋帽，书包，水、陆、空救生用品等的核心原材料。

反光粉可以直接加入涂料中而赋予涂料回归反光效果。

市场上的反光粉产品分为 $ND \geqslant 1.90$、$ND \geqslant 1.93$、$ND \geqslant 2.2$ 三种折射率，规格从 100 目到 500 目，颜色有银灰色及白色等供选择。反光粉产品的密度为 $4.2g/cm^3$。白色反光粉的外观光洁、圆整且呈玻璃透明而无杂质的粉体；灰色反光粉的外观为银灰色、光洁无杂质的粉体。

5. 膨胀聚合物空心微球

供反射隔热涂料用的膨胀聚合物空心微球是一种空心塑料微球，由聚合物树脂（例如聚丙烯酸酯树脂）构成壳体，空心中充满空气或其他气体。根据用途的不同，微球粒径有 $20\mu m$、$40\mu m$、$80\mu m$ 等型号。膨胀聚合物空心微球的密度非常低，视型号的不同在 $12 \sim 30kg/m^3$ 范围内。较低密度的膨胀聚合物空心微球的密度和热导率都仅次于气凝胶。

相比于玻璃或陶瓷空心微珠，由于聚合物孔隙微球外壳为热塑性聚合物，具有回弹性，不易破碎且易于混合。

膨胀聚合物空心微球具有良好的光反射性能，以其为主要功能填料制备的反射隔热涂料，其太阳反射比可达 85% 以上。与其他无机类中空微珠类材料相比，膨胀聚合物空心微球的性能优势在于其添加到反射隔热涂料中，能够使涂膜表面光滑、细腻和具备良好的表面触感，并使涂膜具有优良的耐沾污性和耐擦洗性等。这是其性能优势的一个方面。

但是，与玻璃空心微珠相比，由于应用的时间还比较短，当膨胀聚合物空心微球在反射隔热涂料中作为主导性功能填料应用时，目前还存在反射性能的耐久性问题（没有得到实际应用的验证）以及当涂料应用于外墙外保温系统中时，不利于系统的"火反应性"指标的检验等。

6. Solarproof 反射隔热聚合物 [34]

Solarproof 反射隔热聚合物是聚合物空心微球的同类产品。与一般中空隔热材料相比，Solarproof 聚合物粒径小（平均粒径＜ $0.5\mu m$），与涂料体系相容性好，制得的反射隔热涂料储存稳定性好，生产过程中在投料时不会产生粉尘污染。

Solarproof 聚合物的反射隔热方式是通过聚合物自身的特殊结构实现的。Solarproof 聚合物自身的绝对体积比例大，热导率很小，进而影响涂层的热导率，能够阻止热量的传递，在反射隔热的同时也具有一定的阻隔隔热功能。同时，由于在大气窗口区间内，Solarproof 聚合物具有较高的反射率，可直接将太阳光热量通过此窗口发射到大气层的外部空间。可见，Solarproof 聚合物是以反射、阻隔和辐射三种功能同时作用而产生反射隔热效果。

当 Solarproof 聚合物含量较少（5%）时，虽然已经具有一定的反射隔热效果，但是由于其含量较低，在涂膜中的排列比较稀疏，不能形成致密的反射隔热层，部分光线还是能够通过缝隙穿透涂膜，因而其反射隔热效果有限。随着涂膜中 Solarproof 聚合物含量的增加，其在涂膜中的排列逐渐紧密，涂膜的反射隔热效果显著增加。当 Solarproof 聚合物的含量达到 10% 时，对太阳光的反射效果最为显著（见图 2-7）。

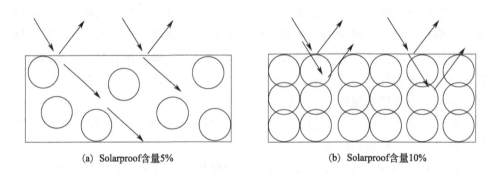

(a) Solarproof含量5%　　　　　　　　(b) Solarproof含量10%

图 2-7　不同含量 Solarproof 聚合物在涂膜中排列的示意图

7. 六钛酸钾晶须

钛酸钾晶须（$K_2O \cdot nTiO_2$）作为一种优良的晶须材料，可以显著提高涂膜强度、耐摩擦性和隔热耐热性，已作为具有优异反射隔热性能的功能性填料用于反射隔热涂料的研制[35]。

六钛酸钾（$K_2O \cdot 6TiO_2$）晶须因其许多独特结构而具有独特的热性能。同时由于晶须的直径小（为微米级），容纳不下使晶体削弱的空隙、位错和不完整等缺陷，也没有显著的疲劳效应，因此还具有良好的力学性能，其微观形态如图 2-8 所示；其性能指标如表 2-10 所示。

图 2-8　六钛酸钾晶须电镜扫描图片

表 2-10　六钛酸钾晶须性能指标

项目名称		性能指标
化学分子式		$K_2O \cdot 6TiO_2$
堆积密度/(g/mm^3)		$0.4 \sim 0.7$
pH 值		$7 \sim 8$
莫氏硬度		4
熔点/℃		$1350 \sim 1370$
软化点温度/℃		1200
拉伸强度/GPa		$\geqslant 7$
拉伸弹性模量/GPa		$\geqslant 280$
热膨胀系数/K^{-1}		6.8×10^{-6}
热导率/[W/(m·K)]	25℃	0.054
	800℃	0.017

8. 其他

除了上面介绍的常用功能性填料外，目前见诸于研究报道的还有二氧化硅气凝胶，将在本章第五节中针对该产品的应用进行具体介绍，此外还有一批处于纳米细度的功能性填料，主要应用于制备透明型隔热涂料，例如纳米氧化铟锡、氧化锡锑和铯钨青铜等，将在第五章中介绍。

四、填料

填料是反射隔热涂料中的组成部分，对反射隔热涂料涂膜的反射隔热性能、力学性能、渗透性、光泽和流平性等都会产生一定影响。填料通常为白色，有一定的反射性能。通常认为填料用量高时会对涂膜的反射隔热性能产生不良影响。

如大家所熟知的，涂料常用的填料有煅烧高岭土、重质碳酸钙、硅灰石粉、云母粉和沉淀硫酸钡等。其中，云母粉因为具有片层结构，具有一定的厚径比，易于呈有序定向排列，易产生消光效应，可以阻挡可见光，也能屏蔽紫外线和红外辐射。因此，云母粉在一定程度上能够提高涂层的隔热性能。

例如，有研究在仅含 TiO_2 的涂料中将绢云母粉按照质量分数为 9%、11%、13%、15%、17%的比例添加[36]，结果发现在绢云母添加量为 11%时，涂膜的隔热性能最好。添加量低于 11%时，随着绢云母添加量的增加，涂膜隔热性能相比普通外墙涂料有一定提高。但当添加量超过 11%时，涂膜隔热性能反而会存在下降趋势，因为随着绢云母用量增加，单位体积内的钛白粉数量下降，涂膜的太阳光反射能力下降造成隔热性能下降。因此，体质颜料绢云母在隔热涂料中的添加量应该适中。

试验也发现，对使用重质碳酸钙和沉淀硫酸钡填料制备的反射隔热涂料，太阳光反射比几乎相当，因而认为填料种类对太阳光反射比影响不大[37]。

在以金红石型钛白粉为着色颜料的白色反射隔热涂料的基础配方中，考察重质碳酸钙、煅烧高岭土和沉淀硫酸钡三种常用填料对太阳光反射比的影响。结果发现[24]，加入不同种类的填料后，太阳光反射比随波长的变化规律基本一致，白色涂料的太阳光反射比差别不大。

对重晶石粉、硅微粉、云母粉、硅藻土、玻璃空心微珠等几类填料在涂料中的隔热性能的研究发现，不同填料对隔热保温箱内部温度的影响如图 2-9 所示[26]。

从图 2-9 可以看出：在红外灯的连续照射下，隔热保温箱内温度随时间延长先快速升高后趋于稳定，在 60min 后隔热保温箱内温度几乎不变。除玻璃空心微珠外，硅微粉、重晶石粉和云母粉的隔热保温性能基本相当，硅藻土的明显较差。

此外，也有研究[38]认为，填料的类型及粒径虽然会影响涂层的热反射性能，但高岭土对隔热性能几乎无影响，云母粉和硫酸钡的影响也较小。

总之，可以认为，由于普通涂料填料的折射率较低，而且基本上介于 1.45～1.7 之间，因而不同种类的填料具有相似的反射性能，即对反射隔热涂料反射性能影响的差别不是主要影响因素。

一般来说，为了保证涂料的反射隔热性能，反射隔热涂料配方中应限制普通填料的添加量，特别是某些对光吸收率较高的填料（例如轻质碳酸钙、白炭黑、硅藻土等），更应限制其应用。一般来说，选用填料时应选用折射率相对较高、吸收率低的填料[39]。另一方面，由于功能性填料的粒径相对来说较大些，

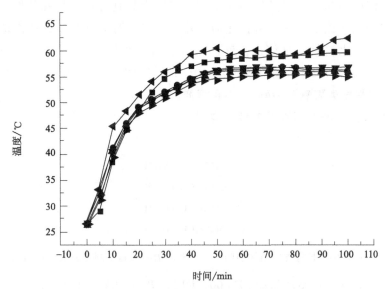

图 2-9　不同填料对隔热保温箱内部温度的影响

■空白样；●重晶石粉；▲硅微粉；▼云母粉；◀硅藻土；▶空心玻璃微珠

因而选用时应选择目数大（对应的粒径细）的填料。

五、水性涂料用助剂选用

水性涂料以水为分散介质，所使用的助剂是水性涂料特有的，正是这些助剂的正确使用才能使涂料在制备、储存及施工时具有良好的稳定性。而对于水性反射隔热涂料来说，当基料和颜、填料组成一定时，正确选择和使用分散剂、消泡剂、润湿剂、成膜助剂等助剂，能够避免许多涂料性能缺陷和涂膜病态[40]，并进一步提高涂膜的热反射性能。

生产水性涂料需要选用的助剂有防霉剂、润湿剂、分散剂、成膜助剂、消泡剂、抑泡剂、冻融稳定剂、pH 值调节剂、流变增稠剂和偶联剂等。

1. 润湿剂

（1）定义与功能　润湿剂是能够显著改变（通常是降低）液体表面张力或两相间界面张力的一种表面活性剂。润湿剂属于涂料生产过程和储存过程用助剂，能够降低分散介质（水）的表面张力，加速分散介质对凝聚、附聚的颜、填料颗粒解聚，缩短涂料生产过程中颜、填料的分散研磨时间，防止涂料浮色发花，并有助于涂料中颜、填料能长时间地处于分散稳定状态，有利于涂料涂装时在基层上的铺展和流平等。

（2）产品特性　非离子润湿剂主要为脂肪醇聚氧乙烯醚。脂肪醇表面活性剂多以直链产品为主。但是作为润湿剂，支链产品具有许多特殊的性能，例如低凝固点和低泡性等。其典型性能为：外观，在低温下具有良好的流动性的无色透明液体；水溶性，良好；密度，1.05g/mL（25℃）；离子性，非离子；有效物含量；100%；HLB 值（理论），10～13；凝固点，－12℃；环保性，不含 APEO（烷基酚类聚氧乙烯醚），不含溶剂。

图 2-10 是这类润湿剂的典型结构[41]。

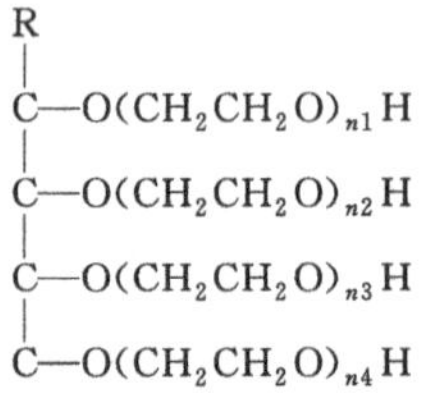

$$
\begin{array}{l}
R \\
| \\
C\!-\!O(CH_2CH_2O)_{n1}H \\
| \\
C\!-\!O(CH_2CH_2O)_{n2}H \\
| \\
C\!-\!O(CH_2CH_2O)_{n3}H \\
| \\
C\!-\!O(CH_2CH_2O)_{n4}H
\end{array}
$$

图 2-10　具有支链结构的脂肪醇聚氧乙烯醚非离子润湿分散剂结构

这类润湿剂的典型产品如 PE-100、RITON® X-405、CF-10 等。

（3）选用要点　低 PVC 涂料需要较多的成膜助剂，需要适当的润湿剂来平衡其开始溶胀乳液胶粒的时间，选择适当的润湿剂品种及用量来制备低 PVC 涂料。在中高 PVC 涂料中润湿剂的作用更重要。对于需要调色的基础漆，需要注意润湿剂和增稠剂的品种及用量。颜料在基础漆中的分散除了受自身所吸附的分散剂的影响之外，还受到配方中其他粒子的表面状态的影响，在成膜过程中，还会受到失水后油水两相再平衡的影响。

不同表面活性物质对颜、填料物理吸附量有很大的差异，受外界条件的干扰因素也很多，如果采用锚定基嵌段共聚物将避免表面活性物质在涂料成膜过程中脱水时可能出现的解吸附，从而改善涂膜的抗性。

非离子润湿剂在水相中可以吸附在有机或亲油的颜料表面，但在亲水的碱性颜料表面无吸附功能。所以在亲水的无机颜、填料的分散工艺中，润湿剂仅起到降低水的表面张力作用。

有机或亲油的颜料可以作为分散剂，但是分子量过低的，或者没有锚定作用的润湿剂很容易扩散到水中。

在有机颜料表面，较低的 HLB（亲水亲油平衡）值的分散剂有较高的吸附量，但此类表面活性剂的水分散性很差。低聚物官能团添加剂较单团添加剂的吸附量低，离子结构较非离子结构的分散剂吸附量低。

概括地说，润湿剂的选用标准应是在涂料中相容性好、降低表面张力效果显著和起泡性小以及在酸、碱介质中稳定的产品。此外，还应注意烷基酚类聚氧乙烯醚（APEO）会产生人体生殖器官损伤，已被淘汰。

2. 分散剂

（1）定义与功能　分散剂是指能够提高涂料分散体系稳定性的表面活性物质。分散剂的活性基团一端吸附在颜、填料粒子表面，另一端溶剂化进入基料中形成吸附层，靠阴离子的电荷斥力使颜、填料粒子在涂料体系中长时间处于分散悬浮状态。

（2）疏水改性阴离子分散剂　合成树脂乳液、碱性无机颜料和填料通常采用阴离子的分散剂来制备浆料，这主要是采用胶体化学的原理，在水相中这些聚电解质电离，使无机粒子表面饱和吸附阴离子分散剂，形成静电排斥，再辅以少量的纤维素，得以使浆料稳定。

水性涂料中常用的阴离子分散剂主要分为聚羧酸盐均聚物，或丙烯酸、马来酸和苯乙烯的多元共聚物。就降黏性能来看，聚羧酸盐均聚物的分散效果更好，但是悬浮稳定性及抗水性较差。多元共聚分散剂静电排斥的降黏效果较差，但是空间位阻的防沉作用及与聚氨酯增稠剂（HEUR）的疏水缔合作用较好。

使用高速分散机和分散剂对无机物进行分散并制备悬浮稳定的浆料，丙烯酸均聚物类分散剂和三元共聚物类分散剂均有此功能。但是丙烯酸均聚物类分散剂更适合乳液用量不多的高 PVC 涂料并与纤维素醚或碱溶胀性增稠剂（如 ACRYSOL^{TM} ASE-60）搭配使用。中低 PVC 涂料可以使用三元共聚物类分散剂并与疏水改性的聚氨酯缔合型增稠剂复合使用。

（3）有锚定功能的嵌段共聚分散剂　液态涂料转为固态涂膜时会释放出水分及助溶剂。随着水分的减少，涂料中疏水物质的比例加大，出现破乳转相的现象。此时涂料中的粒子开始重排，由于黏度升高及脱水过程形成的贝纳尔德漩涡的作用，会使相似的粒子有相互聚集的趋势。原先物理吸附在粒子表面的物质也有可能解吸附。这使得原先均相的水性涂料中的粒子开始呈现不均匀的聚结，这将影响涂膜的耐水性和耐酸耐碱性及装饰性等。

双亲分散剂能够锚定在颜、填料粒子表面，在脱水过程中不会脱离粒子表面，并可继续相容在树脂中。与通用阴离子分散剂不同，高分子分散剂的分子链中需含有锚固基团部分和起稳定作用的部分，并且锚固基团部分、起稳定作用的部分需要合理组织起来。图 2-11 示出嵌段型高分子分散剂的结构，在水性体系中能对被分散的有机颜料粒子提供空间位阻和静电双重稳定，其应用对反射隔热涂料有重要意义。

反射型钛白粉需要选用既与钛白粉有强结合力，又与树脂相容性好的分散剂。高分子分散剂中的锚固基团的作用是提供与钛白粉或其他无机颜、填料有足够强的结合力，使其不容易从钛白粉粒子表面脱落。磷酸、磷酸盐、羧酸、

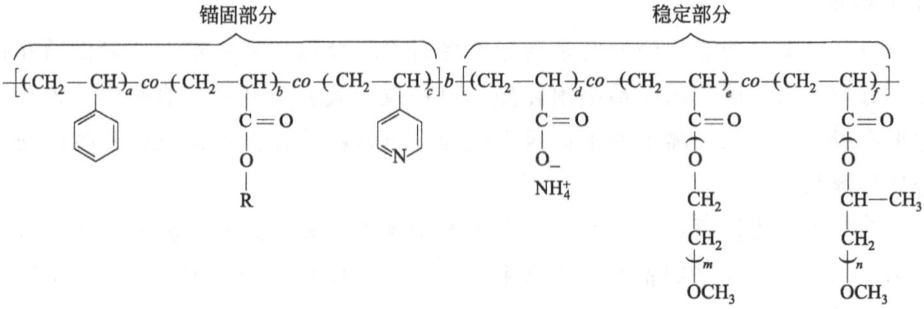

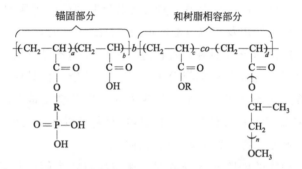

图 2-11　嵌段型高分子分散剂结构示意图

羧酸盐能和二氧化钛形成共价键、配位键，和钛白粉结合力强。此类丙烯酸类嵌段聚合物结构如图 2-12 所示。

图 2-12　丙烯酸类嵌段聚合物分散剂结构示意图

　　这类双亲型嵌段聚合物分散剂需要中和成盐后使用，其在钛白粉表面锚定后，能改善钛白粉和树脂的相容性。该分散剂是一种丙烯酸酯聚合物，其耐热、耐候、耐黄变、稳定性好。

　　（4）选用要点　高分子聚电解质类和丙烯酸酯共聚物类分散剂主要用于无机颜料的分散，前者会使涂料的色浆接受性差而产生调色障碍，需配用润湿剂。线型大分子化合物类分散剂适用于无机、有机颜料和炭黑的分散。聚磷酸盐和聚硅酸盐类无机分散剂在其用量很小时就可以分散多种无机颜料，但须与非离子型湿润分散剂或聚合物类分散剂复合使用。生产涂料时应选择两种或多种分散剂进行复合。

3. 流变增稠剂

　　（1）定义与功能　流变增稠剂是能够显著提高涂料黏度和改善涂料流变性能的助剂，是为了满足水性涂料生产、储存和施工等阶段要求而必须使用的重要涂料组分。增稠剂的功能是增加涂料的黏度，赋予涂料所需要的流变性能。

　　水性涂料增稠剂主要有纤维素醚类增稠剂，碱溶胀型增稠剂，聚氨酯、聚醚类缔合型增稠剂等。其中，碱溶胀型增稠剂因其会使涂料产生较强的触变性而导致流平性较差，作者以前在制备乳胶漆的过程中而予以慎用。

　　(2) 纤维素醚类增稠剂　这类增稠剂产品黏度型号范围广，可根据增稠效果要求选用。一般来说，其黏度型号越高，增稠效果越好，但对涂料的流平性越不利；反之亦然。

　　纤维素醚类增稠剂是通过氢键结合以及分子链缠结来实现水相增稠，即通过提高水相黏度而增稠，但不会与聚合物乳液颗粒或颜、填料颗粒产生相互缔合作用。

　　纤维素醚类增稠剂的新发展是疏水改性的缔合型纤维素聚合物，通常称为HMHEC。HMHEC具有双重增稠机理，即一方面通过提高水相黏度增稠，同时又能够产生自身缔合以及与聚合物乳液颗粒以及颜、填料颗粒间产生缔合作用而使涂料增稠。这就使得该类增稠剂在发挥优异增稠效率的同时，还为涂料提供良好的施工性和抗飞溅性。

　　(3) 缔合型增稠剂和疏水改性缔合型增稠剂（HEUR）　缔合型增稠剂能够与聚合物乳液粒子以及颜、填料粒子缔合并形成网状结构。但是当亲水表面活性剂的浓度较高时，缔合型流变增稠剂的疏水端便会向内翻转，而亲水的聚醚链向外翻转，形成胶束状的花絮凝，此时无法形成以疏水处理的树脂和颜、填料为结点的缔合网状结构。

　　这类增稠剂多为聚氨酯类和聚醚类，其分子量在 10^3 和 10^4 数量级之间，比普通分子量在 10^5 和 10^6 之间的聚丙烯酸类和纤维素类增稠剂低两个数量级。由于分子量低，产生水合后的有效体积增加较少，因而其黏度曲线比非缔合型增稠剂的平坦，如图 2-13 所示[42]。

　　由于缔合型增稠剂的分子量较低，其在水相中的分子间缠绕有限，因而其对水相的增稠效果不显著。在低剪切速率范围内分子之间缔合转换多于分子间的缔合破坏，整个体系保持固有悬浮分散状态，黏度接近分散介质（水）的黏度。因而，缔合型增稠剂使合成树脂乳液涂料体系处于低剪切速率区时表现出较低的表观黏度。缔合型增稠剂因在分散相粒子间的缔合而提高分子间的势能。这样，在高剪切速率下为打破分子间的缔合就需要更多的能量，要达到同样的剪切应变需要的剪切力也更大，使体系在高剪切速率下呈现出较高的表观黏度。

　　较高的高剪切黏度和较低的低剪切黏度则正好可以弥补普通增稠剂使涂料的流变性能方面存在的不足，即可以将两种增稠剂复合使用来调节合成树脂乳

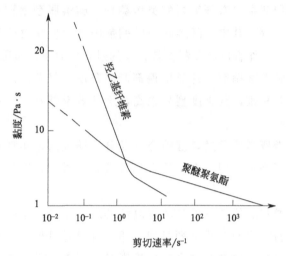

图 2-13　羟乙基纤维素和聚氨酯类增稠剂的增稠黏度曲线比较

液涂料的流变性能，达到涂装成厚膜和涂膜流平等的综合要求。用缔合型增稠剂调整涂料流变性能的具体方法如下。

如图 2-14 所示，先用普通增稠剂调节中等剪切速率的黏度约为 1.2Pa·s 即 90KU（用 Stormer 黏度计，它的剪切速率约为 $50 \sim 100 \mathrm{s}^{-1}$）。以此点（图中的 P 点）为轴心，用普通型和缔合型两种增稠剂（一般不变动总用量）配合，使黏度曲线处于过高和过低两曲线之间。一般来说，低剪切速率（约 $10 \mathrm{s}^{-1}$）下的黏度在 1Pa·s 可在涂刷时有足够的厚度而有较好的干遮盖力。

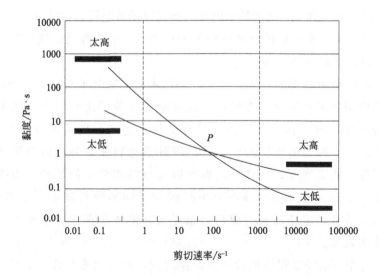

图 2-14　合成树脂乳液涂料流变性的调整用图

使用聚氨酯、聚醚类缔合型增稠剂能够提高水性建筑反射隔热涂料的流平性。由于该类涂料是非牛顿型流体，流平性一般较差，因为这类涂料在低剪切时的黏度大，在多孔性底材上涂刷时，水分可以迅速进入孔隙中，而聚合物粒子不能进入孔隙，黏度变得更大，流平性也就更差。当水挥发到一定程度，即使是处于最低成膜温度（MFT）之上时，聚合物粒子碰到一起立刻形成半硬的大粒子结构，流平性严重变差。

对于合成树脂乳液类反射隔热涂料来说，目前还很难使其达到像溶剂型涂料一样的流平性。但是，将缔合型增稠剂和低黏度羟乙基纤维素类增稠剂复合使用，可以大大改善这类涂料的流平性，使之接近于普通合成树脂乳液涂料的流平性。

4. 防闪锈剂

防闪锈剂是涂料用金属锈蚀抑制剂的一种，属于功能性助剂。溶剂型涂料涂装于金属表面时并不存在"闪锈"问题；而普通墙面乳胶漆，包括墙面用反射隔热涂料之类的水性涂料亦无需使用防闪锈剂。当水性反射隔热涂料应用于类似于钢制储罐之类场合时，往往需要先进行严格的防腐蚀处理，反射隔热涂料仅作为功能性面漆使用，此类用途的涂料亦无需添加锈蚀抑制剂。但是，当反射隔热涂料直接应用于类似金属屋面之类场合时，有时可能会遇到没有严格防腐蚀处理而直接涂装反射隔热涂料的情况，这时就需要涂料具有防闪锈性能。向涂料中添加防闪锈剂（如 NALZIN FA 179 或防闪锈剂 SYNTHRO-COR C E 660 B）能够实现这一目的。

海明斯德谦 NALZIN FA 179 是一种有机锌螯合物，直接添加的水性涂料用锈蚀抑制剂，通过对含铁基层的强亲和力以防止"闪蚀"，即水性涂料在含铁基层上干燥期间所产生的锈蚀的形成。

SYNTHRO-COR C E 660 B 是一种用于水性体系的不含 VOC、亚硝酸盐和硼酸盐的防闪锈剂，根据作者的应用经验，其 0.2% 的用量就已有明显的效果。

5. 其他助剂

上面概述了润湿剂、分散剂和增稠剂在水性涂料中选用的有关问题。如前所述，水性涂料用助剂品种很多。下面将防霉杀菌剂、成膜助剂、消泡剂等助剂的选用概述于表 2-11 中。

表 2-11　水性涂料用其他助剂的选用概述

种类	基本定义	功能作用或作用原理	选用要点	常用商品举例
防霉杀菌剂	能够杀死、阻止或抑制涂料中微生物和细菌生存的添加剂	对各种霉菌和细菌产生毒杀致死或抑致其生长，保持涂料在储存过程中不霉变、不腐败	应选用广谱、高效、对人的毒性低或无毒的商品防霉剂，防霉剂不应对涂料性能产生影响，并在广泛的 pH 值范围内有效且价格低廉	Skane M-8、Preventol D6、Dowicil 75 防霉、防腐剂等
成膜助剂	能够降低合成树脂乳液类涂料的最低成膜温度和短时间内降低其玻璃化温度的助剂	既对乳液中聚合物微粒有溶解性，又能和水相互混溶，成膜助剂在乳液粒子的融合和结膜阶段起溶剂作用，使聚合物颗粒表面溶胀，变软而容易变形。在成膜助剂的作用下，乳液粒子之间的界面消失而成膜	从能有效降低最低成膜温度、有优异的水解稳定性、不会影响涂料的储存稳定性和涂膜的各种物理性能等方面选用，并考虑其毒性应尽可能小，如乙二醇丁醚的毒性很大，而性能和效果与之相近的丙二醇丁醚的毒性很小	Texanol 酯醇、醇酯-12 和丙二醇丁醚等
消泡剂	能够使涂料中的泡沫迅速破灭并抑制泡沫再次产生的涂料助剂	消泡剂吸附到气泡膜壁的表面，然后渗透到气泡膜壁的表面，在气泡膜壁表面上扩散，并吸附表面活性剂；因气泡膜壁的表面张力不平衡而引起破泡	应选用在涂料中具有不相容性、高度扩展能力和低表面张力的消泡剂，消泡剂不应引起涂料"油缩"现象。对于黏度高、乳液用量大、消泡困难的涂料可选用某些专用消泡剂	Foamex 1435、SN-Defoaming agent 345、BYK 036、Nopco309-A 消泡剂
pH 值调节剂	调节水性涂料 pH 值的助剂	pH 值调节剂通过自身的碱性而赋予涂料分散介质碱性，通常将涂料的 pH 值调节在 7.5～9.5 的碱性状态	应选用经时稳定和在涂料稀释时有缓冲性的产品，AMP-95 除了调节 pH 值外，还有分散等功能	氨水、AMP-95 和 AMP-90
冻融稳定剂	通过降低冰点改善合成树脂乳液涂料抗冻融性的助剂	能够降低乳胶涂料分散介质的冰点，使其在受到冰冻破坏时不会产生破乳破坏	外墙涂料一般选用乙二醇，防冻效果好，但环保性差	乙二醇、丙二醇等

第二节
水性反射隔热涂料生产技术

一、基本配方及其调整

1. 涂料基本配方

反射隔热涂料是一种高性能的功能性涂料，其使用环境直接处于室外，除了反射性能外，对涂料的其他物理力学性能的要求也很高，例如耐候性、耐大气腐蚀性、耐酸雨等。因而，其配方的特征之一是在满足涂膜反射性能的要求下涂料的 PVC 浓度不能太高，否则对涂料的物理力学性能和耐候性都不利。

配方的特征之二是需要使用足够量的反射隔热性能和红外发射性能优异的功能性颜、填料，例如陶瓷或玻璃空心微珠、聚合物空心微球和反射隔热粉等，这些颜、填料在涂料成膜时应能够在涂膜中形成连续的反射层面。从作者研究的经验以及各种文献中的参考值和商品供应商推荐的用量来看，其用量以质量计应在 10%～20%左右。

配方的特征之三是如果基料使用热塑性树脂，应注意树脂的玻璃化温度不能太低，一般应高于 25℃，最好选用具有自交联性能的聚合物树脂乳液。

配方的特征之四是不能选用会显著吸收光和热的材料，特别是在选用填料（例如轻质碳酸钙或硅藻土）、颜料时更要注意这个问题。

配方的特征之五是由于普通颜、填料的反射性能差，且在涂膜中会遮蔽反射颜、填料的反射性能，因而其在配方中的用量应尽可能低。

表 2-12 中给出了反射隔热涂料的基本配方；表 2-13 中给出了建筑反射隔热涂料的基本配方。

表 2-12　反射隔热涂料的基本配方

组分	原材料名称	用量（质量份）
成膜物质	聚合物乳液（如聚丙烯酸酯或丙烯酸酯类共聚乳液）	38～55

续表

组分	原材料名称	用量(质量份)
颜、填料	金红石型钛白粉	5～15
	有机或无机热反射颜料	5～15
	普通填料	3～8
	功能性填料(包括反射性填料和发射性填料)	10～18
助剂	聚氨酯缔合型流变增稠剂	0.5～2.0
	润湿分散剂	0.5～1.0
	杀菌、防霉剂	0.5～1.0
	pH 值调节剂	0～1.0
	纤维素醚类增稠剂	0.1～1.0
	成膜助剂	2～4
	冻融稳定剂	1～3
	抑泡、消泡剂	0.2～1.0
分散介质	去离子水或自来水	5～15

注:功能性填料可选用不同种类的玻璃空心微珠或膨胀聚丙烯酸酯空心微球进行复合。

表 2-13　建筑反射隔热涂料的基本配方

原材料		用量
名称	供应商或生产商	(质量份)
水	(自来水)	12.0～20.0
K20 型防霉剂	德国舒美公司	0.1
乙二醇(或丙二醇)	普通工业产品	1.0～1.5
Texanol 酯醇(或丙二醇丁醚)	美国 EASTMAN 公司	0.6～1.0
阴离子型分散剂("快易"分散剂＋731A 分散剂)	原美国罗门哈斯公司(Rohm and Hass)①	0.4～0.6
聚氨酯缔合型增稠剂(TT-935 增稠剂)		0.1～0.5
羟乙基纤维素或疏水改性羟乙基纤维素	通用涂料原料	0.1～0.25
PE-100 型润湿剂	德国汉高公司	0.15
氨水(pH 值缓冲剂)或 AMP-95 多功能助剂	普通工业产品	0.20
其他功能性助剂	(如锈蚀抑制剂)	适量
钛白粉(金红石型)	通用化工产品	8.0～15.0
超细高岭土(1200 目)	通用涂料原料	3.0～6.0
玻璃空心微珠(TK35 型＋TK70 型)	德国 MOLUS 公司	15.0～20.0
其他有反射功能的填料	—	适量
有发射功能的填料(如发射隔热陶瓷粉)	—	适量

续表

原材料		用量
名称	供应商或生产商	(质量份)
着色颜料浆	—	适量
弹性聚丙烯酸酯乳液＋普通聚丙烯酸酯乳液②	如原罗门哈斯公司的 Primal ® 2438 和 Primal ® AC 261	40.0～45.0
681F 型消泡剂	德国罗纳普朗克公司	0.4

①美国罗门哈斯公司(Rohm and Hass)已被陶氏化学公司收购,但各种产品都还存在。
②也可以只使用一种乳液。

2. 涂料配方调整要点

（1）为满足涂膜反射太阳光性能进行配方调整　反射隔热涂料最主要的性能是太阳光反射性能和半球发射率。配方的调整应以满足这一性能为基本出发点。

影响太阳光反射性能的最主要因素是玻璃空心微珠（或配方中选用的其他有反射功能的填料）的质量及其用量，即玻璃空心微珠本身需要具有良好的光反射性能，其在配方中的用量虽然没有绝对数值，但其用量应使涂料的 PVC 值小于 CPVC 值。

涂料 PVC 值的确定是由涂料中的颜、填料用量和聚合物乳液的用量共同决定的。因而，聚合物乳液的用量应不小于一个最低值，根据作者的经验，聚合物乳液的用量以质量计应在 35%～45% 范围内。因为玻璃空心微珠是一种新型功能性涂料原料，对其性能和应用的研究还不充分，尤其是对其在涂料中应用时的临界 PVC 值及其给涂料性能带来变化的研究至今仍是空白。

为了保证涂料的太阳光反射性能，涂料中不能使用吸光性强和对玻璃空心微珠遮蔽性强的材料，例如轻质碳酸钙、白炭黑、硅藻土等类材料。

半球发射率是和太阳光反射比一样重要的热反射性能，因而配方调整中亦应给予注意。因而，配方中应注意高发射率材料（例如发射隔热陶瓷粉）的选用及其用量的确定。不过，曾检测几种颜色的反射隔热涂料的半球发射率，结果半球发射率都较高[43]。这是因为反射隔热涂料的半球发射率主要取决于材料的化学成分和表面平整度，与材料的颜色深浅关系不大[44]，这也说明由于金属的半球发射率较低，添加金属粉的涂料不能作为反射隔热涂料使用（例如广泛使用的铝粉漆）。

此外，涂膜沾污后的太阳光反射性能和半球发射率亦是非常重要的性能，因而应尽量排除各种可能会对涂膜耐沾污性造成不良影响的因素。

（2）鉴于满足涂膜物理力学性能的配方调整　涂膜物理力学性能主要包括耐候性、耐沾污、强度和对各种腐蚀性物质（例如碱、酸、盐等）的耐性等。

在这种情况下，涂料配方的调整主要从选用聚合物乳液和涂料 PVC 值的设置方面考虑。

由于使用不同成膜物质时涂料的性能差别很大，应根据涂料性能要求选择其品种和确定用量。例如，使用不同聚合物乳液时涂膜的耐候性、耐沾污、强度和耐性的差别很大，因而应选择使用聚丙烯酸酯乳液，或者经过改性的具有更优异性能的聚丙烯酸酯乳液，如有机硅改性、环氧树脂改性、氟树脂改性的聚丙烯酸酯乳液等。文献中对使用这些高性能树脂制备反射隔热涂料的研究都有报道[45～47]。

由于涂料的 PVC 值超过其 CPVC 值后涂料的各种物理力学性能都会急剧下降，因而作为外用的反射隔热涂料，其 PVC 值更应小于 CPVC 值。

此外，润湿剂、分散剂的使用也会影响涂膜的耐水性、耐碱性等，除了在用量上予以考虑尽量降低外，对于分散剂还应选择对涂膜耐水性影响小的品种。

（3）鉴于涂料流平性的配方调整　流平性直接关系到涂膜的反射性能，因而对于反射隔热涂料来说非常重要。流平性的调整主要通过流变增稠剂实现。表 2-13 中使用了羟乙基纤维素和 TT-935 增稠剂。如所熟知，羟乙基纤维素的黏度型号越高，增稠效果越好，但对涂料的流平性越不利。因而，为了照顾涂料的流平性，应选用黏度型号比普通合成树脂乳液外墙涂料低的羟乙基纤维素类产品。

TT-935 增稠剂是一种聚氨酯缔合型增稠剂，在低剪切速率下的黏度低，流动性好，因而能够赋予涂料更好的流平性，其用量可比普通涂料大些。

应注意的是，反射隔热涂料一般不要选用碱活化型增稠剂，因为这类增稠剂在低剪切速率下的黏度高，触变性强，会使涂料的流平性变差。

（4）鉴于涂膜表面质量进行的配方调整　仅使用单一粒径的玻璃或陶瓷空心微珠，会导致涂膜表面质量较差，更有甚者会出现轻微"橘皮"现象。这可以通过调整空心微珠的品种和添加量来消除或减轻，即为了得到高质量的涂膜，应将不同粒径的玻璃或陶瓷空心微珠（可以通过选择产品的不同型号实现）和其他类具有反射隔热性能的功能性填料（例如隔热陶瓷粉、红外隔热粉）等复合，这样粒径不同的空心微珠可以实现最密实堆积，提高涂膜的致密度和表面质量。

二、水性反射隔热涂料的基本制备程序

1. 反射隔热涂料的典型制备工艺

一般来说，目前应用的水性反射隔热涂料绝大多数为乳液型，其生产过程是一种物理混合过程，在生产过程中不涉及到任何化学反应，只是将各种原材料经过严格计量后，分批次地投入涂料混合罐中，搅拌混合即可。这是目前聚合物乳液型涂料的共性。但是，对于水性反射隔热涂料来说，还有其特殊性，这就是在生产工艺流程的设计上应注意空心玻璃或陶瓷微珠等类空心材料不能够受到研磨或高速分散，否则会使其破碎而损失反射性能，而其他颜料、填料则需要进行研磨或具有接近研磨功能的高速搅拌，以使这些颜料、填料保持较高的细度，以减轻对反射隔热涂料反射性能的影响。

表 2-12 配方的制备程序可以叙述如下：将配方量的水、防霉杀菌剂在涂料混合罐中搅拌混合均匀；投入润湿剂、分散剂、消泡剂、成膜助剂、冻融稳定剂，搅拌均匀后再将纤维素醚类增稠剂投入混合罐中并搅拌混合均匀；加入 pH 值调节剂，搅拌至纤维素醚充分溶解（成为近似透明的溶液）。

接着，将半量的聚氨酯缔合型流变增稠剂、半量的消泡剂和其他功能性助剂（如锈蚀抑制剂）等在混合罐中物料保持慢速搅拌的状态下依次投入混合罐中搅拌混合均匀；在慢速搅拌下，加入金红石型钛白粉、隔热粉体和其他填料等，提高搅拌速度至 1250r/min 继续搅拌 15～30min 后，测定细度，细度＜40μm[48] 后，在慢速搅拌下将配方量的聚合物乳液、消泡剂等加到已分散好的颜料分散液中；搅拌均匀。

在低速下，缓慢添加玻璃或陶瓷空心微珠，直至分散均匀。若需配制彩色隔热涂料，则向成品涂料中添加一定比例某种颜色的反射性颜料。最后，使用预留的半量消泡剂慢速搅拌消泡；再用预留的半量聚氨酯缔合型流变增稠剂调整涂料至要求黏度，制得水性反射隔热涂料。

最后，将涂料通过振动筛或其他过滤设备过滤，以去除生产操作过程中混入的机械杂质。然后，取样检查，合格后包装入库，得到成品产品。

2. 建筑反射隔热涂料的基本制备工艺

原则上说，建筑反射隔热涂料的基本制备工艺和上面的"典型制备工艺"是大同小异的。但其配方既然已经列示得更详细，在制备工艺的叙述方面就可以更详细一些，有时这可能是更有参考价值的。

（1）生产工艺流程　表 2-13 配方的建筑反射隔热涂料生产工艺流程示意图如图 2-15 所示。

（2）操作过程　表 2-13 配方的建筑反射隔热涂料生产操作过程如下。

① 在生产涂料时，首先清洗各种涂料生产用设备和器具，校正好计量用具。

② 按照要求称量精度，准确称量水、防霉剂（K20 防霉剂），搅拌均匀后投入润湿剂（PE-100 润湿剂）、冻融稳定剂（乙二醇或丙二醇）、成膜助剂（如

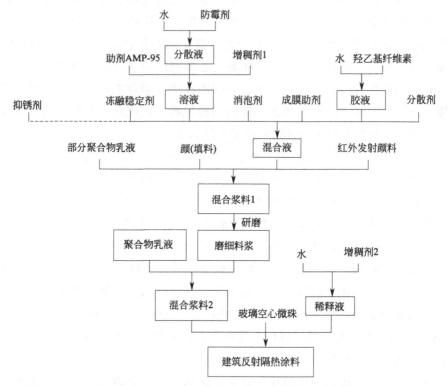

图 2-15 建筑反射隔热涂料生产工艺流程示意图

Texanol 酯醇或丙二醇丁醚）、两种阴离子型分散剂（"快易"分散剂、731A 分散剂）、pH 值缓冲剂（氨水）、增稠剂（TT-935 增稠剂）和适量消泡剂（681F 消泡剂），备用。

③ 开动混料罐搅拌机，在搅拌的状况下将羟乙基纤维素投入混料罐中，搅拌分散均匀后，投入氨水，搅拌至羟乙基纤维素溶解成均匀的羟乙基纤维素胶液。

④ 将上述称量好的其他原材料按照先后顺序投入混料罐中，混合均匀，再投入钛白粉、超细高岭土和发射隔热陶瓷粉等粉体材料搅拌均匀，制得混合料浆。

⑤ 将该料浆通过砂磨机研磨至合格细度（$30 \sim 40 \mu m$）后，将该料浆通过振动筛过滤出料，并转移至出料罐中备用。

⑥ 将细度合格的磨细料浆转移至调漆罐中，再投入两种聚丙烯酸酯乳液（Primal®2438 弹性建筑乳液和 Primal® AC 261 聚丙烯酸酯乳液）慢速（不高于 400r/min）搅拌均匀，

⑦ 向调漆罐中投入玻璃空心微珠中速（$600 \sim 700$r/min）搅拌 10min，使之

充分均匀。

⑧ 最后，视涂料中泡沫的多少，再补充消泡剂，慢速搅拌消泡，并根据涂料的黏度状况，使用适量的增稠剂（TT-935 增稠剂）调整涂料的黏度至适宜范围（80～100KU）。

三、水性反射隔热涂料生产过程中的注意要点

1. 应注意投料顺序

某些投料顺序可能已普遍受到注意，例如分散介质、助剂、颜填料和成膜物质等大类的涂料组分的投料。这里要强调的是同类涂料组分之间的顺序。

例如，在助剂的投料过程中一般要先投入水和防霉杀菌剂。这样，防霉杀菌剂能够处于较高的浓度，更有利于杀灭混合料中的各种微生物和菌类，且其后每投入一种原材料，都是和具有较高浓度的防霉杀菌剂水溶液接触，有利于霉菌和微生物的杀灭。

再例如，防霉杀菌剂之后应顺序投入的是润湿剂和冻融稳定剂，这样水的表面张力得到降低，其后的物料投入后更容易得到分散。

2. 注意某些需要预留材料的预留量

诸如流变增稠剂、抑泡消泡剂等材料生产时是需要分批次投料的，对于低PVC涂料，由于配方中的水的用量很少，生产难于操作，乳液可能也是需要分批次投料的。这时，应注意材料的预留量。

3. 极低 PVC 情况时投料顺序的改变

极低 PVC 反射隔热涂料是很特殊的情况。这种情况下配方水量很少，按照上面的投料顺序难以生产，需要将部分乳液同配方水一起投料。此时，可将流变增稠剂在乳液与料浆混合均匀后再投入，这时应注意的是应同时预留与流变增稠剂等量的水和冻融稳定剂，在流变增稠剂投料前先与该预留的水、冻融稳定剂混合均匀后再与物料处于中、慢速搅拌状况下缓慢投料。

4. 应特别注意玻璃或陶瓷空心微珠的添加 [49]

玻璃或陶瓷空心微珠的强度都相对较低。若随二氧化钛等颜、填料加入，要经受高速搅拌，会造成空心微珠的大量破碎。因而如前面强调的，空心微珠都是在聚合物乳液添加后的最后阶段加入。

图 2-16(a) 和图 2-16(b) 中分别展示出空心微珠经受高速搅拌后的涂膜与工艺后期未经受高速加搅拌的涂膜的电子显微镜照片。

从图 2-16 中可以看出，空心微珠经受高速分散后，空心微珠大量破碎，导致涂膜内的空心微珠数量显著减少，已不足以形成空心微珠整齐排列的良好反

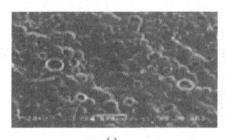 

(a)　　　　　　　　　　　　　　　　(b)

图 2-16　空心微珠经受高速搅拌的涂膜与未经受高速加搅拌的涂膜的电子显微镜照片

(a) 经受高速搅拌；(b) 未经受高速搅拌

射层的涂膜，而且因为空心微珠的大量破碎，使涂膜的热导率明显增大，最后的综合结果就是导致涂膜的反射性能显著降低，热阻减小，隔热效果变差。

此外，还同时测定了两种不同添加工艺的涂膜的隔热效果。结果显示，空心微珠经受高速搅拌后的涂膜，其隔热性能大幅度下降。

同样的研究和结论亦见之于其他的研究[16]。这种微观和宏观的双重观察与测试，足以证明玻璃或陶瓷空心微珠添加工艺的重要性。

四、反射隔热涂料的技术性能指标

关于反射隔热涂料的产品标准，目前主要有国家标准《建筑用反射隔热涂料》GB/T 25261—2018、建工行业标准《反射隔热涂料》JG/T 235—2014、建材行业标准《建筑外表面用热反射隔热涂料》JC/T 1040—2007 和化工行业标准 HG/T 4341—2012《金属表面用热反射隔热涂料》等。下面介绍 GB/T 25261—2018 和 JG/T 235—2014 两个标准对反射隔热涂料产品的技术要求。HG/T 4341—2012 标准在第三章第一节中介绍。

1. GB/T 25261—2018 标准的技术要求

(1) 分类　GB/T 25261—2018 标准将建筑用反射隔热涂料产品分为隔热中涂漆、反射隔热平涂面漆和反射隔热质感面漆三类。其中，隔热中涂漆实际上是阻隔型绝热涂料。下面仅介绍反射隔热面漆的要求。

(2) 反射隔热平涂面漆的功能性能要求　GB/T 25261—2018 标准对反射隔热平涂面漆的反射隔热性能要求如表 2-14 所示。

表 2-14　GB/T 25261—2018 标准对反射隔热平涂面漆的功能性要求

项目		指标			
		$L^* \leqslant 40$	$40 < L^* \leqslant 80$	$80 < L^* \leqslant 95$	$L^* > 95$
太阳光反射比	≥	0.25	$L^*/100 - 0.15$		0.85
近红外反射比	≥	0.40	$L^*/100$	0.80	

项目	指标			
	$L^* \leqslant 40$	$40 < L^* \leqslant 80$	$80 < L^* \leqslant 95$	$L^* > 95$
半球发射率　　　　　　≥	0.85			
污染后太阳光反射比变化率① ≤	—	15	20	
与参比黑板的隔热温差/℃　≥	11.2	$L^* \times 0.28$		

① 该项仅限于三刺激值中的 $Y_{D65} \geqslant 31.26(L^* \geqslant 62.7)$ 的产品。

（3）反射隔热平涂面漆的基本性能要求　　根据产品类型的不同，反射隔热平涂面漆的基本性能还应符合 GB/T 9755、GB/T 9757、JG/T 172、HG/T 3792 或 HG/T 4104 等标准中某一相应产品标准最高等级的要求。

（4）反射隔热质感面漆的功能性能要求　GB/T 25261—2018 标准对反射隔热质感面漆的反射隔热性能要求如表 2-15 所示。

表 2-15　GB/T 25261—2018 标准对反射隔热质感面漆的功能性要求

项目	指标			
	$L^* \leqslant 40$	$40 < L^* \leqslant 50$	$50 < L^* \leqslant 85$	$L^* > 85$
太阳光反射比①　　　　　≥	0.25	$L^*/100 - 0.15$		
近红外反射比②　　　　　≥	0.40		$L^*/100$	0.80
半球发射率　　　　　　≥	0.85			
污染后太阳光反射比变化率①② ≤	—	15	20	
与参比黑板的隔热温差/℃ ≥	10.0	$L^* \times 0.25$		

① 当产品设计有罩光面漆时，可将反射隔热质感面漆与罩光漆配套后测试。

② 该项仅限于三刺激值中的 $Y_{D65} \geqslant 31.26(L^* \geqslant 62.7)$ 的产品。

（5）反射隔热质感面漆的基本性能要求　　根据产品类型的不同，反射隔热质感面漆的基本性能还应符合 GB/T 9779、GB/T 9757、JG/T 24 或 JC/T 2079 等标准中某一相应产品标准最高等级的要求。

2. JG/T 235—2014 标准的技术要求

（1）反射隔热性能要求　JG/T 235—2014 标准按涂层的明度不同将反射隔热涂料分为低、中和高三种明度；对其反射隔热性能的要求如表 2-16 所示。

表 2-16　JG/T 235—2014 标准对反射隔热涂料的反射隔热性能要求

序号	项目		指标		
			低明度	中明度	高明度
1	太阳光反射比	≥	0.25	0.40	0.65
2	近红外反射比	≥	0.40	$L^*/100$	0.80
3	半球发射率	≥	0.85		

序号	项目		指标		
			低明度	中明度	高明度
4	污染后太阳光反射比变化率^① ≤		—	15%	20%
5	人工气候老化后太阳光反射比变化率 ≤		5%		

①该项仅限于三刺激值中的 $Y_{D65} \geqslant 31.26(L^* \geqslant 62.7)$ 的产品。

（2）对反射隔热涂料基本涂料性能的要求

① 金属屋面使用时，除应符合表 2-16 的要求外，还应符合 JG/T 375 的规定；其他屋面使用时，还应符合 JC/T 864 的规定。

② 外墙使用时，除应符合表 2-16 的要求外，根据产品类型的不同，还应符合 GB/T 9755、GB/T 9757、JG/T 172、HG/T 3792 或 HG/T 4104 等标准中某一相应产品标准最高等级的规定。

五、反射隔热涂料生产中的管理

1. 反射隔热涂料生产管理的意义

反射隔热涂料按照配方和生产工艺规程进行投料和批量生产。其产品质量取决于使用原材料的质量保证、生产过程控制的质量保证和员工培训和生产配方设计开发的质量保证等。其中，生产过程控制和配方的设计开发是产品质量的关键。即，即使有好的配方，还需要必要的生产过程中的质量控制。由于我国反射隔热涂料生产企业以中小型为主，且是在最近几年才得到快速发展的。在这种情况下，反射隔热涂料生产中的管理问题常常被忽视。但实际上，反射隔热涂料生产中的管理是很重要的问题，直接关系到产品质量、经济效益和企业的发展。

就产品质量来说，原材料的质量控制、生产过程环节中的工艺要素、产品质量和出厂检验等问题显然都与产品质量有直接关系，这些问题都是生产管理的重要内容。

就经济效益来说，好的管理能够降低生产过程中的原材料损耗，能够提高产品合格率，减少用户对产品质量的投诉，扩大产品销售量。显然这些因素都是提高经济效益的良好途径。而通过严格的管理，杜绝企业恶性事故（涉及到人身安全和重大的质量事故）更是企业保持经济效益的必由之路。例如，某厂经济效益很好，但因为在生产溶剂型涂料过程中工人严重中毒休克而造成很大的经济损失。因而，管理出效益绝对不是一句空话。

就企业发展来说，企业规模小时管理差尚可维持，若进一步发展则必须实行严格的质量管理。正因为如此，一些反射隔热涂料生产企业非常重视管理工作，已经通过 ISO 9000 质量管理体系认证。在通过该认证的过程中结合实际情况，反复修正和整改，得到较为完善的质量管理体系。

2. 生产管理的主要内容

反射隔热涂料生产管理的主要内容包括原材料管理、生产过程管理、质量监控和成品管理等工艺环节。这里只是介绍一些反射隔热涂料生产中管理需要注意的问题，而非介绍具体的管理制度。

（1）原材料管理　原材料通常需要进行分类管理。从涂料组分的材料来说，应该将成膜物质、颜填料、助剂等分门别类；此外，还应该进一步将溶剂型材料（包括溶剂和成膜物质）和水性材料分开存放。材料仓库应有符合实际情况的必要管理制度。这些管理制度因各个企业具体情况不同而有差别。这里分别对溶剂型材料库房和水性材料库房提出一些应特别予以注意的问题。

① 溶剂型材料　水性反射隔热涂料生产中也会使用一些溶剂型材料，例如防冻剂、成膜助剂等。溶剂型材料一般都是易燃物品，因而应特别注意按照易燃（易爆）材料的储放要求，存放于阴凉、干燥和通风的库房中。库房应有一定空间层高要求，并有强制性通风设施，例如设置排气扇以利于定时通风换气；大型库房还应该设置通风管道；溶剂型库房的各种电器必须使用防爆开关；应严格禁止各种明火或者可能造成明火的因素出现；对于应用量不大，需要长时间存放的材料除了注意有效期外，还应注意经常保持商品标签的清晰，模糊时应立即更新；用完的空容器应及时从库房中清理出去，短期未能够清理的仍应注意盖紧盖子，防止残留物、蒸气逸出等。

为了材料管理人员的健康安全，从事管理的人员办公室不能安排在库房内，应离开库房重新设置。

② 水性材料　水性材料中应引起注意的问题是冬季乳液的防冻，一般存放温度不能低于 5℃。很多水性液体材料在气温低时容易分层，有的甚至常温时也容易分层（例如某些消泡剂、防霉剂）。因而，在使用或发放材料时必须先将材料进行均化处理。大包装材料需要多次发放才能用完，一个值得注意的问题是不要污染、碰损材料标签。如果碰到污染、碰损的情况，应及时采取措施（如更换新标签）。

水性材料虽然环保性好，但人员的办公室也不宜设在库房内。因为有些材料仍可能散发出对健康不利的成分，例如合成树脂乳液中的游离单体，防霉、杀菌剂中的活性成分等，以及防冻剂、成膜助剂的散发逸出等。

（2）生产过程中的管理　生产过程中的管理即车间和生产工艺的管理，其主要目的是安全、可靠地实施产品的配方和工艺程序，得到质量合格的产品。应该制定出详细的操作程序，并对一些容易引起问题的因素予以特别关注。例如，计量器具使用前的检查与校正；投料前对原材料直观检查有无异常情况出现，粉料投料时采取必要的措施防止粉尘飞扬；防止包装物品被高速转动的叶轮或带动叶轮的轴缠绕；液体投料时不要飞溅，应尽可能将称量的料全部投入混料罐；废弃包装物按规定放置与处理，对液体材料使用容器的清洗及清洗液的处理，严格按照设备的操作程序操作，以及生产过程中对出现异常情况的处理和劳动安全管理，防止出现安全及质量事故等。

涂料生产中最忌讳的操作方式就是边称量（或者边从原材料仓库中领取）材料，边向搅拌罐中投料进行生产。因为这样有可能会带来很多问题。一是称量过程中发生错误无法或很难发现和很难纠正；二是容易出现某种原材料忘记称量的情况；三是称量过程中如果有意外情况出现耽搁，会延误生产操作，而有些操作可能不允许延误；四是生产现场容易混乱，同时进行两种不同工序的操作，很难做到有条不紊，甚至出现安全事故等。

那么，什么样的操作方式比较合适呢？对这个问题，不同的工厂、不同的操作人员和不同的管理方式有不同的安排。但是，一般来说，至少是应该在生产车间划分出明确的原材料堆放区，按照车间下达的生产任务指令书的生产量的要求，将单班生产所需要的各种原材料备齐，每一种原材料必须有明确的标记或者编号，并按照生产工艺要求投料顺序的先后堆放好。然后，按照工艺程序卡上的数量进行复核以保证无误。显而易见，这样操作能够减少或者消除错误的操作以保证产品质量。

对于已实现高度自动化的现代生产工艺线，上面的介绍可能纯属多余，但根据具体情况进行生产管理仍然是非常必要和重要的。

（3）质量管理

① 出厂检验和过程控制　质量管理主要是指反射隔热涂料生产过程中的质量控制和产品的出厂检验。产品出厂检验一般按照产品的执行标准中规定的项目进行；产品出厂前必须按照要求对各个生产批次检验，合格后发放出厂合格证。过程控制即每个工艺过程设定的工艺参数的控制，例如料浆分散细度和料浆黏度的控制，预溶解纤维素类增稠剂胶液黏度的控制，各种溶剂的挥发速度和闪点的控制，混合溶剂的挥发速度和闪点的控制等。应该对生产过程中的环节产品进行严格的工艺参数的控制；并具有不合格项目的纠正措施。

②检验设备、仪器和器具　对于反射隔热涂料的质量管理来说，应具备必要的试验室和检验设备、仪器和器具等。

第三节
彩色反射隔热涂料及其制备技术

一、彩色反射隔热涂料的反射功能性能要求

实际上，白色以外的涂料除了彩色涂料外还有灰色涂料和黑色涂料，但为了叙述上的方便，一般没有特别指出，彩色涂料通常包含灰色涂料和黑色涂料。

一方面说，实际中应用更多的是彩色涂料；另一方面说，涂料的明度值越低，其对光和热的反射性能越差。亦即涂膜的颜色越深，其对光和热的吸收性能越强，要提高其反射性能往往需要采取更多的技术措施，也具有更高的技术难度，或者需要更高的制造成本。

由于纯白色反射隔热涂料的应用很少，实际应用中 80% 以上的涂料是彩色涂料，因而从实际应用来说，彩色反射隔热涂料更有意义。在我国早期的反射隔热涂料标准中，对于涂料的光、热反射性能仅规定白色涂料的指标，例如 JG/T 235—2008 标准、GB/T 25261—2010 标准和 JC/T 1040—2007 标准等都是这样，这对于实际应用来说显然是不方便的。因而，这些标准在修订时都改变了这种做法，引入明度的概念，并规定出不同明度涂料的光、热反射性能。这也是涂料应用逐步走向成熟和完善的标志。

下面介绍国内外标准对反射隔热涂料的功能性能要求。从下面的介绍中可以看出，现在的不同标准都是在考虑了彩色涂料概念的基础上进行规定的，即对不同明度范围的涂料规定不同的反射功能指标。

1. 我国不同标准的规定

在本章第二节对反射隔热涂料产品性能要求的介绍中，曾介绍了《建筑用反射隔热涂料》GB/T 25261—2018、《反射隔热涂料》JG/T 235—2014 等标准对反射隔热涂料产品的技术要求。

在这两个标准中，GB/T 25261—2018 标准将反射隔热涂料产品分为四种明度指标，分别规定了不同明度指标产品的太阳光反射比、近红外反射比和半球发射率等指标（见表 2-14、表 2-15）；JG/T 235—2014 标准则将反射隔热涂料产

品分为低、中、高三种明度指标，分别规定了不同明度指标产品的太阳光反射比、近红外反射比和半球发射率等指标（见表 2-16）。

2. 国外的规定

（1）日本 日本工业标准 JIS K 5675—2011《屋顶用高太阳反射率涂料》规定：$L^* \leqslant 40$，近红外反射率 $\geqslant 40\%$；$40 < L^* < 80$，近红外反射率 $\geqslant L^*\%$；$L^* \geqslant 80$，近红外反射率 $\geqslant 80\%$。

（2）欧洲 AFNOR 标准（法国标准化协会标准）要求外围结构涂料的最低太阳光反射为 30%（59.1 条）；欧洲冷屋顶委员会推荐使用冷屋顶技术。

（3）美国 美国军标规定深色反射隔热涂料反射率在 50% 以上；美国绿色涂料环境标志（GS-11 Green Seal Environmental Standard for Paints and Coatings）对墙面建筑涂料的要求是浅色涂料反射率在 65% 以上，深色涂料反射率在 40% 以上。

LEED（能源与环境设计先锋）标准规定：缓坡屋顶（≤2∶12）最低太阳光反射率 78%，陡坡屋顶（＞2∶12）最低太阳光反射率 29%；人行道太阳光反射率 33%（老化 3 年 28%）；Title 24 标准（美国加州能效标准）推荐使用冷屋顶，可帮助业主节能约 30% 的空调耗能。

二、彩色反射隔热涂料用颜料

（一）热反射钛白粉

1. 热反射钛白粉的基本特性 [50]

热反射钛白粉也称反射型钛白粉、红外反射钛白粉等，是通过表面包覆的改性处理，使其粒径达到一定的设定范围，提供高红外反射率。热反射钛白粉中典型的产品是第一章第四节中曾提到的亨斯迈公司（Huntsman Corporation）的红外反射颜料 ALTIRIS® 550 和 ALTIRIS® 800，是通过改变 TiO_2 晶体的粒径来提高反射率，通过改性和包覆处理而赋予其极高耐久性的新型功能颜料。

根据不同情况使用这两种钛白粉配制彩色反射隔热涂料时，均能够在不同颜色要求条件下，使所配制涂料的太阳光反射比、红外反射率以及半球发射率满足现行技术标准和各种应用要求。但是，由于其遮盖力仅为普通钛白粉的 50% 左右，若处于极高明度范围（如 $L^* > 90$），则需要较多的量来满足对比率的要求，因而这类情况下并不需要使用这种钛白粉。

ALTIRIS® 550 适用于配制中等色度和浅色（$L^* > 40$）的反射隔热涂料；ALTIRIS® 800 适用于配制深色度（$L^* < 40$）的反射隔热涂料。下面以这两种热反射钛白粉为例介绍热反射钛白粉的一些典型性能。

2. 热反射钛白粉的粒径及其分布

涂料成膜物质用聚合物树脂的折射率为 $1.45\sim1.50$，不同聚合物树脂膜对太阳光线反射并无明显区别。通常，对树脂只要求其透明度高、对太阳光吸收率低。而对太阳光的反射性能主要取决于颜、填料的光学属性；颜、填料的折射率与树脂的折射率相差越大，对太阳光线的反射就越强。金红石型二氧化钛的折射率为 2.76。

当外界光入射到涂层上时，光会受到其中颜、填料颗粒的散射和吸收。根据 Weber 定律的定义，颗粒的结晶粒径（D）和散射光波长（λ）关系如下：

$$D=\frac{2\lambda}{\pi(n_1-n_2)} \qquad (2\text{-}3)$$

式中，$\pi=3.14$；n_1 为二氧化钛反射指数；n_2 为树脂反射指数。

当 λ 取值 530（所需反射最大能量的波长，对应为绿光），$n_1=2.7$（金红石型钛白粉反射指数），$n_2=1.5$（树脂的反射指数）时；按式（2-3）计算金红石型二氧化钛粒径为 280nm。这也是绝大多数金红石型钛白粉的平均粒径在280nm 左右的原因。

颜、填料的粒径和形状是影响散射能力的重要因素。一般来说，颗粒粒径与最大反射光波波长的关系为 1：2。表 2-17 是 ALTIRIS® 550、ALTIRIS® 800颜料和普通金红石型钛白粉几何加权平均粒径和几何加权标准偏差。

表 2-17　热反射钛白粉和普通金红石型钛白粉的几何加权平均粒径和几何加权标准偏差

钛白粉类别	粒径/μm	几何加权标准偏差
ALTIRIS® 550	0.70	1.33
ALTIRIS® 800	1.00	1.29
金红石型钛白粉	0.31	1.31

图 2-17～图 2-19 是在扫描电镜下显示的金红石型二氧化钛、ALTIRIS® 550钛白粉、ALTIRIS® 800 钛白粉的结晶形状。从图中可以看出，ALTIRIS® 550和 ALTIRIS® 800 的结晶形状很好地反映了其粒径大小分布特性。

3. 两种热反射钛白粉的适用色彩区域

（1）中等色度和浅色　ALTIRIS® 550 颜料被设计成能使一些中等色度和浅色（$L^*>40$）的涂料具有很高的太阳光反射比。其冲淡力约为传统钛白粉的50%，若将其用于反射隔热涂料的底漆中，则可增加太阳光反射比。配色时，当用 ALTIRIS® 550 颜料取代传统钛白粉，可以适当减少配方中有色颜料的添加量。

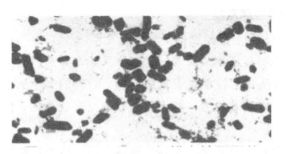

图 2-17　ALTIRIS® 550 扫描电子显微镜下形状

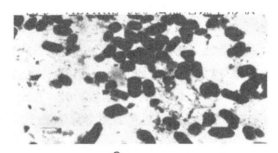

图 2-18　ALTIRIS® 800 扫描电子显微镜下形状

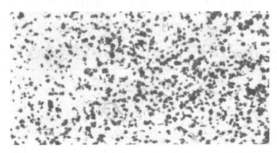

图 2-19　普通金红石型钛白粉扫描电子显微镜下形状

　　(2) 深色和亮丽色　ALTIRIS® 800 颜料冲淡力极低 (约为传统钛白粉的 25%)，能使深色 ($L^* < 40$) 和一些亮丽色彩涂料具有很高的太阳光反射性能，故可使用在低明度 ($L^* < 40$) 的涂料，这类涂料中的传统钛白粉很少或没有钛白粉，例如黑色和绚丽的红色；在配色时，当用 ALTIRIS® 800 颜料去取代传统钛白粉，可以适当减少配方中有色颜料的添加量[50,51]。

　　图 2-20 为两种 ALTIRIS® 钛白粉的使用范围示意图。

4. 两种热反射钛白粉的使用方法

　　使用 ALTIRIS® 反射钛白粉时，应根据不同明度范围的涂料选择 ALTI-

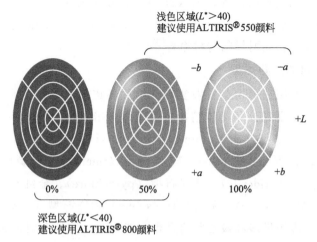

图 2-20　ALTIRIS® 550 型反射钛白粉和 ALTIRIS® 800 型反射钛白粉的使用范围示意图

RIS® 反射钛白粉，并采取不同的添加量。同时，按照添加 ALTIRIS® 的数量相应减少普通钛白粉用量，并以 ALTIRIS® 550 的添加量和普通钛白粉添加量的比例不低于 2∶1 为准。

（二）复合无机颜料

1. 复合无机颜料的基本特性

　　复合无机颜料也称"冷颜料""红外反射颜料"等，目前在反射隔热涂料中最常见、使用最多的名称还是"冷颜料"。复合无机颜料大多数都是由几种氧化物、氢氧化物、硝酸盐、醋酸盐、碳酸盐等经混合后，再于 800～1300℃高温煅烧进行固相反应后所获得的产品，其原料中的金属离子和氧离子重新排列，并按照氧离子和金属离子的比例，形成更稳定的类似于金红石型、尖晶石型、赤铁矿或刚玉型结构之复相无机颜料。晶体中含有钛、镍、锰、铬、铜、铁、钴等有色金属离子以及晶体电荷平衡离子（如锂、镁、钛、钙、锑、钽、铌、钼、钨等），其独特的结构及含有的过渡金属使之在红外区域有较强的反射能力[15,52]。

　　具有优异反射隔热能力的复合无机颜料的反射率和吸收率互不依赖，选择一种颜料就会有某一种颜色，且该颜料在可见光区域反射其本色波长的热量，而吸收其余波长的热量，其反射率并不低于普通彩色颜料；但其在红外光谱内的发射率明显高于普通彩色颜料，而且该类颜料具有优异的耐光、耐候性，并能够耐 800℃以上的高温，因而适用于各种户外用途的涂料和耐温涂料。

虽然复合无机颜料的耐光、耐候性和环保特性优异，但其价格比一般颜料昂贵得多，所以一般主要应用于对耐久性要求高的涂料，如耐候性超过 15 年的氟碳涂料、某些需要高耐候的卷材涂料[53] 等。

2. 复合无机颜料的主要类型

美国干粉颜料制造商协会曾对复合无机颜料进行专门定义和分类，并根据复合无机颜料的化学成分和晶体结构将其分为斜锆石型（baddeleyite）、硼酸盐型（borate）、赤铁矿型（corundum-hematite）、石榴石型（garnet）、橄榄石型（olivine）、方镁石型（periclase）、硅铍石型（phenacite）、磷酸盐型（phosphate）、柱红石型（priderite）、烧绿石型（pyrochlore）、金红石型（rutile-cassiterite）、榍石型（sphene）、尖晶石型（spinel）和锆石型（zircon）共 14 种类型，但在实际中应用最多和最主要的只有金红石型、尖晶石型和赤铁矿型三类，按颜料索引号一些具体的颜料产品见表 2-18。工业上常用的某些复合无机颜料的色相及太阳能反射率见表 2-19。

表 2-18 金红石型、尖晶石型和赤铁矿型复合无机颜料常见的颜料产品

颜料晶型	颜料索引号	颜色	名称
金红石型	PY-53	黄色	镍钛黄
	PBRN-24	棕色	钛铬黄
	PY-164	褐色	钛锰棕
尖晶石型	PB-28	正蓝色	钴铝蓝
	PB-36	孔雀蓝	钴铬铝蓝
	PG-50	绿色	钴钛绿
	PG-26	墨绿色	钴铬绿
	PBLK-28	黑色	铜铬绿
	PBLK-26	黑色	锰铁黑
	PBLK-30	黑色	锰铬镍黑
	PBLK-12	黑色	钛铁黑
	PY-119	褐色	锌铁黑
赤铁矿型	PG-17	军绿色	铬铝绿
	PG-18	棕色	铁铬棕
	PG-19	黑色	铁铬黑
	PR-101	铁红	铁红
	PR-102	铁棕	铁棕

表 2-19　某些复合无机颜料的色相及太阳能反射率

颜料名称	太阳能反射率/%	颜料名称	太阳能反射率/%
黄色(V-9415)	66.5	茶黑色(V-799)	25.1
黄色(V-9416)	67.4	蓝色(V-9248)	30.0
金黄色(10415)	58.0	亮蓝色(V-9250)	29.2
金黄色(10411)	61.8	漆蓝黑色(10203)	27.4
棕色(10364)	39.2	青绿色(F-5686)	31.0
漆黑色(10201)	22.6	绿色(V-12650)	40.4
漆黑色(10202)	32.5	钴绿色(V-12600)	28.2
茶黑色(V-788)	30.0	红色(V-13810)	39.0
茶黑色(V-778)	27.6		

3. 颜料近红外反向散射能力分类

美国劳伦斯伯克利国家实验室（LBNL）根据颜料近红外的反向散射测试结果，将颜料进行了分级，分别为强、中、弱近红外散射性颜料，具体分类如表 2-20 所示。从表中可以看出，复合无机颜料大多数属于强、中近红外散射性颜料。

表 2-20　颜料近红外反向散射能力分类

强近红外散射性颜料（系数＞1000mm^{-1},1μm）	中近红外散射性颜料（系数 10～1000mm^{-1},1μm）	弱近红外散射性颜料（系数＜10mm^{-1},1μm）
钛酸铬黄、氧化铬铁黑、钛酸镍黄、掺片状云母的金红石型二氧化钛、金红石型二氧化钛	镉橘黄、亚铬酸钴蓝、亚铬酸钴绿、钛酸绿、钛铁棕、改性氧化铬绿、酞菁红、氧化铁红、铁棕	铝酸钴蓝、二芳基黄、二氧化紫、汉莎黄、二萘嵌苯黑、酞菁蓝绿、群青

4. 复合无机颜料的基本性能举例

表 2-21 为 Ferro 公司 Eclipse 系列复合无机颜料中几种产品的基本性能。

表 2-21　几种复合无机颜料产品的基本性能

项目	性能				
	V13810 铁红	V9118 镍钛黄	V9250 钴铝蓝	10241 铬铝绿	V778 铁铬黑
颜料索引号	P. R. 101	P. Y. 53	P. B. 28	P. G. 17	P. G. 17
密度/(g/cm^3)	5.15	4.55	4.30	5.00	5.20
pH 值	7.0	7.0	8.7	6.8	6.5
吸油量/(g/100g)	20.0	14.0	18.7	12.0	13.0
粒子尺寸/μm	0.27	0.83	0.62	1.65	1.02

5. 复合无机颜料的太阳光总反射比 (TSR)

颜料应用在涂料体系中，一般很少会出现纯透明体系涂料，而且大多数涂料中都会加入白色颜料如钛白粉，这就使得浅色涂料系统往往会自带"冷涂料"的效果（实际为钛白粉的作用）。因为黑色颜料一般为全吸收，如炭黑无论加入何种涂料体系中其太阳光总反射比值都很低，所以黑色复合无机"冷颜料"的出现无疑对反射隔热涂料的发展和应用具有重要意义。

以 Ferro 公司 Eclipse 系列"冷颜料"为例，对其在 PDVF 氟碳涂料体系按透明和不透明（1∶4 钛白粉比例）体系，测试涂料的太阳光总反射比值，结果见表 2-22[12]。

表 2-22　Ferro "冷颜料" 用于透明和不透明体系涂料的反射比

颜料 C. I.	颜色	太阳光总反射比/%	
		透明	不透明
钛白粉	白色	＞80	＞80
炭黑	黑色	5～6	5～6
镍钛黄 PY-53	黄色	72	78
钴铝蓝 PB-28	正蓝色	36	63
铁铬黑 PG-17	黑色	30	52
铬铝绿 PG-17	军绿色	42	66
铁红 PR-101	铁红	46	63

由表 2-22 可见，黑色"冷颜料"PG-17（铁铬黑）在透明涂料体系中 TSR 值已超过 30%，这拓宽了反射隔热涂料在黑色和深色涂料体系中的应用。由于复合无机颜料大都为金属化合物经过高温煅烧生产，所以相比其他无机颜料而言其成本相对较高。"冷颜料"在国内涂料领域中的应用目前还处于推广起步阶段。

表 2-23 为采用功能反射填料，几种以白色为主色的复色涂料的太阳光反射性能。

表 2-23　几种以白色为主色的复色涂料的太阳光反射性能

编号	涂料配方特征	配比或明度值	太阳光反射比	可见光反射比
1#	纯白色	纯色	0.810	0.87
2#	特殊黑	纯色	0.200	0.05
3#	白色＋特殊黑	2/1	0.330	0.12

续表

编号	涂料配方特征	配比或明度值	太阳光反射比	可见光反射比
4#	调色	与3#颜色相近	0.120	0.12
5#	白色＋特殊黑	10/1	0.440	0.26
6#	白＋黑	55.20	0.244	0.28
7#	白＋蓝	66.82	0.573	0.44
8#	白＋红	58.26	0.608	0.51
9#	白＋黄	89.64	0.758	0.77
10#	白＋黄	84.53	0.716	0.69

从表 2-23 可见，采用特殊黑色隔热颜料的涂料，其太阳光反射比远大于炭黑的太阳光反射比，用该颜料调配的涂料比用一般颜料制备的涂料太阳光反射性能好很多。同时，由普通颜料制备的不同复色涂料太阳光反射比差异较大，其中的可见光部分反射比对总反射比的贡献较大。

6. "冷颜料"在反射隔热涂料中的应用

（1）不同明度反射隔热涂料和普通涂料表面的温差　为了提高反射隔热涂料的反射性能，可采用光谱选择性颜料，即"冷颜料"配成一定颜色，"冷颜料"能提高红外区的反射比。

配制有色反射隔热涂料特别是低明度反射隔热涂料的关键技术之一是选择较低吸收率的黑色颜料。一般来说，配制相同颜色的涂料，用红外反射颜料的涂料和用普通颜料的涂料相比，其涂膜具有较高的太阳光反射比。且颜色越深，差值越大，最大可达 20%以上。

用相同颜色涂料涂饰的外墙面，反射隔热涂料和普通涂料相比，其表面温度会较低，颜色越深明度越低，差值越大（见表 2-24）[54]。

表 2-24　不同明度反射隔热涂料和普通涂料表面的温差

明度	20	50	70
表面温差/℃	24	20	11

（2）"冷颜料"赋予涂膜的太阳光反射性能　有研究[55]通过添加高性能的"冷颜料"色浆和硫酸钡等颜、填料，分别制备了不同色系、不同明度值 L^* 的彩色反射隔热涂料。同时，还配制了由普通颜料色浆配制而成的相近颜色的反射隔热涂料。两类彩色反射隔热涂料的热反射性能对比结果如表 2-25 所示。

表 2-25　两类彩色反射隔热涂料的热反射性能对比

颜色		"冷颜料"制备的涂料			普通颜料制备的涂料		
色系	分类	L^*值	太阳光反射比	近红外反射比	L^*值	太阳光反射比	近红外反射比
红色	浅色	85.14	0.732	0.864	84.51	0.663	0.695
	中等色	66.10	0.593	0.838	67.42	0.554	0.726
	深色	43.26	0.409	0.719	43.05	0.339	0.577
黄色	浅色	89.96	0.765	0.862	91.43	0.729	0.763
	中等色	82.00	0.687	0.841	82.43	0.586	0.654
	深色	69.30	0.544	0.769	69.62	0.398	0.432
蓝色	浅色	84.39	0.707	0.865	84.80	0.660	0.709
	中等色	65.69	0.550	0.831	67.84	0.550	0.785
	深色	38.69	0.341	0.690	38.76	0.254	0.426
绿色	浅色	85.37	0.659	0.842	85.33	0.643	0.788
	中等色	62.29	0.400	0.697	62.39	0.370	0.613
	深色	40.19	0.249	0.547	39.20	0.112	0.144
灰色	浅色	81.42	0.659	0.831	79.86	0.477	0.381
	中等色	65.81	0.493	0.756	66.83	0.297	0.209
	深色	37.6	0.297	0.637	38.45	0.092	0.065
白色		97.10	0.850	0.864	96.95	0.845	0.845

　　由以上研究可见，颜料的颜色特性决定了该着色物体对太阳光的吸收率和反射率的高低。作为"冷颜料"的特殊功能，它主要体现在着色物体对太阳光的反射率方面，颜料越"冷"，其反射比越高。因紫外线的穿透性很强，所有颜料往往在该波段几乎都不反射。所以，在可见光和近红外波段，反射比的高低是决定该颜料是否为"冷颜料"的关键。白色的颜料（全反射可见光）大多是"冷颜料"，而且反射率最高，"冷效果"最好。相反，黑色颜料（全吸收可见光）则应该是"热颜料"。

　　图 2-21[56] 展示出白色、灰色系和黑色涂膜的太阳光反射图谱。

　　图 2-21 中的 1# 为白色涂料，4# 为黑色涂料，2#、3# 为由 1# 和 4# 按照一定比例调配的灰色涂料。从图 2-21 中可以看出，黑色"冷颜料"的加入仅降低可见光反射比，而在红外区仍然维持较高的反射比。

　　图 2-22 为用普通颜料（6#）和"冷颜料"（5#）调配的相近的灰色涂料。从图 2-22 中可以看出，6# 和 5# 在可见光区域太阳热反射谱图相近，几乎重叠

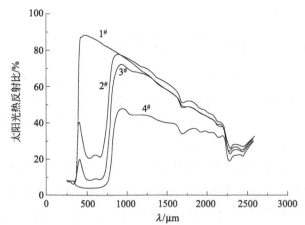

图 2-21 仅黑色"冷颜料"调配的灰色系涂膜的太阳光反射图谱

（颜色相近），而在红外区域用"冷颜料"制备的 5# 涂料比用传统炭黑制备的 6# 反射性能优异。

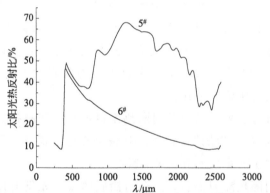

图 2-22 黑色"冷颜料"调配（5#）和普通黑颜料调配（6#）
的灰色系涂膜的太阳光反射图谱比较

颜色决定涂膜的装饰效果，实际应用中不可能都选用白色或浅色涂料。通常，白色外用建筑涂料使用率在 20% 以下，有色外用建筑涂料使用率达 80% 以上。因而，颜料对反射隔热涂料的生产与应用是非常重要的。利用普通颜料配制彩色涂料，总会使涂膜的反射性能降低，而利用"冷颜料"调色可以使这一问题显著得到缓解。

（3）反射隔热涂料中"冷颜料"的利用 研究认为[57]，由于白色反射隔热涂料的太阳光反射比大于 80%（浅色大于 65%），其光、热反射性能较好，数值比较高，使用"冷颜料"对太阳光反射比降低作用有限，效果不明显；而对于深色涂料结果则相反，因而深色反射隔热涂料适宜使用"冷颜料"。例如，铬铁黑等"冷颜料"能够有效提高涂料太阳光反射比，降低太阳辐射吸收率（ρ），节能明显，节能效率 10%～14%。

三、彩色反射隔热涂料的制备方式

如前述，除白色涂料外，还有彩色、灰色和黑色涂料，反射隔热涂料亦然，且对于反射隔热涂料来说后者的应用量尤其大，尤其广，因而白色以外反射隔热涂料的制备或调配对于其生产和应用都是极为重要和有意义的。而就彩色、灰色涂料来说，也还要细分出中等明度和低明度两大类。

一般来说，随着明度的降低，颜色变深，可见光区域的太阳能反射能力随之降低。因此，白色或浅色反射隔热涂料较易实现其反射隔热功能，尤其是白色涂料鉴于遮盖力一般都需要使用钛白粉。钛白粉既能反射可见光，又能反射红外光。

彩色、灰色涂料的颜色越深，明度值越低；颜色越浅，明度值越高。对于明度值高的彩色、灰色涂料，可以在白色涂料（此种涂料通常称为基准涂料）的基础上使用色浆进行调配，所需使用的色浆量较少；而对于明度值比较低的彩色、灰色涂料，直接使用色浆调配所需要的色浆量较大，既不经济，也影响涂料的性能。色浆在涂料中的用量一般情况下不应超过涂料质量的 5%，用量再大时就不宜用色浆调配颜色，而是直接用颜料生产彩色、灰色涂料。通常反射隔热涂料亦如此，但也不尽如此，主要涉及到对涂料的反射隔热性能的影响。这在上面的有关内容中曾涉及到。

除了上面两种方法外，彩色反射隔热涂料还有一种制备方法，就是先采取适当方法（例如高温烧结法或染色法）制备出彩色陶瓷空心微珠，再直接使用彩色陶瓷空心微珠生产彩色反射隔热涂料[58]。

对于彩色反射隔热涂料而言，颜色对涂膜的太阳光反射比影响很大，如白色会反射全部可见光区域的热量，黑色则吸收全部可见光区域的热量，红色则将红光反射出去而吸收可见光区域其他颜色的热量，以此类推。

概括地说，对于中明度的彩色、灰色反射隔热涂料的制备有几种方式，当然最简单的就是像普通涂料那样直接使用色浆和基准涂料调配。而此种情况下得到的涂料其反射隔热性能不能满足要求时，则可以采取多种方式使涂料满足要求，例如使用"冷颜料"色浆调配、使用冲淡力弱的新型红外热反射钛白粉、使用其他新技术（例如将基料聚合物和反射隔热聚合物复合的新型高分子聚合物）等。

对于低明度的彩色、深灰色乃至黑色的反射隔热涂料的制备，则需要通过采用红外反射颜料调色。在这种情况下，颜料的选用是极为重要的，关键是应选用那些红外反射特性优异或红外反射远大于可见光反射的颜料，并复配那些在特定颜色体系下对红外反射具有增效作用的填料。尽可能地将红外光反射出去。此外，还可以通过采用红外辐射粉等，使隔热涂料将所吸收的辐射能经波长为 $3\sim5\mu m$ 和 $8\sim13.5\mu m$ 的两个大气窗口发射到外层空间，以提高其隔热效果；或者综合使用几种不同的新技术制备。

四、使用色浆人工调制彩色反射隔热涂料 [59]

与普通涂料相比，使用色浆调制反射隔热涂料并无根本上的特殊之处。下面介绍的是当需要调配小批量产品而采用人工调色时的方法。若采用计算机调配，则其操作要简单得多。

调色前，首先要详细研究待调色涂膜的颜色构成，分析找出主色调和需要使用的主色浆种类，然后确定大概需要使用哪些色浆。其原则是在满足调色要求的情况下，色浆的种类应尽量少。因为色浆种类多了有可能出现互补色，造成色浆的浪费且不能够达到所要求的调色效果。

其次，要对所使用的色浆有所了解，例如其颜料种类、在涂料中的易分散程度和着色能力等。良好的色浆应该能够很容易地在涂料中分散均匀，具有所要求的着色力。色浆在涂料中的用量一般情况下不应超过涂料质量的 5%，用量再大时就不宜用色浆调配颜色，而是直接用颜料生产。换言之，使用色浆调配涂料只宜调配浅颜色涂料，而不宜调配深颜色涂料。

这些问题确定后即可进行小样调色，这时应特别注意的是对操作的每一步做好文字记录。小样调色得到满意的结果后，为了确保无误，可以再放大量重复一次。

放大量重复时，先称量基准涂料的重量并做好记录；然后向涂料中加入主色色浆，并采取少量、多次加入的方法，使颜色逐步接近目标。主色达到目标后，如果需要增加颜色的亮度，可以添加少量的钛白色浆；如果需要降低颜色的亮度使之向暗淡方向漂移，可以使用少量的炭黑色浆。达到所要求的结果后，计算出各种色浆的用量，得到配方，再用该配方试配，两次结果没有大的误差，即可以进行批量配色。

以上介绍的人工调色操作，应注意尽量在自然光线下比较颜色；检验配制涂料样品的颜色应在涂膜干燥状况下进行。

五、用互补色黑色浆调配灰色涂料

所谓用互补色黑色浆调配灰色涂料是指利用颜色配色的三原色原理，通过使用不同种类反射红外波长的色浆，调配出黑色色浆，再利用这种"互补色黑色浆"对白色反射隔热涂料进行灰色的调配。这种制备灰色反射隔热涂料方法的意义在于所得到的涂料，比之使用炭黑或铁黑色浆调配出来的涂料，具有更好的反射隔热性能。

1. 颜色的混合

（1）三原色　两种或多种不同的颜色混合后而产生的新颜色肯定不同于原来的颜色。世界上的颜色可以说是无法穷尽的，但都是由红、黄、蓝三种颜色混合而成的，因此红、黄、蓝也称为颜色的三原色，如图 2-23[60] 所示。三原色以外的颜色称为复色或间色。

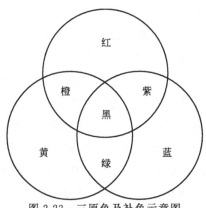

图 2-23　三原色及补色示意图

从三原色的原理上来说，任何色彩都可以由三原色调配出来，但实际上由于颜料的成分不同，有些特殊的颜色，例如群青、玫瑰红等色，用三原色是调配不出来的。

（2）颜色的混合　通常，颜色的混合有加色混合和减色混合两种[61]。加色混合一般是指光色的混合，其混色效果如图 2-24（a）所示，混色后亮度增加（色调变弱），故称为加色混合。其中，朱红加湖蓝、翠绿加玫红和蓝紫加淡黄都产生白色。具体的灰色方法有投光加色法（如舞台灯光）、继时加色法（多用于运动物体的描绘）等。加色混合在涂料中的用处不大。

减色混合一般是指颜料的混合，其混色效果如图 2-24（b）所示，混色后饱和度降低，明度降低，色变浓，故称为减色混合。从图 2-24（b）中可以看出，朱红加翠绿、紫罗兰加淡黄、湖蓝加朱红都产生黑色。此外，从图 2-24 也可以看出三原色等量混合就成为黑色。

各种颜色经过混合后虽然呈现各种各样的色调，但也有一定的规律可循，例如黑＋白→灰；黑＋红→紫棕；黑＋黄→墨绿；黑＋蓝→青等。掌握并熟悉这种规律对于涂料的调色有一定的帮助。

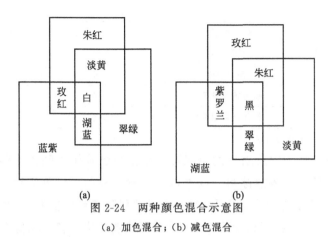

图 2-24 两种颜色混合示意图

(a) 加色混合；(b) 减色混合

2. 用互补色黑色浆调配彩色反射隔热涂料

（1）用互补色黑色浆调配灰色反射隔热涂料　首先，依据颜色混合原理，通过调节不同种类颜色的色浆能够互补出黑色浆，再使用这种互补黑色浆对白色反射隔热涂料调色，就得到了所需要的灰色反射隔热涂料[62]。

此外，基于三原色混色机理也可以将不同的红、黄、蓝颜料混合而得到灰色颜料，继之用于制备反射隔热涂料。为获得高反射率的低明度涂层，使用的颜料需折射率和反射率均较高且明度较低[63]。

（2）用互补色棕色浆调配棕色反射隔热外墙涂料　利用三原色理论，将红、黄、蓝三种颜料复配出棕色颜料，并由此颜料而制得棕色反射隔热外墙涂料[64]，这种配制方法对深色反射隔热外墙涂料的配色很有借鉴意义。

（3）用互补色墨绿色浆调配墨绿色反射隔热涂料　这里的墨绿色反射隔热涂料也是利用三原色原理而选用反射红外波长的色浆品种，并复配出墨绿色色浆，再配制出深色系特别是用于特种军事伪装用途的墨绿色反射隔热涂料[65]。

3. 不同互补墨绿色浆涂料的太阳光反射性能

以白色反射隔热涂料为基础，通过不同种类色浆互补出墨绿色浆，并用以制备墨绿色反射隔热涂料。调节各种色浆比例，并控制相应涂料的明度值为 36，不同互补墨绿色浆的反射性能见表 2-26。

表 2-26　各互补墨绿色浆使用的原始单色浆及其太阳光反射性能

编号	原始单色浆种类	太阳光反射比	近红外反射比
1	铁黄＋群青	0.346	0.672
2	铁黄＋酞菁蓝	0.334	0.531
3	柠檬黄＋酞菁蓝	0.225	0.387

续表

编号	原始单色浆种类	太阳光反射比	近红外反射比
4	钴绿色浆	0.232	0.332
5	铬绿色浆	0.165	0.294
6	钛镍黄+酞菁蓝	0.142	0.0273
7	红外反射绿颜料	0.297	0.416

注:配制出的墨绿色浆的明度值控制为36。

通过这样选择不同反射比的色浆互补出墨绿色浆用于制备涂料,能够得到反射性能良好的反射隔热涂料。以铁黄+群青互补的墨绿色浆涂料为例,当明度值为36,玻璃空心微珠含量为7%,红外辐射陶瓷粉含量为3%时,太阳光反射比为0.346,近红外反射比为0.672,其隔热效果优于普通铬绿色浆及高性能红外反射涂料。

第四节
质感型反射隔热涂料

一、概述

1. 概念与基本特性

顾名思义,质感型反射隔热涂料就是具有反射隔热性能的质感涂料。质感涂料也称非均质涂料[66],是来自建筑涂料领域里的一个术语,是根据涂膜表面质地进行分类得到的一类涂料。从涂膜表面质地来说,建筑涂料有两大类:一类是涂膜表面平整,宏观上无凹凸感的涂料,这类涂料称为平涂涂料或平面涂料;另一类是涂膜表面或连续、或不连续,宏观上看表面不是平面(不平整),而是呈现凹凸质感或其他质感(例如拉毛质感、花岗岩或大理石质感等),这类涂料称为质感涂料。

显然,质感涂料最基本的特征就在于其具有更好的装饰效果,因而在没有国家标准将其名称确定为质感涂料以前,最常见的名称是高装饰性建筑涂料[67]。通常,质感涂料的涂膜由于具有很高的丰满度,因而装饰效果突出,使人看到后往往能够产生强烈的印象，这完全不同于平面涂料仅仅依靠颜色给人的印象。有的质感涂料（例如真石漆）甚至能够流行五十多年而不衰。目前真石漆在我国外墙涂料中的应用份额约 50%～65%。可见，能够制备出反射隔热性能突出、质量优良的反射隔热型真石漆意义重大。

2. 质感涂料的主要类别

在建筑涂料领域，质感涂料包括多彩涂料（主要是水包水类）、砂壁状建筑涂料（真石漆）、复层涂料、拉毛涂料等。其中，水包水多彩涂料又衍生出仿石涂料（仿花岗岩涂料、仿大理石涂料）、水包砂涂料等品种。目前，这些涂料都具有相应的反射隔热型涂料品种。

3. 制备反射隔热质感涂料的技术要素

普通质感涂料中不同涂料品种制备技术的复杂程度差别很大。例如，真石漆的基本配方和生产程序都很简单，主要是对制备具体样板涂料时不同彩砂品种和用量的选择，同时要求产品在同一座建筑物上涂膜装饰效果不能出现明显的差别，因而搅拌混合罐一次生产量达到 100t 甚至更大；而在产品质量的控制方面则是着眼于涂膜耐久性、耐水白性要求而对成膜物质聚合物乳液的选用。相对来说，水包水多彩涂料的制备技术则复杂得多，尤其是不使用专用助剂生产批刮型多彩涂料时其技术尤为复杂。

从通常应用技术的角度上来说，与通常的质感涂料相比，制备质感型反射隔热涂料都不是很复杂的技术。这类涂料的制备技术主要有两个基本要素：一是在原有质感涂料制备技术的基础上，采取措施将涂料配方中的低反射性能的颜、填料尽量少用或不用，而是用高反射性能的颜、填料取而代之；二是去除原配方中能够造成涂膜不透明的涂料组分，或尽量降低其用量。

这其中一个明显的例证就是制备技术相对复杂的反射隔热型水包水多彩涂料。主要是借助普通平面型反射隔热涂料（例如反射隔热乳胶漆）制备技术，通过采用添加空心微珠、反射隔热粉、"冷颜料"等功能颜填料，制得用于制备"彩色颗粒"（或简称"彩粒"）的"预制涂料浆"（也称为"基础漆"），造粒后，"彩粒"具有了反射隔热功能；然后再借助透明型反射隔热涂料制备技术，制得具有反射隔热功能的分散介质，两种组分复合后实现水包水多彩涂料的反射隔热功能。

二、反射隔热真石漆

对于处在外墙面的不具有反射隔热功能真石漆涂层来说，由于太阳辐射热的原因，使夏热冬冷和夏热冬暖地区外墙面的最高温度在夏季最高可达 65℃甚至更高。这导致产生三类问题：一是因为真石漆的成膜物质为合成树脂乳液，是一种热塑性树脂，具有高温回黏性，导致涂膜沾染脏物，降低装饰效果；二是当因降雨情况天气突然变化时，墙体表面温度会急剧降低 20℃以上，使真石漆涂层和涂装基层等受到不同的温度冲击而削弱层间黏结力，增加开裂和脱落的风险；三是夏季的高温加速涂层老化，降低涂层的使用寿命。显然，反射隔热型真石漆能够缓解这类问题。

反射隔热型真石漆的制备方法可以概括为三类：第一类是单纯从涂层构造采取措施实施；第二类是通过制备具有高反射性能的彩砂，再使用这种彩砂制备反射隔热型真石漆；第三类则是将以上两种方法复合而成。

1. 通过涂层构造实现具有反射隔热性能的反射隔热真石漆[68]

该类反射隔热型真石漆实际上是一种具有反射隔热功能的真石漆涂层系统构造，其除了具有一般真石漆涂层的装饰性能外，还具有反射隔热功能。该涂层系统构造如图 2-25 所示。

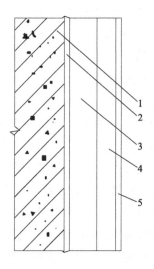

图 2-25　有反射隔热功能的真石漆涂层系统构造示意图
1—基层墙体；2—封闭底漆层；3—腻子层；4—真石漆涂层；5—透明型隔热涂料涂层

从图 2-25 可看出，反射隔热型真石漆涂层构造只是在涂层系统表面设置一层透明型隔热涂料涂层。其为透明型水性氟碳类或硅丙乳液类透明隔热涂料涂膜，既能增强真石漆涂层的装饰效果，同时在夏季又能够反射大部分照射到涂膜上的太阳能，特别是水性氟碳树脂，其耐沾污性好，和真石漆涂层具有良好的黏结强度，保证了涂层构造的装饰功能、隔热功能和耐久功能。

2. 通过反射隔热石英砂制备反射隔热真石漆

下面介绍一种反射隔热型石英砂及其制备的涂料[69]。

(1) 用溶胶-凝胶法制备反射隔热石英砂配方和程序　用溶胶-凝胶法制备反射隔热石英砂的初始配方为：

A 组分：钛酸四丁酯 17mL，无水乙醇 67mL，二乙醇胺 4.8mL。

B 组分：盐酸 1.4mL，无水乙醇 9mL，水 0.9mL。

首先配制 A 组分，先将 17mL 钛酸四丁酯加入到 67mL 的无水乙醇中，搅拌均匀，再将 4.8mL 二乙醇胺滴加至上述溶液，搅拌 60min。再将按配方配制的 B 组分缓慢滴加到 A 组分中，搅拌 30min 后放置 5h，用激光笔照射烧杯内的液体，通过观察丁达尔效应来确认是否已经形成 TiO_2 溶胶。

将 50g 石英砂加入上述 TiO_2 溶胶中，搅拌使其充分润湿，经过滤后将石英砂暴露于空气中自然干燥，再放入 100℃烘箱中干燥 10min，使薄膜中的水分部分脱去，成为凝胶薄膜。

将以上过程得到的石英砂在 100℃烘箱中干燥后，重新浸入到 TiO_2 溶胶中再干燥，反复进行以上浸润和干燥的过程。最后，将干燥的石英砂放于马弗炉中经 600℃煅烧 3h，得到包覆处理的反射隔热石英砂。

对按照这种方法分别进行 1 次、3 次、5 次和 7 次包覆的石英砂做性能检验，结果证明 3 次包覆的石英砂效果最好。

(2) 用溶胶-凝胶法制备反射隔热石英砂原理　用溶胶-凝胶法制备 TiO_2，用钛酸四丁酯作前驱体，盐酸作催化剂，乙醇作溶剂，二乙醇胺作螯合剂。在该制备过程中，首先作为前驱体的碳酸四丁酯被水解，然后水解醇盐通过羟基缩合，再进一步交联、枝化而形成聚合物。反应如下所示：

水解反应：　　$n\mathrm{Ti(OR)}_4 + 4n\mathrm{H_2O} \longrightarrow n\mathrm{Ti(OH)}_4 + 4n\mathrm{ROH}$　　　　(2-4)

缩聚反应：　　　　　$n\mathrm{Ti(OH)}_4 \longrightarrow n\mathrm{TiO_2} + 2n\mathrm{H_2O}$　　　　　　(2-5)

总反应：　　　$n\mathrm{Ti(OR)}_4 + 2n\mathrm{H_2O} \longrightarrow n\mathrm{TiO_2} + 4n\mathrm{ROH}$　　　　(2-6)

当石英砂浸入到溶胶中时，溶胶颗粒在石英砂表面沉积，在石英砂离开溶胶自然干燥的过程中，水和醇的蒸发使溶胶浓缩，随之颗粒间出现凝胶，在烘干阶段凝胶空隙中的溶剂被进一步去除，孔内形成液-气接口，伴随着表面张力和凝胶层的收缩会使凝胶孔结构坍塌，直到凝胶网络坍塌而成膜，再经高温处理后便在石英砂表面形成了 TiO_2 薄膜。

(3) 包覆石英砂处理的效果

① 砂颗粒的外观质感　通过电子显微镜微观观察研究发现，石英砂经包覆处理后，外貌形状没有明显改变，亦即经溶胶-凝胶法包覆石英砂处理并不改变

其表面形态，所以当用于制备涂料时不会影响彩砂的质感。

② 明度和反射性能　经包覆处理的石英砂明度值下降，太阳光反射比和近红外反射比升高，如表 2-27 所示。

表 2-27　包覆处理石英砂的性能

石英砂种类	太阳光反射比/%	近红外反射比/%	明度
未经处理的石英砂	68	67	80.25
三次包覆处理的石英砂	76	78	75.34

结果表明，相比未经处理的石英砂，经三次包覆处理的石英砂其太阳光反射比和近红外反射比分别提升了 $12\%\left(\dfrac{76\%-68\%}{68\%}\right)$ 和 $16\%\left(\dfrac{78\%-67\%}{67\%}\right)$。

这种经包覆处理的反射隔热石英砂可以应用于真石漆、质感涂料和含砂多彩涂料等的制备，用来提高涂层的反射性能。此外，还可以和各种反射颜、填料和"冷颜料"复合使用，制备性能优异的反射隔热型高装饰性涂料，例如"水包砂"多彩型反射隔热涂料。

3. 通过复合方法制备反射隔热真石漆[70]

（1）配方　除了上面介绍的用反射隔热石英砂制备反射隔热真石漆外，还有研究使用复合方法制备反射隔热真石漆。即将真石漆涂层系统中的封闭底漆、真石漆和罩面漆都制备成反射隔热型，由系统材料构成的涂层系统的反射隔热性能得到增强。其系统材料的配方如表 2-28 所示。

表 2-28　反射隔热真石漆涂层体系的配方

原材料	反射隔热真石漆涂层系统材料用量(质量份)		
	封闭底漆	真石漆	罩面漆
合成树脂乳液	300	100	450
羟乙基纤维素	2	3	1.5
高反射性颜、填料	400	100	0
雪花白及各类彩砂	0	180	0
陶瓷空心微珠	200	400	150
水	280	120	220
成膜助剂	12	15	18
其他助剂	适量		

从表 2-28 中真石漆的配方组成可见，其所使用的反射隔热型真石漆的制备技术相对来说还是比较简单的，即仅仅在普通真石漆的基础上添加了高反射性

颜、填料和陶瓷空心微珠。除了这里介绍的研究外，也还有采取类似的技术研究外墙反射隔热质感涂料[71]。

（2）反射隔热真石漆的反射性能　上述研究中按表 2-28 配方制备了黄色、深灰和浅灰三种颜色的反射隔热真石漆，作为对比还同时相应制备相同的三种颜色的普通真石漆，其反射性能如表 2-29 所示。

表 2-29　不同颜色普通真石漆与反射隔热真石漆的反射性能

项目	普通真石漆			反射隔热真石漆		
	黄色	深灰	浅灰	黄色	深灰	浅灰
明度值	57.57	42.4	52.8	62.21	39.73	76.90
太阳光反射比/%	42.4	26.2	51.5	48.0	28.7	58.0
近红外反射比/%	52.8	43.4	59.9	70.4	47.8	68.2

（3）反射隔热真石漆的隔热性能　表 2-30 展示出黄色、深灰和浅灰三种颜色反射隔热真石漆和三种颜色普通真石漆的隔热性能。

表 2-30　不同颜色普通真石漆与反射隔热真石漆的隔热性能

项目	普通真石漆			反射隔热真石漆		
	黄色	深灰	浅灰	黄色	深灰	浅灰
测试样品与空白样的隔热温差/℃	7.8	3.3	4.0	24.1	11.1	13.6

从表 2-29 和表 2-30 可见，黄色、深灰和浅灰三种颜色的反射隔热真石漆，其反射性能和隔热性能均显著优于相对应颜色的普通真石漆。

4. 纯白色反射隔热真石漆

纯白色反射隔热真石漆因其明度值较高，较易实现反射隔热性能，只要在普通真石漆中添加一定的空心微珠即可。例如[68]，选择有机硅改性聚丙烯酸酯乳液为成膜物质，其用量在配方中为 15.0%～18.0%；选择圆粒形态的质地纯白的石英砂（这种石英砂在生产过程中不破坏玻璃空心微珠的薄壁结构），并将 40 目与 70 目的石英砂进行级配，其用量在配方中为 60.0%～67.0%；玻璃空心微珠则选择粒径均匀，空心结构完整，经受高速搅拌不易破裂，施工效果好，具有良好的隔热反射作用的产品，其用量在配方中为 4.0%～6.0%。这样所制得的纯白色反射隔热真石漆除了具有优异的在热储存性、耐沾污性、黏结强度及耐人工老化性能外，也具有很好的反射性能，其实际检测结果如图 2-26 所示。

当然，考虑到玻璃空心微珠的机械强度低，与石英砂一起搅拌混合时破碎的风险很大，使用陶瓷空心微珠也是可供选择的技术方案。

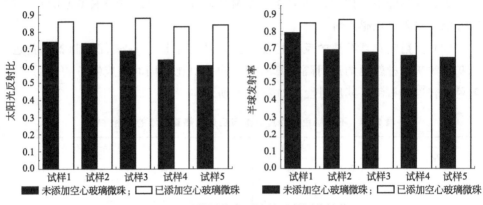

图 2-26 反射隔热真石漆的反射隔热性能

三、反射隔热水包水多彩涂料

同上面介绍的反射隔热真石漆的制备途径一样,具有反射隔热功能的水包水多彩涂料涂膜也可以通过与其大致类似的途径得到。即通过涂层构造实施、采取新技术制备反射隔热型水包水多彩涂料和复合技术等几种。

1. 通过涂层构造得到具有反射隔热功能的多彩涂料涂层系统

该类反射隔热型水包水多彩涂料实际上是一种具有反射隔热功能的多彩涂料涂层系统构造,其除了具有一般多彩涂料涂层的装饰性能外,还具有反射隔热功能。该涂层系统构造如图 2-27 所示。

在图 2-27 中,封闭底涂层和普通多彩涂料涂层同色,该涂膜系统的反射隔热功能主要依靠于透明型隔热罩面涂层。封闭底涂层可以是普通底漆,当多彩涂料为浅色时,也可以是而且最好是反射隔热型底漆。后者能够起到增强涂膜系统反射隔热功能的作用。

这里的隔热罩面涂层最好为水性氟碳类或硅丙乳液类透明型隔热涂料,既能强化涂层的装饰效果,又能够使涂膜具有隔热功能,降低涂层温度,减轻耐沾污影响。

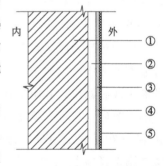

图 2-27 有反射隔热功能的多彩涂料涂层系统构造示意图
①墙体基层;②腻子层;③封闭底涂层;④普通多彩涂料涂层;⑤透明型反射隔热罩面涂层

2. 反射隔热水包水多彩涂料制备技术

反射隔热水包水多彩涂料是在普通型产品的基础上制备的。因而,应先了解普通水包水多彩涂料的基本原理,并熟悉其生产工艺流程。

目前水包水多彩涂料有含砂和不含砂两类。所谓含砂型多彩涂料，也称"水包砂"多彩涂料，是指在水包水多彩涂料组分中加入石英砂。

加砂可以通过两种方式实现：一是只在制备"色粒"的"基础漆"中加砂；二是在"基础漆"和连续相中均加砂[72]。这种含砂型水包砂多彩涂料经过一次喷涂就能够实现仿毛面花岗岩的装饰效果。下面介绍不含砂型反射隔热水包水多彩涂料的制备。

（1）反射隔热水包水多彩涂料的制备原理　普通水包水多彩涂料是由分散介质包裹着水性乳胶涂料（即分散相）"颗粒"所形成的多相悬浮体系。一般认为，要实现"水包水"的多相悬浮体系，就必须把水性乳胶涂料分散于保护胶水溶液中，在分散相涂料（"彩粒"）的表面形成一层不溶于水的柔性膜，这层柔性膜除了能够阻止膜内液体涂料组分与膜外的保护胶液组分互相扩散外，还要防止"彩粒"之间发生聚集。施工后，湿膜中的分散相"彩粒"起初仍被保护，且在水相中呈悬浮状态，随着保护胶涂膜中水分的挥发，分散相的"彩粒"相互堆砌、融合，最终形成多彩花纹涂膜。

在上述普通多彩涂料的基础上，通过采用添加空心微珠、反射隔热粉、"冷颜料"等功能颜填料，先制得用于制备"彩粒"的"预制涂料浆"（或称"基础漆"），造粒后制得具有反射隔热功能的"彩粒"；然后，再借助透明型反射隔热涂料制备技术，制得具有透明隔热功能的分散介质，二者复合后制得反射隔热水包水多彩涂料。

显然，通过采用添加反射隔热粉、"冷颜料"、空心微珠等功能颜填料能提高"基础漆"的反射性能。但是，由于常见多彩仿石涂料的"彩粒"多为明度值较低的颜色，所以反射隔热型多彩涂料的反射性能是有一定限制的，但相比普通多彩涂料还是能够显著提高，特别是涂层系统的底漆罩面漆也使用反射隔热型涂料后，其反射隔热性能更为显著。

不过，由于反射隔热多彩涂料是在普通水包水多彩涂料的基础上，通过功能颜填料和冷颜料的加入而得到的，因而应研究新涂料体系原材料之间的适应性、平衡性，以及与保护胶体系的相容性等，以确保涂料的成膜性、储存性和装饰效果等综合性能。

（2）原材料选用　一般情况下可按照合成树脂乳液类反射隔热涂料的要求选用原材料。但还有几种属于多彩涂料的专用材料，是普通水性反射隔热涂料不使用的。这些原材料包括凝结剂、保护胶体等。

首先应看凝结剂的选择。根据作者制备多彩涂料的经验，可以选择硫酸铝或硫酸钾铝（明矾）作为凝结剂，它们都能使聚合物乳液凝聚。分散相的制备

　　原理是将黏度较高的乳胶漆颗粒表层的聚合物乳液破乳而产生凝聚，颗粒表层的聚合物乳液凝聚后就具有一定的强度，而由于颗粒中除了聚合物乳液外，还含有羟乙基纤维素胶体和颜料、助剂等，因而聚合物乳液凝聚而产生的强度既不足以使颗粒变得很坚硬，又能够保持颗粒的形状。

　　当"彩粒"制备后，应采取措施除去与"彩粒"接触的凝结剂，以防止其向"彩粒"内部渗透使颗粒内的聚合物乳液继续破乳凝聚，导致"彩粒"变坚硬。

　　其次看保护胶的选择。通常采用聚乙烯醇水溶液。1788 型聚乙烯醇的防冻性较好，但薄膜的耐水性差，1799 型聚乙烯醇薄膜的耐水性好些，但防冻性差。此外，有的研究也使用纤维素醚类水溶液体系作为保护胶[73]。

　　（3）反射隔热多彩涂料配方举例　表 2-31 中列出反射隔热多彩涂料的基本配方。

表 2-31　制备反射隔热多彩涂料的基本配方

涂料组分		制备配方		在分散相中的用量/%	在涂料中的用量/%
		原材料	用量（质量份）		
"分散相"	预制涂料浆（或称基础漆）	聚丙烯酸酯乳液①	30.0	87.8	65.0
		膨润土增黏剂	2.5～4.5		
		2%羟乙基纤维素溶液	30.0		
		丙二醇	6.0		
		钛白粉	8.0～20.0		
		冷颜料彩色浆②	适量		
		功能性填料（空心微珠、反射隔热粉）	5.0～10.0		
		水	10.0		
		阴离子型分散剂（如 Orotan731A 型分散剂）	0.6		
		乳胶漆用防霉剂（如 K20 型）	0.2		
		消泡剂（如 681F 型）	0.2		
		成膜助剂（如 Texanol 酯醇）	1.0		
	凝结剂溶液	水	95.0	12.2	
		硫酸铝	5.0		
"分散介质"		水	17.5		35.0
		乳胶漆用防霉剂（如 K20 型）	0.1		
		聚乙烯醇水溶液	21.0		
		润湿剂 PE-100	0.5		

涂料组分	制备配方		在分散相中的用量/%	在涂料中的用量/%
	原材料	用量(质量份)		
"分散介质"	ATO 粉末	1.5		35.0
	KH560 硅烷偶联剂	0.5		
	氨水(或 AMP-95 多功能助剂)	0.2		
	丙二醇	1.2		
	阴离子型分散剂(如"快易"分散剂)	1.5		
	聚丙烯酸酯乳液	50.0		
	Texanol 酯醇	3.0		
	增稠剂	3.0		
	681F 型消泡剂	0.2		

表 2-31 中给出的配方是可供研究、试验的基础配方。其中关于原材料的选用方面，对于"分散介质"中成膜物质的选用，可据耐候性、耐沾污性等的实际要求，还可以选用硅丙乳液、氟碳乳液、聚氨酯乳液等高性能成膜物质。但从现有情况来看，以使用聚丙烯酸酯乳液的居多；对于调色颜料或色浆的选用应选用"冷颜料"类；对于助剂的选用应选用同一生产商的助剂系统并协调其用量。此外，在前面第二节"一、基本配方及其调整"中关于对配方调整要点的叙述在这里基本适用。

（4）水性多彩涂料基本制备程序

① 水性多彩涂料用"彩粒"（分散相）的制备 按照表 2-31 所示的配方和普通乳胶漆的制备工艺，制备出彩色或者白色涂料。由于这样制备的涂料并不具备最终使用目的，为了有别于一般涂料而将其称为"预制料浆"或"基础漆"。

按照配方称取水和硫酸铝投入搅拌缸中，搅拌至硫酸铝溶解，得到"凝结剂溶液"。

使"预制涂料浆"处于低速搅拌的情况下加入"凝结剂溶液"。"凝结剂"加完后，根据需要的颗粒大小调整搅拌速度继续搅拌，直至达到需要的颗粒大小，即得到"彩粒"。

然后，对所得到的"彩粒"进行进一步的处理，成为可以用于制备水性多彩涂料的"彩粒"，留置待用。

以同样的方法可以制备多种不同颜色、不同大小的"彩粒"，或者不同颜色、相同大小的"彩粒"，以及相同颜色、不同大小的"彩粒"等。

② ATO 料浆的制备 用配方中适量的水和润湿剂 PE-100、KH560 硅烷偶联剂搅拌混合均匀，再添加 ATO 粉末搅拌 10min，然后添加配方中的适量聚乙烯醇

水溶液，搅拌混合均匀后，通过研磨设备研磨，制得 ATO 预分散料浆，备用。

③ 分散介质的制备　如表 2-31 中的配方所示，分散介质由保护胶体、成膜物质、纳米氧化锡锑（ATO）预分散浆体和助剂组成。

选择 1788 型或 1799 型聚乙烯醇水溶液作为保护胶体。颗粒状的 1788 型聚乙烯醇水溶液能够常温溶解，但溶解速度较慢，常温溶解需要 24h 以上的时间。如果加温到 60℃ 以上，约 1h 即可溶解，溶解后备用。1799 型聚乙烯醇则需要加热到 95℃ 以上进行溶解。

分散介质的组分通常除了成膜物质和反射隔热功能组分外，还应酌量使用成膜助剂、冻融稳定剂、消泡剂、防霉剂、增稠剂等。分散介质中通常不能使用大量的颜料和填料，以保证涂膜具有透明性。若需要无光泽的涂膜。分散介质中还可以使用适量的消光剂。消光剂会影响涂膜的透明度，同样应限制添加量。

ATO 预分散料浆制备后，分散介质的制备就是一个物理混合过程，按照一定顺序将各种原材料称量后混合均匀即可。

④ 反射隔热多彩涂料的制备　根据色卡要求，按照预先确定的"彩粒"的种类和用量，将各种"彩粒"在低速搅拌下分散于分散介质中，即得到反射隔热多彩涂料。

（5）"彩粒"的处理　关于上述"对所得到的'彩粒'进行进一步的处理"问题，这里作一简要说明。这种处理有物理处理和化学处理两种方法。物理处理方法是滤除与"彩粒"混在一起的液体，再用清水洗涤数次以彻底清洗掉凝结剂成分（SO_4^{2-}），防止其继续向"彩粒"中渗透，使"彩粒"内部的未凝固料浆在存放的过程中继续凝聚而使"彩粒"变硬，使涂料破坏。

化学处理方法是制备"彩粒"后，向溶液中加入能够和 SO_4^{2-} 反应的化学物质，使硫酸铝与其反应生成不会对聚合物乳液产生凝聚作用的物质。例如，当掺入氯化钡（$BaCl_2$）时，硫酸根离子就会和氯化钡在水中离解出来的钡离子（Ba^{2+}）反应，产生白色的硫酸钡（$BaSO_4$）晶体沉淀。反应式如下所示：

硫酸铝在水中离解：$Al_2(SO_4)_3 \longrightarrow 2Al^{3+} + 3SO_4^{2-}$ （2-7）

氯化钡在水中离解：$BaCl_2 \longrightarrow Ba^{2+} + 2Cl^-$ （2-8）

硫酸根离子和钡离子反应：$Ba^{2+} + \ SO_4^{2-} \longrightarrow BaSO_4 \downarrow$ （2-9）

另一方面，当制备"彩粒"采用的是玻璃化转变温度较低的弹性建筑乳液时，这种乳液凝聚后并不会使"彩粒"变得太坚硬而有一定的柔软性，且如果"彩粒"形状不大，也可以不去除硫酸铝，使颗粒最后彻底凝聚。尤其是制备一种需要抹涂施工且需要压光施工工序的仿花岗岩涂料，则必须使"彩粒"彻底凝聚。

上述反射隔热多彩涂料的制备程序如图 2-28 所示：图 2-28（a）是彩色分散颗粒的制备程序；（b）是分散介质以及反射隔热型水包水多彩建筑涂料的制备程序。图 2-28（b）中分散介质的制备涉及到 ATO 预分散浆的制备。图中的"研磨分散处理"工艺可以采取超声波分散、高速搅拌分散和砂磨机研磨分散等，也可以将一种或多种方法结合起来使用。这在第三章第四节中关于透明型隔热涂料制备和研究的内容中有介绍。

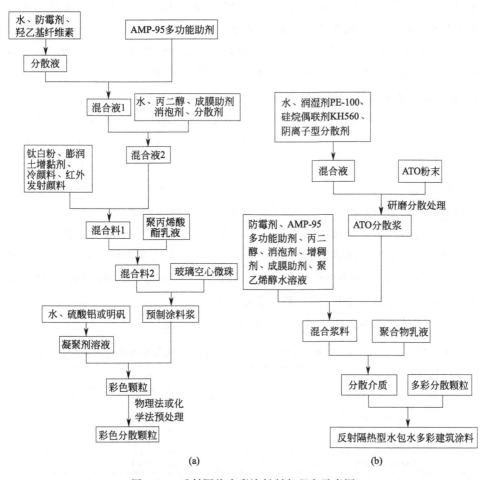

图 2-28　反射隔热多彩涂料制备程序示意图
（a）彩色分散颗粒制备程序；（b）分散介质和反射隔热型水包水多彩建筑涂料的制备程序

3. 通过复合方法制备反射隔热多彩涂料

这种所谓的复合方法和前面通过涂层构造而得到反射隔热功能多彩涂料涂

层系统本质上是一样的，差别仅在于在图 2-27 中的涂膜系统的反射隔热功能主要依靠于透明型反射隔热罩面涂层。而在这里，作为主涂层的水包水多彩涂料可以是普通型，也可以是反射隔热型的。如果是反射隔热型的，则就更增强了涂层系统的反射隔热性能。

这种将反射隔热多彩涂料与反射隔热同色底漆，以及反射隔热罩面清漆共同使用，使反射隔热效果得到最大化，因为无论使用反射隔热多彩涂料，还是反射隔热同色底漆，或是反射隔热罩面清漆，都有助于提高多彩涂装面的反射性能。显然，如果多彩涂料装饰体系中同时一起采用反射隔热同色底漆、反射隔热多彩涂料和反射隔热罩面清漆，使得三者反射比效果叠加，将最终实现反射隔热功效最大化[74]。不过由于每类反射隔热涂料相比同类普通涂料，经济成本增加，所以当三者同时采用，综合经济成本势必提高。

4. 反射隔热多彩涂料的产品性能指标

对于普通多彩涂料来说，其产品质量可以执行 HG/T 4343—2012《水性多彩建筑涂料》标准；对于反射隔热多彩涂料，可以执行 GB/T 25261—2018 标准中对反射隔热质感面漆的性能要求。上海市化学建材协会发布的上海市团体标准 T310101002－C004－2017《水性多彩反射隔热涂料》对产品的针对性更强，因而下面介绍 T310101002－C004－2017 标准中的相关规定。

（1）对水性多彩反射隔热涂料产品的分类　根据产品涂层明度值的不同分为两类，中明度反射隔热涂料（M）$40 \leqslant L^* < 80$ 和高明度反射隔热涂料（H）$L^* \geqslant 80$；根据弹性分为弹性（E）和非弹性（NE）两类；根据隔热性能技术要求不同将产品分为一等品（F）和优等品（S）。

（2）产品的基本性能要求　应符合表 2-32 的规定。

表 2-32　T310101002－C004－2017 标准对水性多彩反射隔热涂料的基本性能要求

项　目		指　标	
		弹性	非弹性
容器中状态		正常	
低温稳定性		不变质	
干燥时间（表干）/h		≤4	
复合涂层	涂膜外观	正常	
	耐碱性(48h)	无异常	
	耐水性(96h)	无异常	
	断裂伸长率/%	≥80	—
	耐酸雨性(48h)	无异常	

续表

项 目		指　标	
		弹性	非弹性
复合涂层	透水性	≤2.0	
	涂层耐温变性(5 次)	无异常	
	耐沾污性/级	≤2	
	耐人工加速老化性(1000h)	不起泡、不剥落、无裂纹、无粉化,无明显变色、无明显失光	

（3）反射隔热性能要求　应符合表 2-33 的规定。

表 2-33　T310101002—C004—2017 标准对水性多彩反射隔热涂料产品的反射隔热性能要求

项目	指标							
	高明度　$L^* \geqslant 80$				中明度　$40 \leqslant L^* < 80$			
	$L^* \geqslant 95$		$95 > L^* \geqslant 80$		$70 \leqslant L^* < 80$		$40 \leqslant L^* < 70$	
	一等品	优等品	一等品	优等品	一等品	优等品	一等品	优等品
太阳光反射比 ≥	0.85	0.88	0.65	0.70	0.55	0.60	0.45	0.50
近红外反射比 ≥	0.85		0.80		$L^*/100$			
半球发射率　≥	0.85							
污染后太阳光反射比≤	0.70	0.75	0.55	0.60	0.48	0.52	0.40	0.45
人工加速老化后太阳光反射比变化率/%≤	5							

注：可根据产品设计采用配套底漆、面漆及罩面漆等复合涂层进行检测。

（4）有害物质限量要求　其限量值应符合表 2-34 的规定。

表 2-34　T310101002—C004—2017 标准对水性多彩反射隔热涂料有害物质限量技术要求

序号	项目		指标
1	挥发性有机化合物(VOC)/(g/L)		≤80
2	游离甲醛含量/(mg/kg)		≤50
3	乙二醇醚及醚酯含量总和(乙二醇甲醚、乙二醇甲醚醋酸酯、乙二醇乙醚、乙二醇乙醚醋酸酯和二乙二醇丁醚醋酸酯)/(mg/kg)		≤100
4	重金属含量/(mg/kg)	铅(Pb)	≤90
		镉(Cd)	≤75
		六价铬(Cr^{6+})	≤60
		汞(Hg)	≤60

注：有害物质限量技术要求不考虑稀释配比。

四、反射隔热复层涂料

1. 复层涂料的概念与类别

国家标准 GB/T 9779—2015《复层建筑涂料》对该涂料的定义是"由底漆、中层漆和面漆组成的具有多种装饰效果的质感涂料"。标准中的多种装饰效果的质感涂料包括了单色型、多彩型、厚浆型、岩片型、砂粒型和复层型等六类，如表 2-35 所示。

表 2-35   GB/T 9779—2015 标准中的复层涂料的类型

序号	涂料类型	术语描述	别名和同类标准
1	单色型复层建筑涂料	以水泥系、硅酸盐系或合成树脂乳液系等胶结料及颜料和骨料为主要原材料，用于形成立体或平面装饰效果的薄质或厚质涂料	
2	多彩型复层建筑涂料	以水性成膜物质(合成树脂乳液等)、水性着色胶颗粒、颜料、填料、水、助剂等构成的体系制成的多彩涂料，通过喷涂等施工方法，在建筑物表面形　成具有仿石等装饰效果的涂料	水包水多彩涂料；《水性多彩建筑涂料》HG/T 4343—2012
3	厚浆型复层建筑涂料	以水泥系、硅酸盐系或合成树脂乳液以及各种颜料、体质颜料、助剂为主要原料，通过刮涂、辊涂、喷涂等施工方法，在建筑物表面形成具有立体造型艺术质感效果的质感涂料	JG/T206—2018《外墙外保温用丙烯酸涂料》
4	岩片型复层建筑涂料	以合成树脂乳液为主要成膜物质，由彩色岩片和砂、助剂等配制而成，通过喷涂等施工方法，在建筑物表面形成具有仿石等装饰效果的涂料	真石漆；合成树脂乳液砂壁状建筑涂料；JG/T 24—2018《合成树脂乳液砂壁状建筑涂料》；HG/T 4344—2012《水性复合岩片仿花岗岩涂料》
5	砂粒型复层建筑涂料	以合成树脂乳液为主要成膜物质，由颜料、不同色彩和粒径的砂、助剂等配制而成，通过喷涂、刮涂等施工方法，在建筑物表面形成具有仿石等装饰效果的涂料	
6	复层型复层建筑涂料	由两种或两种以上的中层漆组成，分多道施工，并与底漆和面漆配套使用，形成具有质感效果的涂料	

从表 2-35 可见，这几乎将目前的真石漆、多彩涂料等平涂建筑涂料之外的质感涂料囊括殆尽。这与原来关于复层涂料的概念（比如 GB/T 9779—2005）已经相去甚远。在表 2-35 的涂料类型中，反射隔热真石漆、多彩涂料等已在前面介绍。厚浆型复层建筑涂料实际上是一种主要依靠施工技术得到艺术效果涂膜的涂料，主要应用于内墙，所需要的涂料是使用现有产品调配（主要对黏度

和颜色进行调配）的，目前以定型产品生产的商品涂料很少。

单色型和复层型复层建筑涂料都是由多道涂层组成的复合涂膜装饰体系，其主涂层系通过喷涂和滚压或者拉毛的施工方法，并可以经过罩面以增强装饰效果而得到的具有独特的立体效果且质感丰满的装饰性涂膜。

下面介绍单色型复层建筑涂料和复层型复层建筑涂料的反射隔热功能化技术。

2. 单色型反射隔热复层建筑涂料

单色型复层建筑涂料常见的有拉毛涂料及由封底涂层、主涂层和罩面涂层所组成的"浮雕涂料"两大类。

对于反射隔热"浮雕涂料"，封底涂层、主涂层均可使用普通涂料涂装，仅罩面涂层使用反射隔热涂料涂装即能够实现涂膜的反射隔热性能，且罩面涂层的反射隔热涂料即为一般的外墙反射隔热涂料。如果要增强反射性能，主涂层涂料也使用有反射隔热性能的复层主涂料涂装。

下面介绍反射隔热复层主涂料的配制技术。

（1）配方 需要说明的是，表 2-36 是作者根据涂料配方调整经验，参考文献中的研究[75]，在应用成熟的普通型复层主涂料配方的基础上进行调整的，并未经过试配实验，仅供参考而已。

表 2-36　反射隔热复层主涂料参考配方

涂料组分	原材料		用量（质量份）
	名称	材料名称或型号	
成膜物质	苯丙乳液	（建筑外墙涂料用）	13
助剂	防霉杀菌剂	K20	0.1
	成膜助剂	Texanol 酯醇	0.7
	消泡剂	FoamStar NXZ	0.1
	增稠剂	150000mPa·s羟丙基甲基纤维素（0.2%溶液）	20～30
	冻融稳定剂	丙二醇	0.5
	分散剂	"快易"型	0.4
填料	白色石英粗粉	80 目	25
	重质碳酸钙或白色石英细砂	120～160 目	35
功能填料	玻璃空心微珠		6.0
	发射隔热陶瓷粉		4.5

（2）配方调整说明 表 2-36 只是白色复层主涂料的基础配方，在实际应用

中需要根据需要进行必要的调整，包括对反射性能的调整、涂料稠度的调整。

①反射性能的调整　包括使用"冷颜料"调色、空心微珠用量调整或其与陶瓷空心微珠的变换等。

②涂料稠度的调整　根据喷涂"斑点"的大小，对150000mPa·s羟丙基甲基纤维素（0.2%溶液）用量的调整。

（3）涂料生产程序　复层主涂料的生产主要是要注意羟丙基甲基纤维素的溶解。羟丙基甲基纤维素会迅速溶解于冷水中，但在70℃以上的热水中不溶解。利用这个性能，可以先使用少量的70℃以上的热水将羟丙基甲基纤维素湿润，然后再在搅拌的情况下慢慢加入冷水使其溶解。如果直接将羟丙基甲基纤维素和冷水接触，则成团的羟丙基甲基纤维素会表面接触水溶解，包裹没有溶解的粉团，羟丙基甲基纤维素就没有办法溶解了。

在搅拌罐或捏合机中制得0.2%的150000mPa·s黏度羟丙基甲基纤维素胶液后，就可以在搅拌的情况下投入各种助剂和苯丙乳液等，搅拌均匀。接下来，再在搅拌的状况下依次投入石英砂、发射隔热陶瓷粉、重质碳酸钙或石英细石砂搅拌均匀，最后添加玻璃空心微珠搅拌均匀，即得到反射隔热复层主涂料。

3. 反射隔热拉毛涂料

（1）配方　拉毛涂料属于单色型复层建筑涂料中的一种。作为反射隔热拉毛涂料，也是从普通拉毛涂料的基础上通过高反射性能的颜、填料而得到。表2-37中给出这类涂料的基础配方举例。

表 2-37　白色反射隔热弹性拉毛涂料举例

涂料组分	原材料		用量（质量份）
	名称	材料名称或型号	
成膜物质	弹性聚丙烯酸酯乳液	Primal 2438	280.0
	聚丙烯酸酯乳液	Primal AC-261	100.0
助剂	润湿剂	X-405 或 PE-100	2.0
	冻融稳定剂	丙二醇	12.0
	羟乙基纤维素	黏度型号:50000mPa·s	2.0
	防霉杀菌剂	K20	1.5
	分散剂	"快易"+731A	3.0+2.0
	消泡剂	FoamStar NXZ+681F	1.5+1.0
	缔合型增稠剂	SCT-275	3.0~10.0
	成膜助剂	Texanol 酯醇	7.5
	pH 值调节剂	AMP-95 多功能助剂	1.5

涂料组分	原材料		用量（质量份）
	名称	材料名称或型号	
颜料	钛白粉	金红石型	130.0
功能性填料	玻璃空心微珠	tk70 型	120.0
	发射隔热陶瓷粉		35.0
填料	超细煅烧高岭土	大于 800 目	80.0
分散介质	水	自来水	200.0

（2）配方调整说明　表 2-37 只是白色拉毛涂料的基础配方，在实际应用中需要根据需要进行必要的调整，包括对反射性能的调整、流变性能和涂膜物理力学性能的调整等。

① 反射性能的调整　这包括使用"冷颜料"调整涂料的颜色、玻璃空心微珠和隔热陶瓷粉用量的进一步协调、当调配较深色涂料时钛白粉用量和品类（例如改用反射型钛白粉）的调整以及当涂料明度值较高时反射性能有过剩时填料用量的增大等。

② 流变性能的调整　首先，可使用羟乙基纤维素的不同黏度型号进行涂料触变性的调整。羟乙基纤维素的黏度高，触变性强，增稠效果也显著；反之则结果相反，通常使用 50000mPa·s 黏度型号的产品或者更高些的为好。当需要涂膜的"毛疙瘩"大而明显时，需要涂料的触变性大些，可使用黏度型号更高些的纤维素醚。

若触变性过高，可以使用聚氨酯类缔合型流变增稠剂（例如 SCT-275 型增稠剂）进行调整。

③ 涂膜物理力学性能的调整　根据具体应用场合的要求选用硅丙乳液、氟碳乳液或拼混使用苯丙乳液或者对用量做进一步的调整等。

（3）涂料生产程序

① 向搅拌罐中投入水和防霉杀菌剂，搅拌均匀，再投入羟乙基纤维素搅拌分散后投入 AMP-95 多功能助剂，搅拌至羟乙基纤维素充分溶解。

② 向搅拌罐中投入分散剂、成膜助剂、润湿剂、冻融稳定剂、部分丙二醇、部分 FoamStar NXZ 消泡剂和 681F 消泡剂等搅拌均匀。

③ 向搅拌罐中投入发射隔热陶瓷粉、超细煅烧高岭土和钛白粉搅拌均匀。

④ 将上述混合料通过砂磨机或者其他磨细设备研磨至细度小于 $30\mu m$。若混合料黏度太高，可以加入适量 Primal 2438 弹性丙烯酸酯乳液搅拌均匀后进行磨细。磨细后将混合料转移至搅拌罐中。

⑤ 向搅拌罐中投入 Primal 2438 和 Primal AC-261 乳液搅拌均匀后，再投入玻璃空心微珠搅拌均匀。

⑥ 将 SCT-275 缔合型增稠剂用等量的水和预留的丙二醇稀释均匀后，缓慢地加入搅拌罐中。滴加完后再搅拌均匀，然后用预留的 FoamStar NXZ 消泡剂消泡，即得到成品反射隔热拉毛涂料。其中，SCT-275 缔合型增稠剂的用量可以根据涂料的黏度情况做适当调整，以适合于拉毛施工为准。

4. 复层型复层建筑涂料

复层型复层建筑涂料由封闭底漆层、底涂层、主涂层和罩光层组成。

要实现涂膜的反射隔热性能其方法如下：底涂层、主涂层均使用具有反射隔热性能的涂料涂装。反射隔热底涂料就是一般的外墙反射隔热涂料；主涂层涂料使用反射隔热复层主涂料；罩面涂层可以使用一般的罩光剂；如果要增强反射性能，则使用透明型反射隔热涂料。

第五节
水性反射隔热涂料新技术

一、两种新型反射隔热涂料

1. 反射-辐射复合型反射隔热涂料

（1）概述 所谓反射-辐射复合型反射隔热涂料，研究者也称其为"智能"型隔热涂料[76]，是指该涂料在太阳光照射到涂膜表面时，能够反射太阳光热能，而当无太阳光照射时，可将建筑物内部的高温向外散发辐射出去，实现室内散热。

该涂料以聚丙烯酸酯弹性乳液复合改性有机硅微乳液为成膜物质，以自制的复合陶瓷晶体微粉和金红石型钛白粉为反射、辐射功能材料的主要涂料组分制成，对太阳辐射热具有良好的反射作用以及辐射作用，且涂膜具有良好的耐沾污性和耐人工老化性，可长期保持稳定的隔热效果。

（2）涂料主要组分特征

① 成膜物质 将弹性聚丙烯酸酯乳液与特殊结构改性的有机硅微乳液按一

定比例混合，使涂膜具有良好的弹性、机械强度、耐水性和耐沾污性。

② 复合陶瓷晶体微粉　这是根据多种金属氧化物掺杂形成的具有反尖晶石结构的物质具有热发射率高的特点而研制的功能填料，系将常温下有特殊单向反射散射功能的复合陶瓷晶体微粉作为功能性填料，外加少量稀土氧化物，以提高该陶瓷粉体材料晶格振动活性，且具有激活催化作用，从而提高其反射率。复合陶瓷晶体微粉需预先用硅烷偶联剂处理后才能添加于涂料组分中。

（3）涂料的反射性能　该涂料除了具有良好的涂料、涂膜常规性能外，也具有良好的反射隔热性能，如表 2-38 所示。

表 2-38　反射-辐射复合型反射隔热涂料的反射性能

项目	性能测试结果
太阳光反射比（白色）	0.8517
半球发射率（白色）	0.8618
耐 600h 人工气候老化后的太阳光反射比（白色）	0.82
耐 600h 人工气候老化后的半球发射率（白色）	0.84
隔热温差	11.519℃
隔热温差衰减（白色）	2.5℃

2. 新型水性高反射高辐射隔热涂料

（1）概述　这里的新型水性高反射高辐射隔热涂料[77]，是指以硅丙乳液为成膜物质，以玻璃空心微珠、不透明聚合物和自制的超细高反射 TiO_2、红外辐射型复合填料为主要涂料组分制成，对太阳辐射热具有高反射和高辐射性能的涂料。

（2）自制功能填料的制备

① 超细高反射 TiO_2 的制备　将体积比为 3∶2∶0.3 的无水乙醇、冰醋酸和蒸馏水混合物放入容器中，加热到 40℃反应，滴加浓盐酸调节 pH 值为 1；在无水乙醇中溶解钛酸丁酯，以 1 滴/s 的速度滴加，滴加完毕后超声波分散 30min，静置形成凝胶；对凝胶进行烘干，于 800℃煅烧 3 h，粉碎研磨，制得超细 TiO_2 粉体，粒径控制在 200～300nm。

② 红外辐射型复合填料的制备　在基体 Al_2O_3 粉体中加入 20%（质量分数）MnO_2 粉体和 10%TiO_2 粉体，经充分混合，在 1250℃烧结 2 h，经过研磨粉碎，制得红外辐射型复合型颜、填料粉体。

③ 红外辐射型复合填料的辐射率　反射隔热涂料中常用的红外辐射填料主要是金属氧化物和碳化物，最大辐射波段在 2.5～12μm。常用的氧化物有

Fe_2O_3、NiO、CuO、CoO、Cr_2O_3、ZrO_2、TiO_2、Al_2O_3 等。选择 SiC、MnO_2、Al_2O_3、菫青石和自制的红外辐射型复合填料进行对比实验。分别在基本涂料配方中加入 4％的 SiC、MnO_2、Al_2O_3、菫青石和自制的红外辐射型复合填料，测定各自的热辐射率，结果如图 2-29 所示。

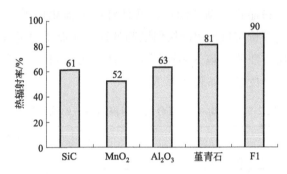

图 2-29　不同填料对热辐射率的影响（其中 F1 为自制的红外辐射复合填料）

从图 2-29 中可见，基体 Al_2O_3 粉体中加入 20％（质量分数）MnO_2 粉体和 10％ TiO_2 粉体烧结而成的红外辐射填料具有比单一红外辐射填料更高的热辐射率。

（3）自制功能填料用量对涂料热反射率的影响

① 超细高反射 TiO_2　自制超细高反射 TiO_2 粒径在 200～300nm，是可见光（黄色-绿色）波长 550nm 的一半左右，因此在可见光部分具有很高的反射率，可以作为玻璃空心微珠反射功能的补充。TiO_2 用量对涂料热反射率的影响见图 2-30。

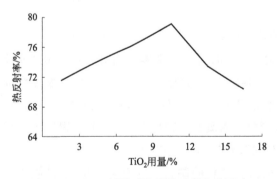

图 2-30　TiO_2 用量对涂料热反射率的影响

从图 2-30 中可见，加入 10％～11％左右超细高反射 TiO_2 作为辅助填料，热反射率最大。

② 红外辐射型复合填料　红外辐射型复合填料用量对涂层热辐射率的影响

见图 2-31。

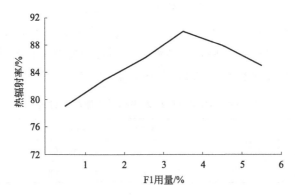

图 2-31 红外辐射型复合填料（F1）用量对热辐射率的影响

从图 2-31 中可见，红外辐射型复合功能填料用量在 3％～4％时，涂层热辐射能力最大。

二、使用彩色陶瓷微珠配制反射隔热涂料

1. 概述

彩色陶瓷空心微珠是以一定粒径分布的陶瓷空心微珠为基体材料，通过高温烧结工艺和配色技术制备的包覆有彩色金属氧化物颜料的陶瓷空心微珠，是颜、填料一体化材料，因为其色彩为陶瓷釉面，所以具有鲜艳、稳定和耐久的彩色，因而其涂料涂层的保色持久性非常好。此外，在彩色反射隔热涂料中应用也是更为重要的，同明度普通颜料相比，具有更高的近红外反射比和热稳定性好等。下面介绍陶瓷空心微珠在反射隔热涂料中的主要性能研究[78]。

2. 彩色空心微珠与片状填料的热反射和隔热性能对比

（1）热反射性能 通过对彩色空心微珠为功能填料涂层的太阳光光谱反射率和红外发射率对比测试表明，当涂层颜色相同时，在 $0.4～0.7\mu m$ 可见光波段的吸收光谱是一致的，而在 $1.0\mu m$ 以后的近红外波段，空心微珠涂层的光谱反射率明显高于片状填料涂层，全波段的平均反射率高 10％左右；同时，彩色空心微珠涂层的红外发射率高，能将吸收的热量以热辐射的方式发散掉。

（2）隔热温差 试验表明，涂覆有彩色空心微珠热反射涂层的试验箱，其外表面和箱体内温度均低于相同颜色的片状填料涂层，内外表面温度差 3～4℃，这是由于空心微珠为球形，当光能量进入涂层后，光波的传输路径在球体表面被反复地各向散射，不能深入到涂层内部，表现为对太阳光的高反射；同时，空心微珠为含空气的密闭球体，热传导系数低，在涂层中形成独立的绝热腔体，在一

定厚度条件下，其热阻隔效果显著。

3. 高温烧结彩色陶瓷空心微珠与色浆染色空心微珠

将涂料色浆和素色空心微珠混合后，在电镜下观察到微珠已被染色，以染色后的微珠为功能填料制备涂层，与高温烧结彩色陶瓷空心微珠涂层进行了光老化加速实验、盐酸浸泡实验和200℃高温实验，结果见表2-39。

表2-39　不同彩色陶瓷空心微珠涂层的性能

样板类别	耐候性(500h)	耐酸性(168h)	耐高温性
高温烧结彩色陶瓷空心微珠涂层	0级	无明显变化	无明显变化
染色彩色陶瓷空心微珠涂层	2级	褪色	变色

由表2-39可见，高温烧结彩色陶瓷空心微珠涂层的热稳定性和耐候性均显著优于染色空心微珠涂层，因而，高温烧结彩色陶瓷空心微珠特别适用于长期暴露于户外的反射隔热涂料。

4. 彩色空心微珠的添加量和最佳分散工艺

（1）添加量　一般来说，彩色空心微珠在反射隔热涂料中的最佳添加量在8%～12%。

（2）最佳分散工艺　彩色空心微珠的粒径分布为8～34μm，实际使用中，由于其颗粒间易发生团聚而使粒径增大，对涂层性能产生不良影响。

通过机械搅拌分散和超声波分散两种工艺的研究发现，超声波分散工艺的涂层彩色空心微珠粒径分布均匀，涂层性能较好。

三、二氧化硅气凝胶在反射隔热涂料中的应用

1. 概述

SiO_2气凝胶是一种新型的纳米尺度多孔材料。它是以空气为分散介质，将SiO_2胶体粒子互相聚集在一起形成的具有三维网络结构的固态材料。SiO_2气凝胶的孔隙率高达90%以上，其密度甚至小于空气，其胶体内孔隙尺寸小于50nm，限制了空气在其内部的对流传热。

SiO_2具有高比表面积、高孔隙率、低密度的特殊结构，在对热的传导方面能抑制对流、辐射、传导三种热传导的途径，因此在常温下具有极低的热导率[0.013W/(m·K)]，在真空条件下甚至可达0.004W/(m·K)，是目前热导率最低的固体材料。

SiO_2气凝胶的微观结构和电子扫描显微镜照片分别如图2-32（a）和（b）所示。

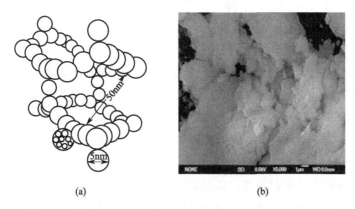

(a)　　　　　　　　　　(b)

图 2-32 二氧化硅气凝胶微观结构示意图和电子扫描显微镜照片

(a) 微观结构示意图；(b) 电子扫描显微镜照片

2. 用 SiO₂ 气凝胶和红外反射钛白粉作功能填料制备反射隔热涂料

某研究[79] 将 SiO_2 气凝胶和红外反射钛白粉颜料应用于反射隔热涂料，通过提高涂料的太阳能反射率以获得高太阳光反射比，提高红外辐射率以获得高辐射率，及降低热导率以获得超隔热等性能而制得性能优异的水性反射隔热涂料。下面介绍其相关的研究结果。

（1）SiO_2 气凝胶在反射隔热涂料中的适合工艺　由于 SiO_2 气凝胶属于纳米级细度的材料，且为了应用中操作的方便，水分散性气凝胶都是制成强度很低的脆性团块。因而，应先制成预分散浆体，然后在涂料的生产工艺中，在适当的工艺阶段投料添加。

通常 SiO_2 气凝胶预分散浆体的制备工艺是：将防霉剂、润湿剂、分散剂、水混合分散均匀后，加入纤维素醚，待充分溶解后，加入 SiO_2 气凝胶，经高剪切均质机分散而制得 SiO_2 气凝胶预分散浆体。若使用普通分散机分散，需待粗分散后进行研磨才能得到合乎涂料应用要求的预分散浆体。

（2）SiO_2 气凝胶在反射隔热涂料中的性能　表 2-40 中列出不同含量 SiO_2 气凝胶对涂膜热导率的影响。

表 2-40　不同含量 SiO₂ 气凝胶对涂膜热导率的影响

SiO₂ 气凝胶添加量(质量分数)/%	2.0	2.5	3.0	3.5	4.0	4.5	5.0
热导率/[W/(m·K)]	0.068	0.056	0.041	0.030	0.025	0.023	0.021

表 2-40 中的试验结果表明：随 SiO_2 气凝胶含量的增加，涂料的热导率逐渐减小。SiO_2 气凝胶添加量从 2.0% 增大到 3.5%，热导率从 0.068 W/(m·K)

下降到 0.030 W/(m·K)，下降速度很快。SiO_2 气凝胶的添加量从 3.5％增大到 5.0％，热导率从 0.030 W/(m·K) 降至 0.021 W/(m·K)，热导率下降速度变缓。

热导率下降速度较快，其原因可能是 SiO_2 气凝胶颗粒在涂料内部得到均匀分散；其后下降变缓的原因可能是 SiO_2 气凝胶颗粒在涂料中引起部分聚集，使涂料的热阻减小，热导率下降变得缓慢。但无论如何，SiO_2 气凝胶的添加使涂膜的热导率显著降低，且在添加量为 3.0％时，热导率已低至 0.041W/(m·K)，已明显优于通常的反射隔热涂料。

（3）涂膜厚度对反射隔热性能的影响　用 SiO_2 气凝胶和 ALTIRIS® 红外反射钛白粉复合制得的多色彩反射隔热涂料，其涂膜厚度对反射隔热性能的影响如表 2-41 所示。

表 2-41　涂膜厚度对反射隔热性能的影响

涂膜厚度/μm	200	280		410	600
明度值(L^*)	97.4	96.65	72.05	97.82	97.38
太阳光反射比	0.87	0.86	0.62	0.87	0.88
近红外反射比	0.89	0.87	0.76	0.89	0.90
半球发射率	0.91	0.91	0.89	0.90	0.88
隔热温差/℃	11.1	12.9	12.3	14.1	15.3

从表 2-41 可见，多色彩反射隔热涂料样板的干膜厚度达到 200μm 时，基本能够达到对太阳光良好反射的效果；随着涂膜厚度的增加，不再明显提高，而隔热温差则随之提高，这是由于随着涂膜厚度的增厚其热阻增大的原因。

3. SiO_2 气凝胶提高涂料隔热性能的机理研究

从上面的介绍可以看出 SiO_2 气凝胶对于提高涂料的隔热性能作用十分明显，而且在文献中不难找到类似的结果。例如图 2-33 展示的 SiO_2 气凝胶对涂层热导率的影响[80]。图中，未添加 SiO_2 气凝胶的涂层的热导率较高，而随着 SiO_2 气凝胶掺入量增加，涂层的热导率急剧下降，说明均匀分散于涂层中的 SiO_2 气凝胶起到了很好的保温隔热效果。当 SiO_2 气凝胶掺入量为 1％ 时，涂层的热导率低至 0.065W/(m·K)，当掺入量大于 1％ 以后，涂层热导率的下降变得缓慢，此时 SiO_2 气凝胶含量过多，导致粒子间发生团聚，分散性变差，使其不能很好地发挥出热导率低的特点。

这种 SiO_2 气凝胶降低涂层热导率的原因可以从涂层的电子扫描显微镜

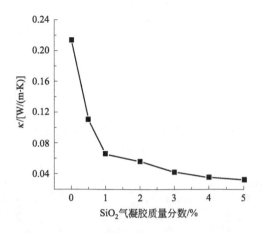

图 2-33　SiO_2 气凝胶添加量对涂层热导率的影响

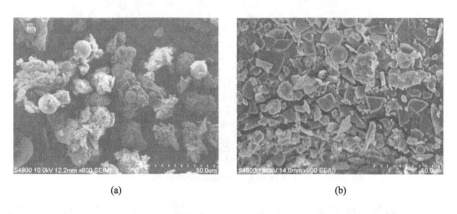

(a)　　　　　　　　　　　　　　　　　(b)

图 2-34　添加和未添加 SiO_2 气凝胶反射隔热涂层的 SEM 照片

（a）添加；（b）未添加

（SEM）照片得到很好的解释。如图 2-34 所示，SiO_2 气凝胶添加量适当，充分填充涂层中其他颜、填料的空隙，各种粒子分散得更加均匀、致密，而且 SiO_2 气凝胶本身的热导率极低。

4. SiO_2 气凝胶在涂料中不能产生隔热作用及其原因分析[81]

上面介绍的是 SiO_2 气凝胶在反射隔热涂料中能够显著降低涂料热导率的研究及对其作用机理的分析。但是，对于 SiO_2 气凝胶提高涂料的隔热性能作用，也有完全不同的研究结果。例如，某研究在以玻璃空心微珠为隔热性填料的中涂层涂料中掺入 1.8％和 3.6％的 SiO_2 气凝胶，所得到的 20℃时的热导率见表 2-42。

表 2-42 不同 SiO_2 气凝胶添加量涂层 20℃ 时的热导率

SiO_2 气凝胶添加量(质量分数)/%	热导率[W/(m·K)]
0	0.143
1.8	0.134
3.6	0.144

从表 2-42 可见,气凝胶的添加对热导率的影响趋势并不明显。图 2-35 是 SiO_2 气凝胶添加量为 1.8% 的涂层断面 SEM 照片。

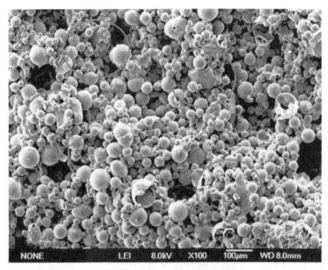

图 2-35 含 1.8% SiO_2 气凝胶的涂层断面 SEM 照片

图中标记的是尺寸在 $100\mu m$ 左右的块状气凝胶。可以看出,涂层中尺寸较大的气凝胶较少,这是由于气凝胶脆性大,强度低,搅拌混合过程中受到分散剪切力和玻璃微珠等其他填料的摩擦阻力而粉碎,因此无法发挥其低热导率的优势。

图 2-36 中分别展示出添加 SiO_2 气凝胶和没有添加 SiO_2 气凝胶涂层断面的电子扫描显微镜的微观照片。

从图 2-36 中可见,对比不含气凝胶的涂层,含气凝胶的涂层中,在玻璃空心微珠表面吸附了大量尺寸在 $1\mu m$ 以下至纳米尺寸的气凝胶颗粒。这种分散在体系中的气凝胶对涂层隔热效果的提高并无明显意义。另外,体系中掺入 SiO_2 气凝胶后涂层会出现耐冲击强度降低、力学性能下降的现象。

5. SiO_2 气凝胶在涂料中的作用机理分析

上面介绍了 SiO_2 气凝胶在反射隔热涂料中对于降低涂料热导率的研究。两

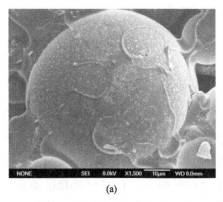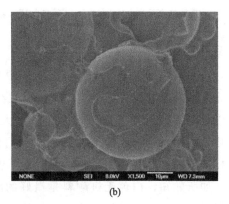

(a)　　　　　　　　　　　　　　　　(b)

图 2-36　含和不含 SiO_2 气凝胶涂层的 SEM 照片

（a）含 SiO_2 气凝胶；（b）不含 SiO_2 气凝胶

种研究得到的结果不同。下面对 SiO_2 气凝胶是否具有显著降低涂料热导率的功能提出一点看法。

首先，SiO_2 气凝胶本身具有极低热导率的原因在于其粒径细微，且单个粒子又具有极高的孔隙率；其次，SiO_2 气凝胶单个粒子相互之间没有牢固黏结在一起的机制，这也是我们得到的 SiO_2 气凝胶虽然呈半透明的固体，但强度极低，可以说并不具备结构强度。那么，当其添加于涂料中以后，可能产生两种情况。

第一种情况是添加量很小且 SiO_2 气凝胶在涂料研磨过程中已经成为一次性粒子时，这就需要由成膜物质将粒子黏结在一起。由于 SiO_2 气凝胶的粒子细微，其巨大的表面积需要极大量的成膜物质。这时 SiO_2 气凝胶在涂料中的比例很小，主导涂料性能的是成膜物质，SiO_2 气凝胶对涂料的性能影响则变得很小，亦即对降低涂料的热导率影响很小了。

第二种情况是 SiO_2 气凝胶在涂料中的量很大，大到其比例足以使涂料具有极低的热导率。但这时成膜物质的量已经不足以黏结 SiO_2 气凝胶颗粒而形成能满足使用性能要求的涂膜，而 SiO_2 气凝胶颗粒与颗粒直接又是松散连接，因而涂膜的物理力学性能必然很差，甚或形成不了有使用价值的涂膜。

以上的分析也是作者在实验室试验所得到的结果。总之，SiO_2 气凝胶的使用是个很复杂的问题，也可能和 SiO_2 气凝胶协调使用的材料或者 SiO_2 气凝胶本身的性能以及所制得涂料的常规涂料性能需求等因素有关。总之，SiO_2 气凝胶在涂料中的隔热作用受到许多因素的影响，其在涂料中的应用技术还远不成熟，是一个尚待深入研究的问题。

四、彩色透射型红外反射隔热涂料[82]

1. 彩色透射型红外节能颜料

（1）彩色透射型红外节能颜料的原理　对大多数有机颜料来说，它们在红外光区很少反射红外光，但也很少吸收红外光，基本都具有透过红外光的能力，所以可称为透射型红外颜料。对于绝大多数有机颜料来说，它们不含重金属，对环境无污染，与无机颜料相比，它们色彩更鲜亮，色谱更加全面，因而利用有机颜料的这些特性制备彩色反射型隔热涂料具有重要意义。

如所熟知，白色无机颜料是最好的红外反射颜料，在对可见光区域全反射的同时，对红外光区域的光也有着强烈的反射，如二氧化钛的总太阳能反射率至少为 75%。

将有机颜料对红外光的高度透明性与白色无机颜料对光的强烈反射性结合起来，就构成了一种新颖的功能颜料。这种功能颜料的组成是，上为有机颜料，下为白色无机颜料，分别发挥各自的功能：其外表为鲜艳的有机颜料色相，色谱齐全，其配色性亦类似于有机颜料的性能，极大地丰富了红外反射颜料的色彩，其底材能够实现红外反射的功能，于是就构成了彩色透射型红外节能颜料。

（2）彩色透射型红外节能颜料的制备　下面举例说明彩色透射型红外节能颜料的制法。

此颜料采用酞菁蓝对 TiO_2 进行色覆，酞菁蓝在近红外光波段的透射率高达 80%。

具体做法是：将 5g TiO_2 加入到 200 mL 的蒸馏水中配成浆料，加入 0.1g 六偏磷酸钠并搅拌，使 TiO_2 充分分散。再将 1g Na_2CO_3 与 2.5g 耐晒翠蓝 GL（一种酞菁蓝）溶解于 85～90℃热水中，适当搅拌后将其加入上述浆料中，调节体系 pH 并保持恒定，恒温着色 2.5h，将 $BaCl_2$ 溶解于 80℃热水中，约分 5 次加到上述混合液中，再依次加入分别用水稀释好的 OP 乳化剂及固色剂 Y，搅拌混合 3 h 后洗涤，过滤，将滤饼于一定温度下干燥，得到此包覆颜料。

2. 彩色透射型轿车用反射隔热涂料的制备

（1）上述制备的彩色透射型颜料可用来制备轿车用反射隔热涂料，其电泳涂料、中涂涂料和面涂涂料的配方分别见表 2-43～表 2-45。

表 2-43　轿车用反射隔热电泳涂料配方

原材料	生产或供应厂商	用量（质量份）
水溶性分散树脂（环氧树脂）	东都化成（株）	20
太阳热屏蔽颜料（黄）（苯并咪唑酮）	大日本油墨工业（株）	10

续表

原材料	生产或供应厂商	用量(质量份)
太阳热屏蔽颜料(红紫)(喹吖啶酮)	大日本油墨工业(株)	10
太阳热屏蔽颜料(蓝)(阴丹士林)	大日本油墨工业(株)	10
环氧乳液	东都化成(株)	45
异氰酸酯	日本聚氨酯(株)	5

表 2-44 轿车用反射隔热中涂涂料配方

原材料	生产或供应厂商	用量(质量份)
聚酯树脂(ベッコゾ一ルAF-1378-65)	大日本油墨工业(株)	35
三聚氰胺树脂(ユ-バン)	大日本油墨工业(株)	15
二氧化钛 CR-97	石原产业(株)	45
太阳热屏蔽颜料(黄)(苯并咪唑酮)	大日本油墨工业(株)	1
太阳热屏蔽颜料(红紫)(喹吖啶酮)	大日本油墨工业(株)	3
太阳热屏蔽颜料(蓝)(阴丹士林)	大日本油墨工业(株)	1

表 2-45 轿车用反射隔热面涂涂料（深蓝色）配方

原材料	生产或供应厂商	用量(质量份)
聚酯树脂(ベッコゾ一ルAF-1378-65)	大日本油墨工业(株)	65
三聚氰胺树脂(ユ-バン)	大日本油墨工业(株)	25
太阳热屏蔽颜料(红紫)(喹吖啶酮)	大日本油墨工业(株)	3
太阳热屏蔽颜料(蓝)(阴丹士林)	大日本油墨工业(株)	2

（2）涂料制备工艺

① 电泳涂料 将上述水溶性分散树脂与颜料用砂磨机分散后，与环氧乳液、异氰酸酯进行混合。

② 中涂涂料、面涂涂料 在聚酯树脂中加入太阳热屏蔽颜料、二甲苯与甲基丁基酮的混合溶剂，经砂磨机分散后，混入上述三聚氰胺树脂后制成涂料。

（3）涂料应用效果测试 将以上配好的涂料涂装在轿车上，在炎热天气下停放，测量车体表面温度、内部温度并对各涂料体系的车内外温度进行比较，测定结果以及对各涂料体系的车内外温度的比较见表 2-46。

表 2-46　含太阳热屏蔽颜料的涂料体系与一般涂料体系的车内外温度比较

涂料体系与涂膜厚度/μm	涂膜总厚度/μm	实测最高温度/℃	
		车顶外	车内
一般电泳涂料 15～20；一般聚酯中涂涂料 30～50；一般聚酯面涂涂料 30～50	75～120	91	75
一般电泳涂料 15～20；一般聚酯中涂涂料 30～50；一般丙烯酸金属闪光底漆 15～20；一般丙烯酸清漆 20～30	80～120	82	74
隔热电泳涂料 15～20；隔热聚酯中涂涂料 30～50；隔热聚酯面涂涂料 30～50	75～120	67	54
隔热电泳涂料 15～20；隔热聚酯中涂涂料 30～50；隔热丙烯酸金属闪光底漆 15～20；隔热丙烯酸清漆 20～30	80～120	67	56
一般电泳涂料 15～20；隔热聚酯中涂涂料 50～60；隔热丙烯酸金属闪光底漆 15～20；隔热丙烯酸清漆 20～30	100～130	68	57
一般电泳涂料 15～20；隔热聚酯中涂涂料 60～70；一般丙烯酸金属闪光底漆 15～20；一般丙烯酸清漆 20～30	110～140	67	57

注：试验涂料为深蓝色；于外部气温 37℃下试验。

许多用于涂料的有机颜料均可制成彩色透射型红外节能颜料，诸如各种偶氮颜料、酞菁颜料、蒽醌颜料、苯并咪唑酮颜料、喹吖啶酮颜料、苝颜料、嗪颜料、咔唑颜料、喹酞酮颜料以及异吲哚啉类颜料等，而有些有机颜料，如苝黑之类的颜料本身就有反射红外线的功能。

彩色透射型红外节能颜料可用于外墙涂料、氟碳涂料、工程机械涂料、航空涂料、船舶涂料、汽车涂料、军事伪装涂料、卷材涂料、路标涂料、耐晒/耐候性和抗紫外线涂料以及耐高温涂料等领域。

五、有机-无机复合型建筑反射隔热涂料

1. 有机-无机复合型反射隔热涂料的性能优势

由于硅溶胶涂料涂膜固化后形成的 Si—O 键不易积累电荷和吸附尘埃，而且 Si—O—Si 键的键能较高，对紫外线、腐蚀性物质有很好的抗侵蚀作用，耐候性较好。因此，将硅溶胶与合成树脂乳液复合作为成膜物质生产建筑涂料，是建筑涂料界一直受到重视的技术路线。同样，在反射隔热涂料的发展过程中，将聚合物乳液与硅溶胶复合作为成膜物质制备反射隔热涂料的技术也受到重

视[83,84]，使得有机-无机复合型反射隔热涂料作为一类重要的新型品种而得到研究。

以聚合物乳液与硅溶胶物理拼混作为成膜物质，由于硅溶胶成膜后形成的是 Si—O—Si 无机聚合物网状结构，对太阳光的吸收程度比有机聚合物低；同时，由于硅溶胶成膜后能提高复合涂层的耐沾污性，有利于降低隔热涂料隔热温差的衰减；另外，硅溶胶不需要成膜助剂，这些原因为复合型反射隔热涂料带来诸如较好的基本涂料性能（包括耐候性、耐洗刷性、耐水性和耐沾污性等）、涂料的 VOC 含量较低，而且具有较高的太阳光反射比、半球发射率和隔热温差等性能。

2. 有机-无机复合型反射隔热涂料基料

这种复合型反射隔热涂料基料通常都是采用物理拼混的方式制备。但是，将硅溶胶和聚合物乳液进行物理拼混涉及到涂料稳定性、最佳复合比例和对涂料物理性能和功能性的影响等许多问题，常常需要借助许多已有的经验进行深入、系统研究才能得到良好的结果。例如，在普通的复合型建筑涂料中，保持涂料具有良好稳定性的技术途径是使涂料的 pH 值处于 8～10 的范围[85]。

复合型反射隔热涂料中最常使用的聚合物组分聚丙烯酸酯类乳液，如纯丙乳液、苯丙乳液等。

通常，为了提高复合型涂料的稳定性和其他性能，在复合时往往需要借助于一些添加剂，研究中较常使用的是硅烷偶联剂。

3. 硅溶胶-聚合物乳液复合基料的制备举例

某研究[86] 制备硅溶胶-聚合物乳液复合基料的方法为：将硅烷偶联剂 KH560 和硅溶胶的混合液置于 60℃恒温水浴中加热并机械搅拌 4h，用氨水调节体系的 pH 值至 8 左右，得到改性硅溶胶。

红外光谱图的分析证明，由于光谱图中出现新的甲基和亚甲基吸收峰，说明 KH560 并非与硅溶胶简单地物理共混，而是与纳米二氧化硅表面的羟基发生反应，证明 KH560 成功地修饰了硅溶胶。然后，再向这种改性硅溶胶中加入纯丙乳液，搅拌均匀后得到复合型基料。

还有的研究制备硅溶胶-苯丙乳液反射隔热彩色涂料[87] 时，使用的复合方法如下：

将 100g 碱性纳米硅溶胶 JN-30 加入三口烧瓶中，注入助溶剂（无水乙醇）和超纯水的均匀混合液（体积比为 1：1），置于超声波清洗器中超声分散 0.5h。使三口烧瓶处于水浴加热并同时机械搅拌状态下，缓慢滴入 2g 偶联剂 KH560，恒温搅拌 24h，将产物于离心机中高速离心分离，得到改性后的硅溶胶。

将 50g 改性后的硅溶胶加入到 100g 纯丙乳液中，搅拌 2h，加入适量消泡剂得到生产反射隔热涂料用的复合型基料，其性能如表 2-47 所示。

表 2-47　复合型基料的性能

性能项目	参数	性能项目	参数
外观	乳白色液体	pH 值	8
固体含量/%	43.2	玻璃化转变温度/℃	63
黏度/mPa·s	290.4	最低成膜温度/℃	20
平均粒径/nm	188.3	离子类型	阴离子

使用该有机-无机复合型基料制备的彩色反射隔热涂料除了具有优异的反射隔热性能外，还具有优异的耐沾污性。

六、水性聚偏氟乙烯型反射隔热涂层的耐久性研究

涂料用氟树脂最主要的性能就是其各种耐性，例如耐候性、耐腐蚀性、耐磨性和耐紫外线的降解性以及杰出的化学稳定性等，通常认为用这类树脂配制的涂料具有超长的耐久性、突出的耐盐雾性、优异的耐化学腐蚀性、良好的沾污自洁性和理想的综合性能等。

上述这些涂料性能优势都是由于在树脂中引入氟原子的结果。氟原子的半径小，电负性大，由氟原子和碳原子组成的共价键的键能高。此外，在含氟树脂中，随着氟原子数的增加，相应 C—C 键的键长也随之缩短，键能提高。例如，在全氟烯烃中 C—C 键的键长为 1.47Å，比在一般烃分子中的 C—C 键的键长 1.54Å 短，因此键能也增大。所以说含氟树脂中的化学键不容易发生断裂，而在宏观上则表现为各种杰出的物理力学性能。

因而，对耐候性、耐腐蚀性和耐沾污性等要求较高的反射隔热涂料产品往往采用氟碳树脂作为成膜物质。

通过对水性 PVDF 基反射隔热涂料的涂层微观形貌和氟元素分布，在酸、碱和盐溶液以及紫外辐照等不同环境作用下的性能变化规律的系统研究[88]，发现水性 PVDF 基反射隔热涂料具有以下一些性能。

① 空心玻璃微珠能够很好地分散于水性 PVDF 基反射隔热涂料中，并在涂层表面形成微米级凸起，氟元素在涂层树脂基体中的垂向分布较均匀，未见明显聚集。

② 56d 的紫外线照射（老化处理）对涂层光泽有一定的提升作用；在经酸溶液、盐溶液和紫外老化处理后，涂层明度未见明显变化且色差较小，涂层断裂伸长率降低且抗拉强度提升，最高达 8.4MPa，而经碱溶液处理后的涂层出

现显著色差且明度下降，涂层断裂伸长率降低，抗拉强度亦呈下降趋势，推测其与助剂迁出和组分衰减有关。

③ 涂层的耐酸、盐和紫外线能力较强，但在碱性条件下存在含氟组分的降解破坏，且反射隔热性能参数亦有明显损失。这一结果提示我们，这类涂料应慎用于碱性环境或碱性介质中；当应用于水泥基材料的基层时，应特别注意基层的碱性封闭。

参 考 文 献

[1] 廖翌滏，曾碧榕，陈珉，等．反射隔热涂料的制备与隔热性能．高分子材料科学与工程，2012，28（4）：118-124.

[2] 倪正发，郭宇．彩色太阳热反射涂料的研制．中国涂料，2014，29（9）：53-57.

[3] 陈中华，姜疆，张贵军，等．复合型建筑隔热涂料的研制．太阳能学报，2008，29（3）：257-262.

[4] 郭岳峰，陈铁鑫，杨斌，等．新型建筑太阳热反射涂料的制备．新型建筑材料，2012（8）：36.

[5] 孟方方，樊传刚，胡惠明，等．无机-有机聚合物复合基料的红外反射隔热涂料制备．安徽工业大学学报（自然科学版），2016，33（7）：229-234.

[6] 安徽省建筑科学研究设计院，安徽天锦云节能防水科技有限公司．《保温胶泥-发射隔热涂料外墙外保温系统与应用技术研究》项目鉴定资料．合肥：安徽省住房和城乡建设厅，2013.

[7] 孙顺杰，杨文颐，冯晓杰，等．彩色热反射隔热涂料的研制与性能研究．中国涂料，2013，43（4）：17-22.

[8] 杨光，邓安仲，陈静波．彩色建筑节能涂料的制备和性能研究．涂料工业，2017，47（4）：36-41.

[9] 潘崇根，王菊华，盛建松．多功能氟碳防腐涂层的制备及其性能．材料科学与工程学报，2013，31，No.145（05）：635-640.

[10] 倪余伟，张松，董建民，等．热反射隔热防腐蚀涂料的性能研究．涂料工业，2015，45（4）：5.

[11] 徐金刚，张广发，王珏．薄层热反射隔热防腐涂料的制备及其性能研究．化工新型材料，2010，38（4）：169-172.

[12] 胡传炘，孟辉，胡家晖．热反射隔热防腐蚀涂层的现状及其应用．石油化工腐蚀与防护，2005，22（3）：20-24.

[13] 蒋旭，甘崇宁，王须苟．热反射型卷材涂料的研制．涂料工业，2014，44（11）：52-54.

[14] 毛腾．太阳热反射隔热涂料的制备及其在涂布纸中的应用．杭州：浙江理工大学，2019.

[15] 赵金榜．彩色红外反射型隔热涂料的研发．上海涂料，2014，52（3）：25.

[16] 杨红涛，周如东，郭亮亮．工业带温设备用水性隔热涂料的制备及性能研究．上海涂料，2018，56（3）：11-14.

[17] 程冠之，刘亮，郑新国．功能填料对中明度反射隔热氟碳涂层性能的影响．铁道建筑，2018，58（1）：86-89.

[18] 李运德．太阳热反射隔热涂料标准及主要技术要点解析．涂料技术与文献，2011（6）：20-26.

[19] 林宣益．建筑反射隔热涂料的标准及应用探讨．中国涂料，2011，26（7）：121-124.

[20] 陈翔，庄海燕，姚敬华，等．钛白粉对反射隔热涂料性能影响的研究．北京：2012 船舶材料与工

程应用学术会议论文集，2012.

[21] 张雪芹，徐超．建筑反射隔热涂料的关键技术及其应用．新型建筑材料，2015（10）：1-4.

[22] 王晓莉，孟赟，杨胜．颜料对水性反射隔热涂料性能的影响．新型建筑材料，2010，(11)：86-88.

[23] 蔡会武，王瑾璐，江照洋．颜、填料对隔热涂料反射性能的影响研究．涂料工业，2008，38（4）：29-31.

[24] 何金太，路国忠，丁秀娟，等．颜、填料对水性反射隔热涂料太阳光反射比的影响．新型建筑材料，2015，(11)：23-26.

[25] 吴晓天．水性热反射涂料的制备要点探讨．中国涂料，2017，32（1）：42.

[26] 虞夏，许传华．高性能玻璃空心微珠对涂料隔热性能影响的研究．涂料工业，2014，44（4）：1-5.

[27] 焦钰钰，孙顺杰，郭超．低吸水膨胀玻璃微珠在热反射隔热涂料中的应用．涂层与防护，2018，39（9）：9-14.

[28] 刘亚辉，冯建林，许传华．玻璃空心微珠在反射隔热涂料中的应用．现代涂料与涂装，2013（8）：15-16.

[29] 刘文涛，元强，谢宏，等．功能填料对反射隔热涂料隔热性能影响的研究．涂料工业，2016，46（12）：22-26.

[30] 叶宏，徐斌．陶瓷微球填充型隔热涂料的有效导热系数．中国科学技术大学学报，2006，36（04）：360-363.

[31] 李伟，李安宁，朱殿奎，等．高性能反射隔热弹性涂料的研究．涂料工业，2015，45（5）：7-11.

[32] 靳涛，刘立强．颜、填料研究现状及其在隔热涂料中的应用．材料导报，2008，22（5）：26-30.

[33] 倪余伟，张松，董建民，等．热反射隔热防腐蚀涂料的性能研究．涂料工业，2015，45（4）：6-9.

[34] 王永良，金友军．新型高分子聚合物在彩色反射隔热涂料中的应用．上海涂料，2016，54（2）：22-26.

[35] 白冰．海洋船舶用高效热屏蔽船壳漆的研制．青岛：青岛科技大学，2011：16-17.

[36] 陈中华．提高反射隔热涂料性能和质量方法探讨．中国涂料，2017，32（1）：36-39.

[37] 孙仕梅，于清章，闫秀英．纳米水性太阳能热反射涂料的研究．中国涂料，2013，28（7）：31-34.

[38] 韩立丹，陈炳耀，陈明毅．耐候型反射隔热涂料的制备及性能．电镀与涂饰，2017，36（140）：505-509.

[39] 顾勤英．彩色反射隔热质感涂料探讨．上海涂料，2016，54（5）：29-32.

[40] 王晓莉，王芳，杨胜．助剂对反射隔热弹性涂料性能的影响．新型建筑材料，2010（2）：78-81.

[41] 吴晓天．水性热反射涂料的制备要点探讨．中国涂料，2017，32（1）：43-44.

[42] 谭俊峰．流变助剂对乳胶漆流变性能的影响．涂料工业，1998（6）：3-5.

[43] 姜广明，郭晶，马海旭，等．反射隔热涂料半球发射率的检测方法及设备介绍．工程质量，2018，36（9）：78-80.

[44] 郑公劢．涂料热反射及隔热性能探讨．上海涂料，2012，51（12）：46-49.

[45] 杨鸿斌，蔡会武，陈创前，等．新型反射保温涂料的制备与性能研究．涂料工业，2007，37（4）：41-43.

[46] 余龙，何海华．新型水性高反射高辐射隔热涂料的制备及性能研究．上海涂料，2012，50（7）：13.

[47] 郭岳峰，陈铁鑫，杨斌，等．新型建筑太阳热反射涂料的制备．新型建筑材料，2012（8）：37-38.

[48] 赵石林.建筑外墙节能隔热涂料的制备和应用.上海涂料,2014,54(9):24-27.

[49] 陈中华.提高反射隔热涂料性能和质量方法探讨.中国涂料,2017,32(1):36-40.

[50] 吴小芳.红外反射颜料在建筑反射隔热涂料中的应用.上海染料,2015,43(3):31-35.

[51] 廖丽,刘朋,成时亮,等.经济型彩色建筑反射隔热涂料的配方研究.新型建筑材料,2017(8):26-28.

[52] 蔡青青,张汉青,史立平,等.功能性填料在建筑反射隔热涂料中的应用.涂料技术与文摘,2015,36(8):25-28.

[53] 夏晶.普通彩色颜料.涂料技术与文摘,2011,32(9):40-45.

[54] 张雪芹,曲生华,苏蓉芳,等.建筑反射隔热涂料隔热性能影响因素及应用技术要点.新型建筑材料,2012(11):16-19.

[55] 孙顺杰,杨文颐,冯晓杰,等.彩色热反射隔热涂料的研制与性能研究.中国涂料,2013,43(4):17-22.

[56] 李运德,张惠英,毛方桂,等.反射隔热涂料颜、填料选择关键技术研究.涂料工业,2013,43(4):1-4.

[57] 林惠赐,杨文睿.建筑外墙反射隔热涂料节能效率探讨.涂料工业,2011,41(12):71-75.

[58] 周学梅,李兵,曹红锦,等.彩色建筑节能热反射隔热涂料研究.表面技术,2009,38(5):39-42.

[59] 徐峰,王惠明.建筑涂料.北京:中国建筑工业出版社,2007:286.

[60] 徐峰,张金钟,周先林.木器油漆工.北京:化学工业出版社,2010:136.

[61] 徐峰.建筑涂料与涂装技术.北京:化学工业出版社,1998:501.

[62] 沈志明,李安宁,李晴.灰色系反射隔热涂料的研究.江苏建筑,2015(9):97-100.

[63] 马永,李风,曾国勋,等.灰色颜料的配制及其太阳热反射性能的影响因素分析.电镀与涂饰,2015,34(22):1265-1269.

[64] 杨光,邓安仲.棕色反射隔热外墙涂层的制备及性能.电镀与涂饰,2017,36(22):1178-1182.

[65] 沈志明,李安宁,陈中.墨绿色反射隔热涂料的研究.广东化工,2016,43(1):59-61.

[66] 上海市工程建设规范《建筑反射隔热涂料应用技术规程》DG/TJ 08—2200—2016.

[67] 徐峰.高装饰性建筑涂料的应用与发展.新型建筑材料,2008,35(12):84-87.

[68] 顾广海,张伟伟,关玉峰.一种具有反射隔热功能的真石漆涂层系统构造.ZL201520025144.2.

[69] 徐金宝,杜丕一,钟国伦,等.建筑涂料用反射隔热石英砂的制备.中国涂料,2017,32(5):73-76.

[70] 王剑峰.反射隔热真石漆的制备及其性能研究.新型建筑材料,2019(10):88-90.

[71] 宋微,刘宝,于明星,等.建筑外墙隔热质感复合涂料的研究.中国涂料,2014,29(11):68-70.

[72] 苏国徽,唐英,蔡伟.水性含砂多彩涂料的制备与性能研究.涂料工业,2018,48(1):22-25.

[73] 孙顺杰,乔亚玲.新型水性仿石地坪涂料.现代涂料与涂装,2013,16(6):1-4.

[74] 于原,廖丽,范立瑛,等.浅谈水包水多彩反射隔热涂料技术实施方案.中国建材科技,2017,26(2):22-23.

[75] 宋微,刘宝,于明星,等.建筑外墙隔热质感复合涂料的研究.中国涂料,2014,29(11):68-71.

[76]　卢敏，万众，王贤明，等 . 一种陶瓷智能隔热涂料的研制和应用 . 中国涂料，2014，29（3）：49-52.

[77]　余龙，何海华 . 新型水性高反射高辐射隔热涂料的制备及性能研究 . 上海涂料，2012，50（7）：14-15.

[78]　周学梅，李兵，曹红锦，等 . 彩色建筑节能热反射隔热涂料研究 . 表面技术，2009，38（5）：39-41.

[79]　赵陈超 . 多色彩建筑外墙反射隔热涂料技术优化研究 . 建材与装饰，2018（38）：51-53.

[80]　李伟胜，赵苏，吕毅涵 . SiO_2 气凝胶在反射隔热涂料中的应用 . 电镀与涂饰，2020，39（6）：316-322.

[81]　白冰 . 海洋船舶用高效热屏蔽船壳漆的研制 . 青岛：青岛科技大学，2011：55-56.

[82]　赵金榜 . 彩色红外反射型隔热涂料的研发 . 上海涂料，2014，52（3）：26-30.

[83]　陈荣华，向波，瞿金清 . 新型有机/无机反射型隔热建筑涂料的研制 . 中国涂料，2017，32（1）：32-35.

[84]　林美 . 硅溶胶-纯丙复合乳液反射隔热涂料的制备及性能 . 高分子材料科学与工程，2017，33（3）：168- 173.

[85]　徐峰 . 关于有机-无机复合型建筑涂料稳定性的问题 . 房材与应用，1999（2）：34-35.

[86]　杨光，邓安仲 . KH560 修饰纳米硅溶胶对铁铬黑建筑节能涂料性能的影响 . 电镀与涂饰，2017，36（22）：1172-1177.

[87]　杨光，邓安仲，陈静波 . 太阳热反射隔热彩色涂料的制备及隔热性能 . 表面技术，2017，46（11）：269-275.

[88]　邓伟，刘一帆，程冠之，等 . 水性聚偏氟乙烯型反射隔热涂层的耐久性研究 . 涂料工业，2020，50（4）：52-55.

第三章
溶剂型反射隔热涂料

第一节
溶剂型反射隔热涂料的原材料

一、溶剂型涂料与涂料水性化

将合成树脂溶解于一种或多种有机溶剂中而形成的合成树脂溶液，作为成膜物质而配制的涂料称为溶剂型涂料。使用溶剂型基料配制涂料时只能使用有机溶剂作为分散介质。

水性化是涂料工业发展的大方向，涂料工业正朝着这一方向快速发展着。检索近年来关于反射隔热涂料的技术文献，绝大多数都是关于水性类反射隔热涂料的研究，而20年前的反射隔热涂料技术文献，从数量来说却是溶剂型涂料的为多，至少不会比水性涂料的少。这一事实足以证明涂料水性化的趋势和重要性。然而，就其品种而言，目前使用着的溶剂型涂料远比水性涂料多。这一是因为溶剂型涂料有着自身的优势，二是对于某些应用领域来说水性化的意义可能并不是很突出。

就第一个原因来说，溶剂型涂料的流平性好，施工温度范围宽，涂膜装饰效果好且物理力学性能优异（如涂膜致密，耐水、耐腐蚀和耐老化性能好等）。此外，溶剂型涂料还具有如下一些性能优势：

一是溶剂型涂料集中了一些高性能的涂料，这类涂料的耐久性、耐沾污性均好，耐水、耐酸雨和耐大气中其他化学物质的腐蚀性良好；二是溶剂型涂料的耐候性和物理力学等性能大大优于同类水性类涂料的性能；三是溶剂型涂料具有水性涂料所无法比拟的施工性能；四是溶剂型涂料具有更稳定的涂料性能。

就耐候性来说，对于相同品种的涂料，溶剂型涂料往往优异得多。例如，20 世纪 60 年代 Pennwalt 公司开发的 PVDF 涂料，涂膜试板在美国佛罗里达的迈阿密地区（纬度相当于我国广州地区）曝晒试验，其中绿色样板，溶剂型涂料在 25a 后其保光率仍有 73%；在曝晒 12.5a 时，基本未失光；而水分散的绿色样板在曝晒 12.5a 后，保光率只有 37%[1]，可见该种涂料经水性化后其耐候性已经严重劣化。由此也可以看出涂料水性化的性能代价。

就第二个原因来说，一个明显的例子是预涂卷材用涂料。这是因为，在预涂卷材生产过程中，烘炉中的有机溶剂能回收利用且几乎没有残余溶剂排入大气，已经符合环保要求；而且由于水的蒸发热比有机溶剂大，漆膜烘烤固化时需要更多的热量；高温水蒸气易腐蚀烘炉和排气管路等，因此在卷材涂装中水性涂料用得不多，即使在西方发达国家亦如此[2]。

但是，无论如何，由于涂料组成中大量溶剂的使用，在环保、成本、生产、储运和使用过程中的安全问题（易燃、易爆、环境污染和毒性等）和能源浪费成为其无法克服的缺陷，因而涂料水性化是不可遏止的大趋势。

对于反射隔热涂料应用量最大的领域（建设工程、化工、储粮仓等）来说，涂料水性化的程度都很高。特别是建筑涂料中的外墙涂料，自从国家开始实施强制建筑节能以后，几乎完全水性化了。因而，建筑反射隔热涂料从一开始出现，就是水性化的。这同其他行业（例如应用于化工储罐）开始以溶剂型涂料的形态出现完全不同。

从另一方面来说，有些应用领域由于对涂料性能的要求高，从目前涂料水性化技术水平来说，可能还不适合水性化（例如某些汽车涂料、沥青路面涂料、某些军事用途的涂料等），或者仅适合于特殊涂装技术的水性化，或者换言之在某些情况下需要特殊涂装工艺的水性涂料（例如电泳漆）。总之，在涂料水性化大趋势下溶剂型反射隔热涂料在某些领域或者在某些情况下仍有其存在的意义和价值。

此外，本章中关于反射隔热涂料在某些领域应用的介绍，是说这些领域目前还有溶剂型反射隔热涂料在使用，因而将溶剂型涂料的内容安排在本章，而不是说这些领域应用的主要是溶剂型涂料。在反射隔热涂料应用量最大的建筑工程领域，现在已经没有溶剂型反射隔热涂料在使用了。

二、成膜物质

1. 可应用于反射隔热涂料的溶剂型成膜物质

溶剂型涂料的成膜物质品种很多。国家标准 GB/T 2705—2003《涂料产品分类和命名》在第二种以涂料产品的主要成膜物质为主线的分类方法中，将涂料的成膜物质分成油脂、天然树脂、酚醛树脂、沥青、醇酸树脂、氨基树脂、硝基纤维素、过氯乙烯树脂、烯类树脂、丙烯酸树脂、聚酯树脂、环氧树脂、聚氨酯树脂、有机硅聚合物、氟碳树脂、橡胶和其他成膜物质等十几种。

由于反射隔热涂料是外用涂料，因而上述树脂种类中不适合外用的一些涂料成膜物质，诸如油脂、天然树脂、酚醛树脂、硝基纤维素、环氧树脂等通常不适合作为主要成膜物质用于反射隔热涂料的制备；而橡胶类成膜物质因为涂膜不透明，也不适合在反射隔热涂料中应用。

从已经见诸报道的技术文献来看，在反射隔热涂料中得到研究或应用的溶剂型成膜物质主要有聚氨酯树脂（羟基丙烯酸树脂、缩二脲）[3]、氟树脂（FEVE 共聚树脂）[4~6]、高氯化聚乙烯树脂[7]、丙烯酸酯树脂[8,9]、醇酸树脂、聚氨酯树脂、氯化橡胶[10]、聚氨酯改性氯丙树脂[11]、羟基丙烯酸树脂（配套N75 固化剂）[12]、不饱和聚酯[13] 和饱和聚酯树脂[14] 等。其中，在研究中应用较多的是氟树脂或氟碳树脂以及含氟丙烯酸树脂等。这一事实与鉴于反射隔热涂料的高性能化、长耐久性而选用成膜物质的原则是相一致的。

2. 树脂对反射隔热涂料性能的影响

有研究发现[3]，对于一些高端树脂（羟基丙烯酸树脂 BP-2、丙烯酸树脂 A160、氟碳树脂 RF301），其性能差别主要是长期耐久性，而对常规涂料性能（例如光泽、附着力、耐冲击性和柔韧性等）和反射发射性能（太阳光反射比、半球发射率）的影响不大，如表 3-1 所示。因而，成膜物质用树脂选择的关键还是涂膜的耐用年限。

表 3-1　不同树脂对反射隔热涂料的性能影响

项目	树脂种类		
	羟基丙烯酸树脂 BP-2	丙烯酸树脂 A160	氟碳树脂 RF301
树脂添加量/%①	50	40	50
光泽(60°)	88	85	86
附着力/ 级	1	1	1
耐冲击性/cm	50	50	50
柔韧性/mm	1	1	1
太阳光反射比	0.81	0.80	0.81
半球发射率	0.88	0.85	0.88

① 基于甲组分配方的质量计。

就涂料的耐候性来说，有研究[15] 选择丙烯酸树脂、环氧树脂、醇酸树脂、有机硅改性丙烯酸树脂、丙烯酸聚氨酯树脂和氟碳树脂及其固化剂共 6 种清漆，对比研究其耐紫外人工加速老化性能，结果见表 3-2。

表 3-2　不同成膜物质的耐紫外人工加速老化试验结果

成膜物质种类	经 3000h 耐紫外人工加速老化试验的结果
丙烯酸清漆	粉化 1 级，变色 1 级
环氧清漆	粉化 2 级，变色 1 级
醇酸清漆	粉化 2 级，变色 1 级
有机硅改性丙烯酸清漆	无粉化，无变色
丙烯酸聚氨酯清漆	无粉化，无变色
氟碳清漆	无粉化，无变色

3. 不同树脂共混作为成膜物质

有时候，考虑到使用一种树脂难以满足多方面的性能要求，还可以将两种或多种树脂采用简单的物理混合的方式进行复合。例如将丙烯酸树脂与氟碳树脂混合作为成膜物质[16]。

这是因为丙烯酸树脂色浅，与多种涂装基层以及颜填料的湿润性好，但该类涂料的耐候性受到限制。相反，氟碳树脂耐候性优异，耐暴晒，抗酸雨，不易污染，但成本高。因此，以氟碳树脂为主要成膜物质的高性能、低成本太阳热反射涂料具有实际应用价值。

另一方面，氟碳树脂对颜填料的湿润性差，固化后交联密度低，附着力差，漆膜较软，故需要改性后使用[17]。

利用丙烯酸树脂成膜性好，施工方便，涂膜耐碱性、保色性好等优点对氟碳树脂进行改性是主要技术途径，这在水性涂料制备中屡见不鲜。不过，有的研究也直接将丙烯酸树脂与氟碳树脂进行物理共混作为成膜物质，以制备低成本、高性能的反射隔热涂料[16]。

由于两种透明树脂若相容，其共混物也应是透明的；若不相容，入射光将在两相界面处被散射，使得共混物呈现不透明状。因此，通过目视可较方便地初步判断相容性。同时，用显微镜观察成膜树脂，利用两相折射率的微小差异就会引发不相容体系的相分离形态来判断树脂的相容性。

研究表明，直接将丙烯酸树脂与氟碳树脂按照质量比为 3∶1 进行物理共混，可以形成稳定的均相体系，两种树脂具有良好的相容性，能够发挥正协同作用。使用该共混树脂制得的反射隔热涂料具有良好的反射性能。

三、颜、填料和功能性颜、填料

1. 颜、填料

溶剂型涂料用的颜、填料和水性涂料原则上没有多少不同，但在选用时有些特殊性需要注意，下面仅提出几条原则性的要点。

一是选用颜、填料时应注意其与合成树脂溶液以及溶剂的可混合性。二是有些填料除了填充外，可能会对涂料的性能产生影响，例如二氧化硅（白炭黑）对溶剂型涂料有明显的增稠作用和消光作用。三是对于某些高耐久性涂料（例如氟树脂类涂料），选用颜、填料时应注意选用耐候性与之适应的产品。例如，白色颜料选用耐候性好的金红石型钛白粉，其他颜色的颜料亦应选用耐光牢度和耐候等级高（等级应在 6 以上）的颜料品种等。四是有些填料不适宜在溶剂型反射隔热涂料中应用。例如轻质碳酸钙和硅藻土，都会严重削弱涂料的反射性能，这在第二章中曾有介绍。此外，轻质碳酸钙还可能对于某些溶剂型涂料的储存稳定性产生不良影响。

此外，在反射隔热涂料生产过程中钛白粉的有效分散有时也成为很重要的问题，将普通金红石型钛白粉直接使用可能会产生团聚现象，其粒径分布不能满足涂料的反射性能要求，也会影响其储存过程中保持分散稳定。

这是因为，一方面普通金红石型钛白粉属极性物质，呈强亲水性；另一方面，由于随着颗粒细化，其表面结构发生变化，减轻了静电排斥现象，但羟基间的范德华力及氢键的产生使粉体间的排斥力变为引力[18]，使得 TiO_2 颗粒正常情况下难以得到较好的分散。

使用 KH-570 型硅烷偶联剂对金红石型钛白粉进行表面改性然后用于反射隔热涂料的制备是解决上述问题的有效措施[16]。

2. 功能性颜、填料

同样，溶剂型反射隔热涂料选用功能性颜、填料，在个别问题上亦有别于水性涂料。一个明显的问题是因为溶剂的溶解作用，以热塑性树脂为壳壁材料的聚合物空心微球不能应用于溶剂型涂料。另一个明显的问题是有的具有水硬活性的功能填料（例如粉煤灰空心微珠）不能在水性涂料中应用，但可以在溶剂型涂料中使用。

此外，玻璃空心微珠在溶剂型涂料中除了像在水性涂料中那样起到反射隔热的功能作用外，可能还会对某些涂料的物理力学性能产生影响．例如，据研究[19]，玻璃空心微珠在双组分聚氨酯涂料中应用时，除了反射隔热功能外，还能够提高涂料与金属的黏结强度、耐酸碱腐蚀、热老化和耐水性能，改善外观、色彩和工艺性能等。

3. 纳米功能填料对反射隔热涂料性能的影响 [20]

在制备反射隔热涂料时，选用功能填料时一个值得注意的问题是不同的功能填料之间可能存在着很强的协同效应，正确选用和确定适当的添加比例，既能够提高涂料的性能，又能够降低生产成本。对于反射隔热涂料来说，功能填料以及普通填料的选用是很重要的技术。下面举例说明之。

纳米氧化锆和纳米氧化硅是两种降温效果较好的功能填料，选用这两种填料并将二者以适当的比例配合能够制备出性能良好的反射隔热涂料。

众所周知，要增强涂料的降温能力，必须使之具备对可见光和近红外光较强的反射率。同时，大气窗口位于 $3\sim5\mu m$ 和 $8\sim14\mu m$，其中 $3\sim5\mu m$ 波段的辐射仅在温度高于某一阈值时才发生，而 $8\sim14\mu m$ 的辐射不仅量大，而且基本不受外界温度的影响，是主要的辐射降温波段，因此应评定其在 $8\sim14\mu m$ 的辐射降温能力。不同纳米氧化锆和纳米氧化硅比例对涂料降温性能的影响见表3-3。

表3-3　纳米氧化锆和纳米氧化硅比例对涂料降温性能的影响

纳米氧化锆质量分数/%	纳米氧化硅质量分数/%	可见光波段反射率/%	近红外波段反射率/%	红外发射率	降温性能排序
1	0	82.3	66.1	0.770	5
3	0	84.7	68.5	0.864	4
2	1	88.3	75.8	0.908	2
1	3	89.6	83.6	0.928	1
0	5	86.8	74.9	0.885	3

从表3-3可见，单纯添加纳米氧化锆与纳米氧化硅在可见光波段的反射率差别不大，而对近红外波段的反射率，纳米氧化硅优于纳米氧化锆。两者复配后，其反射率和发射率均有非常明显的提高，均优于单独添加的效果，可见纳米氧化锆和氧化硅具有很好的协同效应。当纳米氧化锆和纳米氧化硅的质量比为1:3时，对可见光波段的反射率为89.6%，对近红外波段的反射率为83.6%，对大气窗口的辐射率为0.928，具有很好的降温效果，该配比不仅降温效果最好，还降低了成本，目前纳米氧化硅的成本较低，是广泛应用的一种纳米填料，而纳米氧化锆的应用还很少，价格远高于纳米氧化硅。1:3的配比把纳米氧化锆的添加量控制在一个很低的范围，提高了涂料的性能价格比。

四、溶剂及其选用重点

1. 溶剂的类别

涂料用溶剂品种繁多，除水外一般都是挥发性有机物质。由于分类方法不同可以划分为不同的系列，见表3-4。

表 3-4 溶剂的种类

分类依据	溶剂种类
化学组成	(1)烃类溶剂:①脂肪烃类;②芳香烃类;③萜烯类
	(2)含氧溶剂:①醇类;②酮类;③酯类;④醇醚类;⑤醚酯类
沸点	①低沸点溶剂(沸点<100℃);②中沸点溶剂(沸点100~150℃);③高沸点溶剂(沸点>150℃)
挥发速度	①快速挥发溶剂;②中速挥发溶剂;③慢速挥发溶剂;④特慢速挥发溶剂
溶剂极性	①高极性溶剂;②中极性溶剂;③低极性溶剂;④非极性溶剂
氢键力	①弱氢键溶剂;②中氢键溶剂;③强氢键溶剂
溶解能力	①真溶剂;②助溶剂;③稀释剂;④反应性溶剂(活性稀释剂)
安全性①	Ⅰ类易燃液体(初沸点≤35℃);Ⅱ类易燃液体(闭杯闪点<23℃,初沸点>35℃);Ⅲ类易燃液体(闭杯闪点≥23℃和≤60℃)
毒性	①弱毒性溶剂;②中毒性溶剂;③强毒性溶剂

①根据国家标准 GB 6944—2012《危险货物分类和品名编号》分类。

2. 溶剂的选用

溶剂的选用原则是能够满足涂料的施工性能、对成膜树脂的溶解性能需求和劳动安全防护的规定。为了使涂料具有综合性能,涂料多数是使用两种或两种以上的混合溶剂,很少有使用单一溶剂的涂料。通常是真溶剂和助溶剂混合使用,甚至是真溶剂、助溶剂和稀释剂混合使用。

对涂料性能影响较大的溶剂性能项目是沸点和蒸发速率等。其中,蒸发速率对涂料的施工性能影响很大。在各种溶剂中,丙酮的蒸发速率最大,为944,乙酸乙酯的也比较高,为480,当需要提高涂料的干燥速率(特别是表干),可以酌量添加;环己酮的蒸发速率很低,为25,当需要延缓涂料干燥以提高流平性时,可以酌量添加。乙酸丁酯的蒸发速率为100,比较适中,而且其性能比较全面,毒性也低,是最常选用的溶剂,但价格较高。二甲苯性能与其相近,价格低得多,但毒性大。

醇醚和醇醚酯类溶剂对很多种树脂有强的溶解力,其挥发速度慢,所以有时作为流平剂添加于涂料中。此外,聚氨酯涂料用溶剂对含水率的限制很高,需要使用"氨酯级"溶剂。

在满足其他要求的情况下,应尽量选择低表面张力的溶剂,以保证涂料在涂装基层的铺展性。

溶剂型反射隔热涂料选用溶剂的原则与普通溶剂型涂料无太大差别。

五、助剂及其选用

1. 溶剂型反射隔热涂料常用助剂种类

制备溶剂型反射隔热涂料可能使用到的助剂如表 3-5 所示。

表 3-5 　溶剂型反射隔热涂料可能使用的助剂

类别	品种	助剂名称
流动和分散 控制助剂	触变剂	抗流挂剂、抗沉降或悬浮剂、流平剂
	表面活性剂	润湿剂和颜填料分散剂、抑泡剂和消泡剂等
	其他助剂	防浮色发花剂
反应性助剂	固化促进剂	如金属钴、锰、锡和铅等的环烷酸盐（环烷酸钴、环烷酸锰等）促干剂
提高性能助剂		紫外线吸收剂、疏水剂、防腐蚀助剂、表面润滑控制剂、抗静电剂
表面状态控制剂		消光剂、亲水剂

2. 溶剂型反射隔热涂料用助剂选用略述

一般来说，溶剂型涂料中助剂的使用比水性涂料简单，但同样重要。例如，当成膜物质为 FEVE 氟树脂时，就应当注意润湿分散剂的选用，因为 FEVE 氟树脂对有些颜料的润湿性能不良。

溶剂型反射隔热涂料由于配方的 PVC 浓度低于 CPVC 浓度，所以光泽一般较高，对于丝光和哑光涂料应使用消光剂；对于氟碳、聚氨酯等双组分涂料，当在低气温状态下施工时可考虑催干剂和固化促进剂等的选用；FEVE 氟树脂和丙烯酸树脂对紫外线的吸收率低而光波容易透过涂膜而达到底材，导致其涂膜耐候性好，但透过的光波对基层的破坏作用大，因此，在清漆中加入紫外线吸收剂对保护基层或下一层涂膜有作用；当使用不止一种有机颜料或色浆调制复色涂料时，应特别注意防浮色发花剂的选用。此外，像涂料中常用的消泡剂、流变增稠剂等都需要根据具体情况选用。

第二节
溶剂型反射隔热涂料生产技术

一、溶剂型反射隔热涂料的配方原则和配方举例

1. 溶剂型反射隔热涂料的配方原则

溶剂型反射隔热涂料的配方是在普通溶剂型涂料配方的基础上，通过引入

反射隔热颜、填料和红外发射颜料，再根据涂料的涂膜反射隔热性能、物理、力学性能和施工性能等需求，并通过调整普通颜料、填料、成膜物质和溶剂的品种和用量而得到的。

涂料的PVC（颜料体积浓度）值不能大于或临近于CPVC（临界颜料体积浓度）值，这应该是溶剂型反射隔热涂料的基本配方原则。

在低PVC涂料中，颜、填料粒子分散在成膜物质的连续相中，形成所谓的"海-岛"结构。但随着颜料和填料的增加，当PVC超过某一极限值时，成膜物质就不能将颜料和填料粒子之间的空隙完全填满，这些未被填充的空隙就潜存于涂膜中，更有甚者，有些颜、填料粒子甚至未得到成膜物质的湿润或包覆。因而，涂膜的各种物理力学性能和反射隔热性能以该PVC值为界限，再继续增大就会开始急剧下降。此时的PVC称为CPVC。所以作为高性能的外用反射隔热涂料，其PVC值不应超过CPVC值。

2. 基本配方举例

如上述，可应用于溶剂型涂料的成膜物质很多，这与墙面涂料的情况差别很大。可以说，每一种反射隔热性能基本相当、但成膜物质不同的溶剂型反射隔热涂料都会有不同的配方，特别是在溶剂的选用和助剂的配套使用方面都会存在很大差别。所以说，所谓溶剂型反射隔热涂料的基本配方必然是某一种成膜物质的，即便如此，其需要调整的工作量还是很大的。表3-6列出反射隔热型防腐蚀氟树脂面漆的基本配方。

表3-6 反射隔热型防腐蚀氟树脂面漆基本配方

原材料名称		用量（质量份）
涂料组分	氟树脂（XF-ZB200）	42.0
	CAB凝胶[1]	8.5
	金红石型钛白粉	15.0
	纳米红外粉料	3.0
	玻璃或陶瓷空心微珠	6.0
	沉淀硫酸钡	5.0
	TEXAPHOR3073型分散剂[2]	0.5
	PERENOL E9型消泡剂[2]	0.5
	乙酸丁酯	12.0
	二甲苯	8.0
固化剂组分	与XF-ZB200树脂配套的固化剂	5.0～10.0

① CAB凝胶的配方（质量份）为：二甲苯25；乙酸丁酯4；甲基异丁基甲酮17；CAB 381-0.5 10；CAB 381-20 6［CAB 381-0.5和CAB 381-20均为美国伊士曼（Eastman）公司的商品］。制备时将CAB加入溶剂中，中速搅拌至CAB完全溶解，体系呈透明凝胶态。

② 德国汉高公司（Henkel）的助剂。

二、溶剂型反射隔热涂料的基本生产程序

溶剂型涂料的生产大体上可以分成料浆制备、料浆研磨、涂料调制和过滤、灌装等程序过程，所涉及和使用的设备有配套涂料罐的调速搅拌机、研磨料浆的研磨设备（一般使用砂磨机或者胶体磨）、涂料调制设备（即配备有涂料罐的调速搅拌机）和过滤设备（袋式过滤机、振动筛或过滤罗筛等）以及灌装设备等。其中，如果因为受到生产工艺设置或者设备的限制，涂料调制程序可以使用和料浆制备相同的同一套设备。溶剂型涂料的工艺流程和基本生产程序分别见图 3-1 和图 3-2。

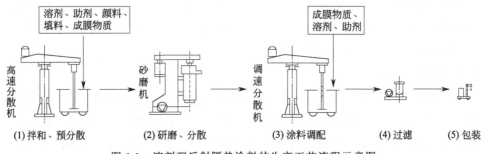

图 3-1　溶剂型反射隔热涂料的生产工艺流程示意图

图 3-2　溶剂型反射隔热涂料的基本生产程序示意图

1. 料浆的制备

料浆的制备也称颜料、填料的预分散。制备时，先将各种溶剂投入涂料罐中，按照预先所设计的配方投入各种助剂，搅拌均匀后再投入颜料和填料（包括可以参与研磨的红外陶瓷发射粉），再次充分搅拌并使之均匀，得到预分散料浆。其中，由于一般涂料配方根据涂料性能的需要都是使用混合溶剂，根据情况可以将各种溶剂全部投入，也可以预留一部分溶剂留待涂料调制程序中加入。

2. 料浆的研磨

将经过预分散的料浆通过液体输送设备（如配套有输送管道的齿轮泵、螺杆泵等）输送到砂磨机中，按照设备操作程序进行磨细操作。研磨时如果一遍不能达到细度要求，可以反复多道研磨，直到达到要求的细度为止。

3. 料浆与基料的混合

将磨细的料浆转移至混料罐中，在混料罐中的磨细料浆处于搅拌的状态下，将基料缓慢地投入混料罐中，搅拌均匀，制成涂料混合料。

4. 空心微珠投料

将玻璃或陶瓷空心微珠投入涂料混合料中慢速到中速搅拌均匀。

5. 涂料调制

按照涂料性能要求的黏度,使用增稠剂、分散介质等材料将涂料的黏度调整至规定值。溶剂型涂料的黏度一般可调整在涂-4 杯黏度 70s 左右或满足产品标准要求。

6. 过滤与灌装

将磨细后的料浆通过振动筛或其他过滤设备过滤,以去除生产操作过程中混入的机械杂质。然后,取样检查,合格后包装入库,得到成品涂料。

7. 生产注意事项

(1) 溶剂型反射隔热涂料的生产同水性产品一样,首先是玻璃(陶瓷)空心微珠不能受到高速搅拌,以防破碎。

(2) 防火防爆安全和卫生安全 溶剂型涂料生产的防火防爆安全是需要高度重视的问题,其生产中的各种溶剂和树脂溶液大多数是易燃易爆材料,空气中弥漫着的溶剂和单体分子、操作着的各种易燃液体都是极易产生燃烧火灾的危险源,所以在生产过程中始终存在着产生火灾、甚至爆炸的危险。

溶剂在生产中可能造成的安全危险最大。因而,除了在配方设计时从安全角度考虑而尽可能选用中闪点和高闪点溶剂外,在生产过程中还应积极地做好安全防火工作,应按照消防法规的有关规定,设置必要的消防措施和消防器材。

此外,卫生安全防护也是溶剂型反射隔热涂料生产中必须重视和解决的问题,应注意保持生产车间内危害健康的主要材料的最高容许浓度符合国家相关劳动安全许可的规定。

(3) 在生产过程中对于溶剂的投料顺序应是先投高沸点溶剂,对于挥发性强的低沸点溶剂应尽可能少参与生产过程,即最好能够安排在"调漆"阶段投料,这是减少其挥发损失的有效方法。此外,对于低沸点溶剂用量大,溶剂挥发损失可能会对涂料性能产生明显影响时,还应予以补充,或在配方设计时予以考虑。

三、金属表面用反射隔热涂料的技术性能指标

溶剂型反射隔热涂料较多地应用于金属基层表面。化工行业标准 HG/T 4341—2012《金属表面用热反射隔热涂料》的要求分为热反射性能和其他性能两个方面。

1. 热反射性能

HG/T 4341—2012 标准规定的反射隔热涂料的热反射性能要求如表 3-7 所示。

表 3-7　HG/T 4341—2012 标准对反射隔热涂料的热反射性能要求

项目		指标
太阳光反射比	白色	≥0.80
	其他色	≥0.60
半球发射率		≥0.85
近红外反射比	合格品	≥0.60
	一等品	≥0.70
	优等品	≥0.80

2. 其他性能要求

HG/T 4341—2012 标准规定，反射隔热涂料产品其他性能要求按照国家标准、行业标准执行，或按照表 3-8 执行，也可由产品相关方商定。

表 3-8　HG/T 4341—2012 标准对反射隔热涂料的其他性能要求

序号	项　目		指　标
1	涂膜外观		涂膜正常
2	密度/(kg/m³)		商定值±0.05
3	不挥发物含量/%		≥50
4	干燥时间/h	表干	≤4
		实干	≤24
5	弯曲试验		≤2
6	耐冲击性/cm		50
7	附着力(拉开法)/MPa		≥3
8	耐水性		涂膜无异常
9	耐酸性		涂膜无异常
10	耐碱性		涂膜无异常
11	耐盐雾性		划线处单向扩蚀≤2.0mm； 未划线处涂膜无起泡、生锈、开裂、剥落等现象
12	耐人工加速老化性(800h)		涂膜不起泡、不开裂、不剥落、不生锈、不粉化， 变色不大于 2 级,保光率不小于 80%

四、石油和化工设备用保温隔热涂料的性能要求

化工行业标准 HG/T 5182—2017《石油和化工设备用保温隔热涂料》规定了石油和化工设备用保温隔热涂料的性能要求。

HG/T 5182—2017 标准将保温隔热涂料定义为"具有阻隔设备内部热量向外传递或阻隔外部热量向设备内部传递的功能性涂料，阻隔内部热量向外传递的涂料是保温型涂料；阻隔外部热量向内部传递的是隔热型涂料"，并分别规定了保温型涂料和隔热型涂料的性能要求。

HG/T 5182—2017 标准根据明度不同将石油和化工设备用隔热型涂料分成低明度隔热型涂料（$L^* \leqslant 40$）、中明度隔热型涂料（$40 < L^* < 80$）和高明度隔热型涂料（$L^* \geqslant 80$）三类；表 3-9 是 HG/T 5182—2017 标准对隔热型涂料的性能要求。

表 3-9　HG/T 5182—2017 标准对隔热型涂料的性能要求

项目			指标		
			低明度	中明度	高明度
在容器中状态			搅拌混合后无硬块，呈均匀状态		
施工性			施涂无障碍		
不挥发物含量/%			商定		
干燥时间/h	表干	≤	4		
	实干	≤	24		
涂膜外观			正常		
耐冲击性/cm		≥	50		
柔韧性/mm		≤	50		
附着力（拉开法）/MPa		≥	1.5		
耐低温性[1][（−35℃±2℃）、24h]			不起泡、不开裂、不剥落		
耐酸性[2]（72 h）			无异常		
耐碱性[3]（72 h）			无异常		
耐油性[4]（72 h）			无异常		
耐盐雾性（240 h）			不起泡、不开裂、不剥落、不生锈		
耐人工加速老化性（500h）			涂膜不起泡、不开裂、不剥落、不生锈、不粉化，变色不大于 2 级		
半球发射率		≥	0.85		
近红外反射比		≥	0.40	0.60	0.80
隔热温差/℃		≥	5		
当量热导率/[W/(m·K)]		≤	0.06		

[1] 该项目仅限于用于低温环境时测试。

[2] 该项目仅限于用于酸性环境时测试。

[3] 该项目仅限于用于碱性环境时测试。

[4] 该项目仅限于用于油性环境时测试。

第三节
溶剂型反射隔热涂料新技术

一、金属储罐和管道等基层用反射隔热涂料

溶剂型反射隔热涂料的主要应用场合是化工领域（如各种金属储罐和输送管道等）和交通运输领域（如运输车辆）等。这些应用场合常常会出现一些新的研究，下面择要介绍。

1. 丙烯酸聚氨酯型反射隔热防腐蚀涂料

这里的丙烯酸聚氨酯型反射隔热防腐蚀涂料是针对海军地面金属油罐等设施以及设备所处的腐蚀环境，所研制的反射隔热型防腐性涂料[3]。该涂料体系为了简化施工工艺，改变了通常由防腐蚀底漆、中层漆和面漆构成涂层体系的做法，而仅由底漆和面漆组成，取消了中层漆。这是由于底漆与基材和面漆均有较好的结合力，而且其中添加了玻璃空心微珠，具有较好的保温隔热性能［热导率 0.202W/(m·K)］。

（1）底漆　底漆以环氧树脂为成膜物质，以玻璃鳞片和氧化铁红为防锈颜填料。并通过采用 3 种不同粒径范围的空心玻璃微珠进行复配，使之具有良好的物理力学性能和耐腐蚀性能，同时具备薄层涂装和高隔热性。

（2）面漆　丙烯酸聚氨酯型反射隔热型防腐蚀面漆以丙烯酸聚氨酯为成膜物质，选用金红石型钛白粉、空心玻璃微珠、改性纳米红外粉料等功能性材料并进行合理复配，使之具有较高的太阳光反射比和半球发射率。其中，金红石型钛白粉为 24％、空心玻璃微珠为 5％、纳米红外粉料为 3％。

（3）涂料性能　该丙烯酸聚氨酯型反射隔热防腐蚀面漆的耐冲击性为 50cm；柔韧性为 1mm；经 1000h 耐盐雾试验无腐蚀现象；人工气候老化试验（800h）后，$\Delta E=0.2$；失光 1 级；变色 0 级；太阳光反射比 0.81；半球发射率 0.88；隔热温差 12.4℃；底漆热导率 0.202W/(m·K)。

2. 提高涂料反射隔热性能的亲水性技术

（1）反射隔热短效原因分析　反射隔热涂料不能维持较长时间内的反射隔

热功能，其原因常常是由于表面耐沾污性差，涂膜表面经短时间即会沾上灰尘、油污等，使其反射功能受到大大削弱。

提高涂层体系的耐沾污性主要有以下三种方法：一是增加涂膜亲水性，使其具有自清洁功能；二是降低涂层表面能，使污物难以附着；三是在涂层中加入光催化剂，空气中油性污垢被吸附在其表面后会被分解为水和其他稳定气体，起到防污、自净的作用。

在实际工程应用中发现[21]，反射隔热涂膜经雨水浸蚀后，水珠会残留于疏水涂层表面，而同样条件下的亲水性反射隔热涂膜表面几乎无残留水珠，且前者具有明显的沾污痕迹，而后者的沾污痕迹则较轻。因而认为，亲水性涂膜比疏水性涂膜具有更好的耐沾污性。

其原因在于，实际应用环境中存在着较多的油性污染源，特别是在城市，油性污染物越来越多。这些油性的污染物在遇到雨水后，不易被带走。而亲水的涂层，雨水与涂层的亲和力高于油污，使油污上浮，容易被冲走，如图3-3所示。

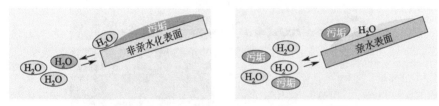

图3-3　亲水与疏水表面污垢遇水改变示意图[22]

（2）氟碳型长效储罐反射隔热涂料　根据上述亲水性涂膜能够提高耐沾污性的原理，以氟碳树脂为成膜物质，以隔热粉为功能填料，并在涂料中引入亲水基团而制得耐沾污性好的反射隔热涂料。由于涂膜具有亲水特性，其表面的油污能够被雨水冲刷掉，因而能够保持涂膜反射隔热性能的长效性[23]。

（3）涂料性能　该涂料具有超长耐久性，经6000h耐人工老化试验后，涂膜不起泡，不剥落，无裂纹，粉化1级，保光率>70%；经4000h耐盐雾试验后，涂膜不起泡，不生锈；太阳光反射比≥0.88；半球发射率≥0.86。

（4）涂装配套体系　该涂料涂装时，配套80μm厚的环氧富锌底漆涂层，80μm厚的环氧云铁防锈漆中间漆涂层；面漆涂层则为80μm厚长效储罐反射隔热涂料涂层。整个涂层体系厚度240μm。

3. 多功能氟碳防腐涂层

多功能氟碳防腐涂层系以醇溶性无机富锌为底漆，环氧云铁为中间漆，同时面漆以FEVE型氟碳树脂为基料，配合多种防锈颜、填料，并以陶瓷空心微珠为隔热填料，在钢材表面制备集防腐隔热于一体的多功能涂层[24]。

该涂料涂装时，配套不小于 $90\mu m$ 厚环氧富锌底漆涂层，不小于 $170\mu m$ 厚的环氧云铁防锈漆中间漆涂层；面漆涂层则为 $80\mu m$ 厚反射隔热氟碳涂层，构成具有防腐性能和反射隔热功能的氟碳涂层配套体系。

在上述氟碳涂层配套体系中，陶瓷空心微珠具有质轻、隔声、密度小和热稳定性好等优点。作为一种隔热填料，陶瓷空心微珠热导率很低，在热传导过程中，仅有少量的热量通过空心微珠传导，大部分热量则绕过微珠，使得热传导的路径变长并复杂化，从而降低了体系的热导率。

研究发现，随陶瓷空心微珠添加量的增大，涂层的隔热性能逐渐增强。

图 3-4 比较了陶瓷空心微珠以及不同含量的隔热涂层形貌。

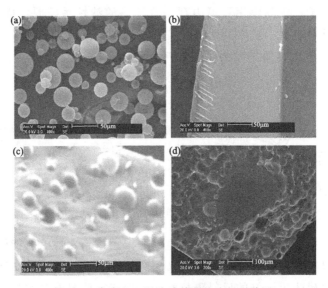

图 3-4　陶瓷空心微珠及其隔热涂料形貌图

(a) 空心微珠；(b) 无隔热填料涂层；(c) 含 5％隔热填料涂层；(d) 含 10％隔热填料涂层

图 3-4 中，(a) 为陶瓷空心微珠结构表面形貌，从图中可看出其尺寸较均匀，平均粒径在 $10\sim 20\mu m$ 左右；(b) 为无隔热填料的涂层，其断面较光滑平整；(c) 为陶瓷空心微珠含量为 5％的涂层，陶瓷空心微珠较好地分散或镶嵌于涂料内部，与树脂基料及其他防锈颜、填料形成致密的保护层，这大大延长了腐蚀介质浸入基材的腐蚀路径；(d) 为陶瓷空心微珠含量为 10％的涂层，各陶瓷空心微珠之间距离适中且紧密契合。由于球形体外壁是完全密闭的，使壁囊内的气体（真空状态下）不能与外界对流交换，能有效地阻隔热传导。使得涂层在保持良好的防腐性能基础上又具有较好的隔热性能。

4. 油罐专用隔热反射涂料[25]

该油罐专用隔热反射涂料是以羟基丙烯酸树脂和耐黄变脂肪族二异氰酸酯（HDI 三聚体）为成膜物质，以金红石型钛白粉为颜料，以玻璃空心微珠为功能性填料组成的溶剂型双组分涂料。

由于该涂料的成膜物质选用透明度高、不含吸热基团、对可见光和近红外光吸收较少的聚氨酯-丙烯酸双组分树脂，因而涂料具有良好的耐久性。此外，该涂料还具有非常好的隔热性能和降温效果，比普通白色聚氨酯涂料有更加优越的隔热反射功能，隔热效果明显。

二、预涂卷材用反射隔热涂料

1. 概述

预涂卷材是在成卷的金属薄板上涂覆涂料（或层压塑料薄膜）后的有机材料-金属复合板材，也称有机涂层钢板、预涂层钢板，彩色涂层钢板等，其基板主要有冷轧钢板和各种镀层钢板（如电镀锌钢板、热镀锌钢板、热镀锌-铝钢板等）、铝板、不锈钢板等。

预涂卷材是由基板（包括镀层）、预处理层（磷化膜、铬化膜及钝化膜）、涂层和保护层组成。正面涂层一般由底漆和面漆组成，对较低的应用也有采用单涂层体系的，而对装饰性要求高的预涂卷材，也可采用三涂层体系；背面一般为单涂层或二涂层（底漆＋面漆）。

预涂卷材的涂装具有效率高、质量高、能耗低和污染小等特点。预涂卷材主要应用于建筑业，例如建筑的普通屋顶板、隔热屋顶板、隔热墙板等。预涂卷材涂料应用于建筑外墙或屋顶用途的预涂板材时，除了要求其具有一定的反射太阳光能力外，还要求其涂层具有优异的耐候性，以确保其较长的使用寿命。同时，卷材涂料受限于施工工艺，其单层干膜厚度不能过高，否则容易产生缩孔、气泡等涂层缺陷。

由于预涂卷材绝大多数为户外使用，因而也是适合于反射隔热涂料应用的场合，而且此类用途的涂料目前已经得到研究和应用。

2. 彩色预涂卷材反射隔热涂料

该彩色预涂卷材涂料是以氟碳树脂作为主体成膜物质、可单层涂覆的超薄膜厚且总日光反射率（TSR）较高和具有优异耐候性的涂料[26]。该涂料基本组成以质量计的比例为 FEVE 型氟树脂：红外反射颜料：助剂：稀释剂：封闭异氰酸酯＝（20～30）：（20～35）：（1～3）：（30～40）：（5～15）。

由于 FEVE 树脂基涂料具有十分优异的耐候性，因而以 FEVE 树脂为成膜物质制得的反射隔热卷材涂料在常规力学性能、耐化学品性能和日光反射性能等方面与普通聚酯涂料相当，耐候性远优于普通聚酯涂料。

3. 薄层反射隔热型防腐涂料

该薄层反射隔热型防腐涂料是指以饱和聚酯树脂为基料，以陶瓷微珠、空心微珠为隔热骨料而制备的，具有优良综合性能、显著隔热效果的溶剂型功能化涂料[14]。

（1）涂料用成膜物质概述　饱和聚酯树脂是因其分子结构中不含非芳烃的不饱和键，而相对于不饱和树脂而言的，习惯上称为聚酯树脂。饱和聚酯树脂是一种线型结构的热塑性高聚物，在涂料生产的实际应用中，需要与氨基树脂、聚氨酯树脂等配合，实现交联成膜。

饱和树脂与合适的交联树脂（固化剂）配合能够形成综合性能相对优异的涂膜，有良好的户外耐候性和保光保色性，有较高的硬度、良好的韧性和附着力。饱和树脂与氨基树脂、聚氨酯树脂配套主要应用于卷材涂料和汽车涂料。

如上述，预涂卷材的面漆是实现涂料反射隔热功能化的重要涂料品种。面漆涂布于底漆上，与大气直接接触，对其性能要求很高。国内绝大多数卷材涂料采用聚酯树脂作为卷材面漆的成膜物质，并通过选择合适的原材料和合理的配方设计满足卷材面漆的各种性能要求。从分子结构上看，树脂结构中脂肪族和芳香族的合理搭配能够满足涂料韧性和硬度的要求，分子中大量的酯基既为涂料提供了良好的附着力，也提供了韧性。这些结构上的特点是饱和聚酯树脂在卷材面漆中大量应用的保证。聚酯树脂可以和氨基树脂交联固化形成硬度和韧性平衡性好的涂膜，也可以和封闭型聚氨酯交联固化形成柔韧性和耐久性更好的涂膜。卷材聚酯面漆通常采用的树脂体系有：饱和聚酯-氨基树脂体系、封闭型聚氨酯-饱和聚酯体系、改性聚酯-氨基树脂体系等。

（2）涂料基础配方　反射隔热涂料的基础配方以质量份计为：饱和聚酯35.0～55.0；溶剂5.0～10.0；润湿剂0.5～1.0；分散剂1.0～2.0；消泡剂0.2～0.3；pH值调节剂0～1.0；填料20.0～40.0；空心微珠5.0～10.0。

该薄层反射隔热型防腐涂料以饱和聚酯树脂为成膜物质，其涂膜厚度薄，隔热效果好，并具备聚酯树脂涂料的一些性能优势。

三、船舶用反射隔热涂料

1. 船壳漆的作用和应用环境

船舶用反射隔热涂料实际上是具有反射太阳热功能的船壳漆。船壳漆作为船舶涂料中的一类，主要是指在船舶水线以上的船舷、船楼外面（包括桅杆等）上层建筑部位涂装的涂料，根据部位不同可分为船舷区、甲板区等。各区域涂装侧重各有不同，主要起到保护水线以上船体、上层建筑及甲板等部位免受腐蚀老化，同时也起到装饰作用，在军用舰船中还要具有一定的隐身功能。

　　舰船水线以上部位受到恶劣海洋气候如阳光暴晒、风雨、霜露、冰雪等冷热侵蚀，并常受海水波浪的冲溅和海水蒸发水汽的腐蚀作用，所以船壳漆应具有优良的耐候性和良好的耐海水性能；其底漆要求防锈性能好，耐水、快干。

2. 船壳漆的种类

　　我国目前使用的船壳漆主要有丙烯酸聚氨酯船壳漆、氯化橡胶船壳漆、丙烯酸改性高氯乙烯船壳漆、硅改性醇酸船壳漆、醇酸船壳漆，近年来氟碳树脂型船壳漆的应用也越来越多。

　　在舰船上，炎夏季节船舶甲板与船壳的温度高达 70℃，舱内闷热、机器易损坏，船员生活环境十分艰苦，浪费大量空调、水电能源。同时军舰过高的温度也就等于放大了军事设施，很容易被敌方侦察到；太阳辐射引起船体温度过高还加速材料的腐蚀、老化和降解速度，使材料难以保持其良好的力学、化学性能，降低了材料的使用寿命。

　　具有反射隔热功能的复合型船壳漆能够降低船体的表面和内部温度，改善工作环境、降低能耗和船体腐蚀老化速度、提高安全性，并以其经济、使用方便和降温效果好、防腐蚀能力强等优点而受到重视。

3. 船舶用反射隔热涂料的发展

　　国外如美国、日本等国对降温隔热船壳漆的研究起步较早，并应用于船舶涂装。

　　随着雷达制导和红外跟踪技术的发展，美军发现原来只具有可见光伪装功能的海灰色船壳漆已经不能满足作战要求。为提高水面舰艇对红外跟踪的伪装能力，美海军研究工作室与澳大利亚海军于 20 世纪 90 年代初期合作研究新型太阳能低吸收涂料，主要是在原有硅改性醇酸船壳漆配方的基础上，用低吸热颜料取代炭黑，新配方不但提高防红外和雷达的跟踪能力，还能够明显降低舱室内温度；美军海上系统司令部、海军研究实验室和 Niles Chemical Paint 约于 1994 年合作，开发出第一种低吸热涂料，接着 International Paint Company 也生产出类似产品；1995 年开始在各类舰船进行试验，取得很好效果，现已被列入美军舰船涂料配套体系[27]。日本专利[28] 开发了一种可用于舰船上的隔热涂料。它以改性共聚弹性乳胶为成膜物，通过添加氢氧化铝、树脂气泡颗粒和其他热反射功能填料，使得太阳热反射率高达 80% 以上；并具有优异的理化性能、附着力和耐候性。

我国在降温型船壳涂料方面的应用与研究发展较慢，这项技术曾于"八五"期间作为攻关课题提出。但当时仅有一些专利发明，成熟产品应用于船舶上的实例不多。其中，厦门双瑞船舶涂料有限公司的专利 CN 101585996A[29] 发明了一种热反射船壳漆，通过添加一种在可见光后半区和近红外区透明的特殊颜料，除了白色涂层外，还可制成黄色、灰色、棕色等颜色的涂层，厚度约0.08mm，白色涂层的热反射率为 90％。专利 CN 101550314A[30] 发明了一种聚氨酯树脂为成膜物的灰色热反射船壳漆，通过添加空心玻璃微珠和钛白粉来实现其热反射性能；聚氨酯树脂成膜物使得涂层具有耐老化性能好，耐腐蚀性能优良，力学性能佳的特点。专利 CN 101531863A[31] 发明了一种太阳吸收节能型中灰色船壳面漆。成膜物质为聚氨酯树脂，功能性填料包括金红石型二氧化钛、钢化实心陶瓷微珠及黑色和蓝色颜料，以提高涂层太阳热反射率，所制成的中灰色面漆热反射率达到 50.6％。

4. 船舶用反射隔热涂料的性能要求

前面介绍了化工行业标准 HG/T 4341—2012《金属表面用热反射隔热涂料》，该标准的适用范围较广，也适用于船舶用反射隔热涂料。但是，国家军用标准 GJB 6685—2009《舰船热反射涂料通用规范》是针对性更强的船舶用反射隔热涂料标准，该标准的性能要求如表 3-10 所示。

表 3-10　国军标 GJB 6685—2009 对舰船热反射涂料的性能要求

序号	类别	项目	要　　　求
1	涂料性能	闪点	涂料闪点应不低于 28℃
2		遮盖力	涂料的遮盖力应不大于 100g/m²
3		施工性	涂料应适合于无空气喷涂、刷涂、辊涂，能满足相对湿度 85％以下和 5～40℃温度条件下正常施工，按承制方推荐的正常涂膜厚度施工时，涂层体系应呈现较好的流平性，涂膜平整
4		适用期	Ⅱ类涂料按 GB 3186 的规定取样 1L，经混合、调配后，在 23℃±2℃，相对湿度不大于 85％条件下，其适用期应不小于 2h
5		在容器中状态	在使用有效期内，涂料应无硬干、坚硬的沉底、起皮、起颗粒或其他不适合使用的现象。在用机械混合器搅拌 5min 之内，涂料应很容易地混合成均匀一致的状态
6		储存稳定性	原封、未开桶包装的涂料，在自然环境条件下储存 1a 后，结皮、颗粒、沉降度、黏度变化均在 4 级以上
7	涂层体系和涂层性能	涂膜颜色	涂膜颜色应符合 HJB37A 的规定，且色差值应不大于 1.5
8		附着力(拉开法)	按 GB/T 5210 的方法试验时，与防锈漆配套的涂层间附着力应不小于 3.0MPa
9		耐盐水性	使用 3％NaCl 溶液，按 GB/T10834 的规定试验 30d 后，与防锈漆配套的涂层体系应不起泡、不脱落

续表

序号	类别	项目	要　　求
10	涂层体系和涂层性能	耐盐雾	按 GB/T1771 的规定进行试验，Ⅰ类涂料试验 600h，Ⅱ类涂料试验 1000h，检查试板表面的破坏现象，与防锈漆配套的涂层体系应不起泡、不脱落
11		耐候性（人工气候老化）	与防锈漆配套的涂层体系，按 GB/T 1865 的规定进行试验，Ⅰ类涂料试验 600h，Ⅱ类涂料试验 1000h，按 GB/T 1766 的规定进行评价，漆膜颜色变色应不超过 3 级，粉化不超过 2 级，裂纹不超过 1 级
12		耐候性（自然气候暴露）	与防锈漆配套的涂层体系，在广州地区自然曝晒环境条件下，按 GB/T 9276 的规定进行 1a 试验后，按 GB/T 1766 的规定进行评价，漆膜颜色变色应不超过 2 级，粉化不超过 1 级，裂纹不超过 1 级
13		太阳反射率	按 GJB 6685—2009 标准附录 B 的方法判定时，在波长 380～780nm 范围内，海灰色涂层太阳反射率应不小于 40%；在波长 780～2500nm 范围内，海灰色涂层太阳反射率应不小于 60%，深灰色涂层太阳反射率应不小于 50%

5. 高效热屏蔽船壳漆的涂层体系及其涂料简介 [32]

（1）涂层结构　热屏蔽型船壳漆涂层体系由面涂层、中涂层和底涂层三层组成，如图 3-5 所示。这种集防腐、耐老化、降温隔热、装饰性于一体的复合涂层体系能够保障船舶在苛刻海洋条件下的功能性和工作寿命，实现高效热屏蔽、防腐蚀和物理保护作用。

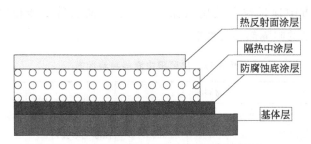

图 3-5　热屏蔽船壳漆的涂层结构示意图

（2）高效热屏蔽船壳漆的涂层体系的涂料品种　面涂层使用的是涂膜反射隔热功能突出的太阳热反射型涂料；中涂层使用的是热导率较低、阻隔热传导功能突出的隔热型涂料；底涂层使用的是附着力强、防腐蚀性能好的防腐涂料。

（3）高效热屏蔽船壳漆的配方

① 反射隔热面涂料配方　高效热屏蔽船壳漆涂层体系的白色和海灰色两种反射隔热面涂料配方见表 3-11。配方中通过金红石型钛白粉、纳米二氧化钛、纳米氧化锌和六钛酸钾晶须等材料的合理使用，使其涂料具有良好的降温隔热

反射隔热涂料生产及应用

效果。

表 3-11　两种反射隔热面涂料配方

涂料组分	原材料		生产或供应商	用量(质量份)	
	名称	型号		白色	海灰色
成膜物质	氟碳改性丙烯酸树脂	2050	德谦(上海)化学公司	60	
助剂	分散助剂		德国毕克(BYK)公司	6	
	异氰酸酯固化剂	N75	拜耳材料科技公司	12.2	12.3
颜、填料	金红石型钛白粉	R-930	日本石原产业株式会社	15	
	六钛酸钾晶须		上海晶须复合材料公司	7	
	纳米二氧化钛	—	杭州万景新材料公司	5	3
	纳米氧化锌	—		5	
	酞菁蓝		美国薛特颜料公司	—	0.02
	钛铬黄			—	0.46
	棕黑		美国安格公司	—	1.58
	纳米二氧化硅	—	英国 Gasil 公司	4	
	远红外发射助剂	—	淄博蓝景纳米材料公司	10	
分散介质	正丁醇+乙酸乙酯	工业级	青岛和邦化工公司	10	

② 热阻隔中涂层涂料配方　高效热屏蔽船壳漆涂层体系的中涂层涂料配方见表 3-12，配方中通过空心玻璃微珠、六钛酸钾晶须等功能材料的合理使用，使涂料具有良好的阻隔热传导性能。

表 3-12　热阻隔中涂层涂料配方

涂料组分	原材料		生产或供应商	用量(质量份)
	名称	型号		
成膜物质	环氧树脂	6101	江苏三木公司	80
助剂	分散助剂		德国毕克(BYK)公司	6
	环氧固化剂	2003	卡德莱化工(珠海)公司	12.3
颜、填料	空心玻璃微珠		美国波特公司	25
	六钛酸钾晶须		上海晶须复合材料公司	9
	硅酸铝纤维		廊坊宏利保温建材厂	5
分散介质	正丁醇+乙酸乙酯	工业级	青岛和邦化工公司	10

③ 防腐蚀底涂层涂料配方　在防腐蚀底涂层涂料配方中，通过对树脂、固化剂的选择及片状防腐功能材料的应用，使涂料具有良好的防腐蚀性能和很强

的附着力，其配方见表 3-13。

表 3-13　防腐蚀底涂层涂料配方

涂料组分	原材料		生产或供应商	用量(质量份)
	名称	型号		
成膜物质	环氧树脂	601	江苏三木公司	45
助剂	环氧固化剂	2003	卡德莱化工(珠海)公司	12
颜、填料	氧化铁红		淄博彭翔颜料公司	15
	玻璃鳞片		湖南三环颜料公司	7
	沉淀硫酸钡		青岛惠尼化工公司	14
	滑石粉		平度天一制粉公司	6
	鳞片防腐填料		湖南三环颜料公司	13
分散介质	正丁醇＋乙酸乙酯	工业级	青岛和邦化工公司	10

参 考 文 献

[1] 刘国杰. 氟碳树脂在反射隔热涂料中的应用前景. 中国涂料，2011，26 (11)：21-25.

[2] 刘登良主编. 涂料工艺. 第四版. 北京：化学工业出版社，2009：1290.

[3] 倪余伟，张松，董建民. 热反射隔热防腐蚀涂料的性能研究. 涂料工业，2015，45 (4)：5-9.

[4] 李运德，张慧英，毛方桂，等. 太阳热反射涂料颜填料选择关键技术研究. 涂料工业，2013，43 (4)：1-4.

[5] 李运德，徐永祥，杨振波，等. 灰色系太阳热反射涂料的制备与表征. 电镀与涂饰，2009，28 (11)：45-46.

[6] 潘崇根，王菊华，盛建松，等. 多功能氟碳防腐涂层的制备及其性能. 材料科学与工程学报，2013，31 (5)：635-663.

[7] 郭洪猷，李秀艳. 颜料对太阳辐射吸收系数的测定和在功能涂料中的应用. 现代涂料与涂装，2003，(5)：29-31.

[8] 马宏，刘文兴，孟军锋，等. 高性能太阳热反射隔热涂层的研制. 现代涂料与涂装，2006，(7)：55-56.

[9] 郭清泉，周立清. 金属用单涂层日光热反射水性涂料的研制. 涂料工业，2006，36 (6)：5-10.

[10] 战为民，邓永青，李少春. 日光热反射涂料的研究. 现代涂料与涂装，2001，2：12-14.

[11] 郭年华. 聚氨酯改性氯丙树脂太阳热反射涂料的研制. 现代涂料与涂装，2003 (1)：6-9.

[12] 祝小娟，林安. 太阳热反射涂料的研制. 装备环境工程，2006，3 (2)：34-36.

[13] 李文珍，李亮，石飞，等. 沥青路面不饱和聚酯降温涂料的研制. 重庆交通大学学报 (自然科学版)，2010，29 (6)：916-918.

[14] 徐金刚，张广发，王珏，等. 薄层热反射隔热防腐涂料的制备及其性能研究. 化工新型材料，2010，38 (增刊)：169-172.

[15] 苏孟兴，庄海燕，陈翔，等. 反射隔热涂料的研制和应用. 涂料技术与文摘，2015，36 (9)：

48-51.

[16] 于献，李伟，姬文浪，等．氟碳-丙烯酸混合树脂基低成本太阳热反射涂料的制备．电镀与涂饰，2017，36（2）：75-80.

[17] 陈亮，宋仁国，郭燕清，等．改性纳米 SiO_2/三氟型 FEVE 复合氟碳涂料的制备及其性能．材料保护，2014，47（2）：18-21.

[18] 武海燕．二氧化钛表面改性的研究现状．中国科技信息，2011（24）：48，50.

[19] 邹德荣，何静．空心微粉在聚氨酯涂料中的应用．现代涂料与涂装，2004（6）：37-39.

[20] 刘文涛，元强，谢宏．功能填料对反射隔热涂料隔热性能影响的研究．涂料工业，2016，46（12）：22-27.

[21] 倪正发，郭宇．彩色太阳热反射涂料的研制．中国涂料，2014，29（9）：53-57.

[22] 大金工业株式会社 ZEFFLE GH701 产品介绍资料.

[23] 刘涛，张学俊．FEVE 氟碳涂料研究进展．上海涂料，2011，49（1）：25-27.

[24] 潘崇根，王菊华，盛建松．多功能氟碳防腐涂层的制备及其性能．材料科学与工程学报，2013，31（5）：635-640.

[25] 夏克龙，陈洪涛，熊宵．油罐专用隔热反射涂料的研制．中国涂料，2011，26（1）：37-39.

[26] 蒋旭，甘崇宁，王须苟，等．热反射型卷材涂料的研制．涂料工业，2014，44（11）：52-55.

[27] 周陈亮，郭铭．美军舰船涂料发展动态．知远防务电子报，2005-08-2.

[28] Ishihara Yushichi, Itoh Hitoshi, Sugishima Masami. Method of finishing with heat insulation coating. Japan, WO2002JP03175, 2002-10-24.

[29] 袁泉利，蓝席建，方指利．热反射船壳漆．中国，CN 101585996A，2009-11-25.

[30] 徐建平，张光铭，沈佩芝．聚氨酯热反射船壳漆．中国，CN101550314A，2009-10-07.

[31] 庄海燕，庄焱，于海涛．一种低太阳吸收节能型中灰色船壳面漆．中国，CN101531863A，2009-09-1.

[32] 白冰．海洋船舶用高效热屏蔽船壳漆的研制．青岛：青岛科技大学，2011.

146

第四章
反射隔热涂料应用技术

第一节
反射隔热涂料在金属储罐上的应用

一、反射隔热涂料在金属储罐上的应用概述

1. 储罐表面受太阳辐射的传热过程

以无加热和取热设施的常温储罐（容器）表面为例，太阳辐射为电磁波，参见图 4-1[1]，当太阳辐射入射到涂层上时，一部分被反射回大气中，另一部分则进入涂层。进入涂层中的一部分辐射能被涂层吸收，衰变为热能，使涂层蓄热增加、表面温度 $T_表$ 上升。$T_表$ 升高并超过环境温度 $T_环$ 后，出现"日照超温" $\Delta T = T_表 - T_环$，涂层便成为一个"沉积热源"，产生"热岛"效应，向大气和罐壁双向传热。向大气散热方式为对流和辐射传热。部分太阳辐射能穿透涂层进入罐壁后被罐壁吸收，所产生的热能和涂层传递来的热能使罐壁蓄热增加、温度升高，将热能传给罐内介质。

不难理解，当太阳辐射能入射到罐表面的涂层时，一部分被反射回大气中，涂层的反射率 R 越高，吸收的太阳辐射能就越小。

进入涂膜中的太阳辐射能中有一部分被涂层吸收，增加涂层蓄热，使涂层表面温度 $T_表$ 上升。当 $T_表$ 超过环境温度 $T_环$ 后，涂膜就成为一个"沉积热源"，

147

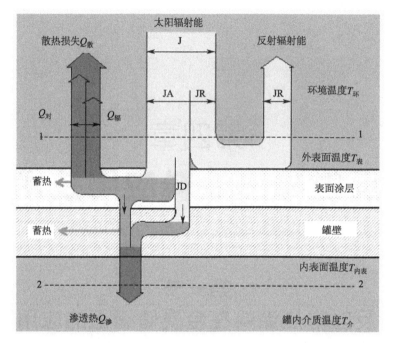

图 4-1 储罐表面受太阳辐射的能量收支平衡关系示意图

产生"热岛"效应，向大气和罐内双向传热。

一部分热能就以对流和辐射方式从表面向大气散热。部分穿过涂膜的太阳辐射能进入罐壁后被罐壁吸收，所产生的热能和涂层因温差传递的热能使罐壁蓄热增加、温度升高，继而将热能向罐内介质传导。

提高涂层的辐射能力，可增加辐射散热量，有利于降低 $T_表$。但由于表面还存在对流散热及 $T_表$ 不是很高，提高涂层辐射对降低 $T_表$ 的作用远不如提高涂层的反射率。再就是增加涂层热惯量，减少涂层受热后 $T_表$ 的变化幅度（即降低涂层的热导率），也有利于降低油罐的温度。

2. 油罐受太阳辐射热的传热分析

对渗入储罐的太阳辐射热，以油界面划分，可分成上、下 2 部分。夏天，罐上部所受的辐射强度和面积都比下部大，因此渗入罐内的热量主要来自罐上部。罐内气相及油界面的传热有以下特点。

（1）由于气体比热容小，气相升温吸收的热量不大，从罐上部渗入的热量主要进入油界面。

（2）罐顶内壁（热面向下）和气相侧内壁的对流传热系数较小，对流传热量较小；罐内气体的热导率较小，罐内液体在厚度几米的范围内传导的热量也很小；罐气相内壁与液相界面之间的温差较大，因此渗入罐内的热量主要以热辐射（长波）向油界面传热。

（3）由于油品的热导率较小，进入油界面的热量向下传递不多，主要用于油界面浅表层的升温和液体的蒸发。

参照湖泊水温研究，把油层分为 3 层（见图 4-2）：最上面为"暖油层"，来自上部的（长波）热辐射穿透能力很弱，就在该层吸收，随罐内受热量变化，其温度 $T_{暖}$ 变化敏感，由于还存在对流换热，其纵向温差较小；中间为"次暖层"，其纵向温差变化很大；下面为油品"主体层"，除靠近罐壁处外，其一日之内温度基本不变。对某 $2000m^3$ 拱顶汽油罐实测发现，一天之内，油面温升约 7℃，但距油面 1m 深度处的温度基本没有变化。

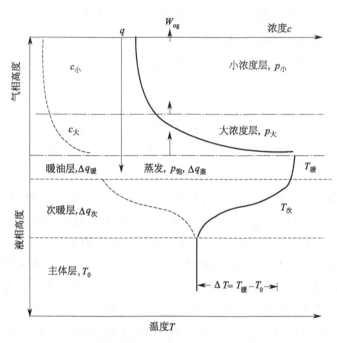

图 4-2　罐受热液相温度、气相浓度变化示意图

（4）白天所增加的蓄热到晚间用于油品蒸发。从清晨开始，气相温度 $T_{气}$ 上升，纵向分布呈"上高下低"状态，油气热扩散处于抑制期，蒸发出的油气主要"沉积"于油界面附近的"大浓度层"，使该层的油气分压 $p_{大}$ 增加，从而限制了界面油品的蒸发，使 $T_{暖}$ 上升，直至达到平衡温度。下午 2 点后，$T_{气}$ 开始下降，但仍处于"上高下低"状态，油气热扩散仍处于抑制期。

因此，白天油品蒸发用热相对较少，进入油界面的热量 $q_{界}$ 主要用于增加油品蓄热量，增加"暖油层"和"次暖层"的温度、厚度。傍晚后，$T_{气}$ 继续降低，其纵向分布逐步摆脱"上高下低"状态，油气热扩散变得活跃，此时已无外供热，由油品表层释放白昼增加的蓄热，供油品蒸发。因此，上半夜的 $c_{大}$ 还较大。午夜零点的 $c_{大}$ 约与上午 9 点相同。

（5）随罐顶内表面温度降低，油界面受热减少　从罐上部渗入热量 $q_{渗}$ 传递给油界面的热量 $q_{界}$ 可写成：$q_{界}=(1+b)q_{顶辐}$。其中，综合折合系数 b 的计算较复杂。可以较容易计算，也是对 $q_{界}$ 影响最大的 $q_{顶辐}$ 的变化进行分析。举例来说，假如 A 拱顶汽油罐用"银粉漆"，设罐顶内表面温度 $T_{顶}$ 为 60℃，$T_{界}$ 为30℃，则 $q_{顶辐}$ 为 173W/m² （取黑度值 ε 为 0.8）；假如 B 拱顶汽油罐用反射隔热涂料，$T_{顶}$ 为 40℃，$T_{界}$ 为 26℃（比 A 拱顶汽油罐降低 4℃），其他情况与 A 拱顶汽油罐相同。则 $q_{顶辐}$ 降为约 70W/m²，比 A 拱顶汽油罐减少约 103W/m²，降低幅度约 60％。因此，降低罐顶内表面温度可降低油界面受热。

3. 金属储罐应用反射隔热涂料的优势

经长时间的研究和应用，认为金属储罐应用反射隔热涂料能够取得很多优势。例如：

（1）减少油气昼夜温差，降低小呼吸损耗　轻质油品储罐一般无加热、取热设施，也无保温层，罐内温度变化受外部影响比较敏感。反射隔热涂料的热导率较小，能够减缓罐内温度的变化，延迟"呼气"和"吸气"时间，也有利于衰减天气突然变化对罐内温度、浓度的影响。

计算表明[2]，一个 5000m³ 的拱顶汽油罐，一昼夜"小呼吸"损耗可达350kg，涂装反射隔热涂料后，可降低油品"小呼吸"损耗 70％以上。

（2）降低油品饱和蒸气压，减少蒸发损耗　油品饱和蒸气压 $p_{饱}$ 随油品（热力学）温度增加呈对数关系迅速增加。涂装反射隔热涂料后的温升可降低 2～4℃，油品饱和蒸气压可降低 15％～25％。因此，用反射隔热涂料可降低油品蓄热，减少油品蒸发损耗的"推动力"$p_{饱}$。随 $p_{饱}$ 降低，无论在白天油气热扩散抑制期，还是傍晚后热扩散活跃期，气相油气浓度降低，可明显降低进油作业时的"大呼吸"损耗及发油操作后的"回逆呼出"损耗。在盛夏，降耗作用将很大。

液相罐壁所受的太阳辐射热主要先使罐壁附近油品温度有所上升，然后慢慢向液相中心渗透。涂装反射隔热涂料可明显降低液相罐壁温度，有利于通过减少液相蓄热来减少油品蒸发。

拱顶汽油罐油气浓度很大，由此造成进油时的"大呼吸"损耗。对 5000m³罐，进满一罐油的"大呼吸"损耗约 3t；涂装反射隔热涂料后，按气相油气浓度降低 5％估计，每次进油可降低损耗约 750kg。

柴油的饱和蒸气压较小。对一个 5000m³ 罐，夏天"小呼吸"日损耗 20kg 以上，进满一罐油的"大呼吸"损耗约 100kg 以上。对储存煤油或其他介于汽、柴油之间馏分油品的拱顶罐，涂装反射隔热涂料后降耗效果将更显著。

内浮顶罐用反射隔热涂料，通过降低油界面受热、降低泄漏处附近油界面上的油气浓度和降低自然通风损耗等作用而能够将蒸发损耗降得更低，而且还有利于安全、环保。

（3）降低装卸中蒸发损失　油品从炼油厂到用户要经过多道环节，装卸中蒸发损失是相当大的。每次装卸都有 0.18% 的挥发损失，因此管道、槽车等也可采用反射隔热涂料，免受太阳暴晒，降低油品温度，有利于降低装卸中蒸发损失。

4. 与淋水降温的对比优势

淋水降温是拱顶汽油罐夏天采用的办法，用较低温度的水就能达到大的降温效果。反射隔热涂料的隔热效果不及淋水降温，但相比之下也有优势，这主要表现在以下几点。

一是反射隔热涂料发挥降低蒸发损耗作用的时间长。一年四季都有"小呼吸""大呼吸"，淋水降温不可能全年进行，而反射隔热涂料能全年起作用。二是使用更方便。淋水降温要正确掌握淋水的起止时间，不能间断淋水。而涂料一经完成施工，就基本上不需要照料。三是有利于罐体防腐。淋水易加剧罐体腐蚀，促进微生物的生长，缩短储罐的使用寿命，而反射隔热涂料具有防腐功能。四是节约水资源，节省设施和电力消耗。五是适用范围广。例如，可用于槽车等难以淋水降温的移动容器。

二、在金属储罐上的应用要求

如前述，金属储罐和输油管道等领域中是最早应用反射隔热涂料的民用行业，并产生很多较好的工程应用实例以及较好的反射隔热涂料产品。

金属储罐、输油管道等领域应用反射隔热涂料最显著的特点是需要以涂层系统进行应用，且涂层系统应能够满足防腐、耐候、反射隔热等多种功能要求。

国家标准 GB/T 50393—2017《钢质石油储罐防腐蚀工程技术标准》在"4.2　涂料涂层"部分对金属储罐的防腐蚀涂料工程作出明确规定，反射隔热涂料在这类工程中应用同样应满足这些要求，因而将这部分内容摘录如下。

（1）涂料应符合下列规定：

① 宜选用无溶剂、水性涂料、高固体分涂料，涂料中挥发性有机化合物（VOC）含量应小于 420g/L，常用涂料性能应符合相关标准的规定；② 有害重

金属铅（Pb）、镉（Cd）、六价铬（Cr^{6+}）、汞（Hg）应符合现行国家标准 GB 30981 的规定；③底漆、中间漆、面漆、固化剂、稀释剂等应互相匹配。

（2）防腐蚀涂料可按照成膜物质分为醇酸、酚醛环氧、聚氨酯、氟碳、聚硅氧烷等。

（3）大气腐蚀环境下按照涂料性能、使用温度范围的不同，可采用醇酸、丙烯酸聚氨酯、氟碳、聚硅氧烷、环氧、环氧富锌等。

（4）大气环境防腐蚀方案应符合下列规定：

①直接受日光照射的储罐表面涂层应采用耐候性涂料；②储罐保温层下的防腐蚀涂层可不采用耐候性涂料；③储存轻质油品或易挥发有机溶剂介质储罐宜采用热反射隔热涂料，总干膜厚度不宜小于 $250\mu m$，热反射隔热涂料和涂层性能指标应符合标准 GB/T 50393—2017 中表 A.0.14（见表 4-1）的规定；④洞穴等封闭空间内储罐的腐蚀等级应比相应的大气环境提高一级；⑤在碱性环境中，不宜采用酚醛漆和醇酸漆涂料。

表 4-1 热反射隔热涂料和涂层性能指标

项 目		指 标	试验方法
不挥发物含量/%		≥50	GB/T 1725
干燥时间 /h	表干	≤4	GB/T 1728
	实干	≤24	GB/T 1728
附着力/MPa		≥5	GB/T 5210
柔韧性/mm		1	GB/T 1731
耐冲击性/cm		50	GB/T 1732
太阳光反射比	白色	≥0.80	JG/T 235
	其他色	≥0.60	
半球发射率		≥0.85	GB/T 2680
近红外反射比		≥0.60	JG/T 235
耐盐雾性(720h)		不起泡、不生锈、不开裂、不脱落	GB/T 1771
人工加速老化(1000h)		不起泡、不开裂、不粉化、不脱层，允许 2 级变色和 1 级失光	GB/T 1865
耐化学介质性	5%H_2SO_4（常温,168h）	不起泡、不生锈、不开裂、不脱落	GB/T 9274（甲法）
	5%NaOH（常温,168h）		

（5）介质腐蚀环境下按照涂料性能、使用温度和耐介质性能的不同，可采用玻璃鳞片、环氧、酚醛环氧、无机富锌等涂料。

（6）介质环境防腐蚀方案应符合下列规定：

①宜采用高固体分、无溶剂、水性涂料；②航空燃料类的储罐内表面应采

用不含有锌、铜、镉成分的导静电涂料；③有机溶剂类储罐防腐蚀涂层不应与介质相容；④中间产品储罐宜采用无溶剂环氧、酚醛环氧、水性环氧、无机富锌等涂料。

三、金属储罐涂层配套体系和施工要求

1. 涂层体系配套举例

反射隔热涂料应用于金属储罐、输油管道时，需要满足防腐、耐候、反射隔热等多种功能要求，因而是以底漆层、中层漆涂层和面涂层配套的复合涂层体系的形式应用的。下面以在我国应用较早的 YFJ332 型 APTH 涂料体系说明金属储罐应用反射隔热涂料时涂层的体系配套[3]。

（1）底漆层　使用涂料为环氧富锌底漆，主要发挥防腐功能，干膜厚度 $60\sim82\mu m$；涂料理论用量 $0.3kg/m^2$。

（2）中间漆涂层　使用涂料为环氧云铁中层漆，主要发挥增加底漆和面漆之间的黏结和隔热［热导率 $\lambda\leqslant0.25W/(m\cdot K)$］功能；干膜厚度 $120\sim140\mu m$；涂料理论用量 $0.45kg/m^2$。

（3）面漆层（反射隔热涂层）　使用涂料为 YFJ332 型 APTH 反射隔热涂料（成膜物质为丙烯酸-聚氨酯），主要发挥反射隔热（反射率 $\rho\geqslant90\%$；半球反射率 $\varepsilon\geqslant70\%$）功能和耐候功能；干膜厚度 $60\sim80\mu m$；涂料理论用量 $0.3kg/m^2$。

除 YFJ332 型 APTH 涂料体系之外，在第三章第二节中几种关于新型反射隔热防腐涂料的介绍中，也往往涉及涂料工程应用的涂层配套体系。例如，对于"丙烯酸聚氨酯型反射隔热防腐蚀涂料"，其涂层配套体系由底漆和面漆组成。该涂料体系中由于环氧底漆与基材和面漆均能产生足够的黏结，并具有较好的保温隔热性能，因而可以取消中层漆。

在"氟碳型长效储罐反射隔热涂料"中，其涂层配套体系为 $80\mu m$ 厚环氧富锌底漆，$80\mu m$ 厚环氧云铁防锈漆中间漆和 $80\mu m$ 厚长效储罐反射隔热涂料。

在"多功能氟碳防腐涂层体系"中，其涂料配套体系为无机富锌底漆、环氧云铁中间漆和 FEVE 反射隔热涂料。

2. 涂料施工要求

国家标准 GB/T 50393—2017《钢质石油储罐防腐蚀工程技术标准》在"5.3　涂料涂层"一节中对金属储罐的防腐蚀涂料施工作出明确规定，反射隔热涂料在这类工程中应用同样应满足这些要求，因而将这部分内容摘录如下。

（1）涂装作业环境　应符合下列规定：

①环境温度宜为 $5\sim45\,^{\circ}\mathrm{C}$，待涂表面温度应在露点温度以上 $3\,^{\circ}\mathrm{C}$，且待涂表

面应干燥清洁；②环境最大相对湿度不应超过 80％；③有特殊要求的产品，应满足涂料供应商要求；④当施工环境通风较差时，应采取强制通风；⑤如果涂装过程中出现不利的天气条件，应停止施工。

（2）涂装前应按照下列规定对涂装表面进行检查和清理：

①应全面检查待涂表面和焊缝处，如有不合格项应以适当的方式进行处理；②可采用洁净的压缩空气吹扫，也可采用真空吸尘器清理待涂的钢表面；③检查待涂表面的清洁度和粗糙度是否达到要求。

（3）涂料的配制和涂装施工应符合下列规定：

①金属表面处理后，宜在 4h 内涂底漆，当发现有返锈或污染时，应重新进行处理；②双组分或多组分涂料的配制应按照涂料施工指导说明书进行，并配置专用搅拌器搅拌均匀；③涂装间隔时间应按照涂料施工指导说明书的要求，在规定时间内涂敷底漆、中间漆和面漆；④涂层涂装厚度应均匀，不应漏涂或误涂；⑤焊接接头和边角部位宜进行预涂装；⑥应对每道涂层的厚度进行检测。

（4）涂装前应进行试涂，试涂合格后方可进行正式涂装。

（5）辊涂或刷涂时，层间应纵横交错，每层宜往复进行。

（6）上道涂层受到污染时，应在污染清理干净且涂层修复后进行下道施工。

（7）涂层施工完工后，应避免损伤涂层，如有损伤宜按照原工艺修复。

（8）喷涂宜采用高压无气喷涂。

四、反射隔热涂料在储罐上的工程应用举例

1. 反射隔热涂料在新疆吐鲁番机场油库储罐上应用[4]

（1）基本情况说明　新疆远离海洋，深居内陆，呈明显的温带大陆性气候，日照充足（年日照时间达 2500～3500h），降水量少，气候干燥且风沙大。9 月份白天地表最高温度可达 78℃，夜间最低温度为 18℃，昼夜温差大，太阳辐射强，油库储罐油气挥发严重。新疆吐鲁番机场油库储罐应用反射隔热涂料，除能起到隔热保温作用外，防腐性能好、使用寿命长，可减少维修费，有利于降低呼吸损耗，且安全、环保。

（2）涂层配套体系　所采用的涂层配套体系为：环氧铁红作为底漆，反射隔热涂料作为功能性面漆。

（3）储罐预处理　该储罐为旧罐改造，涂料工程施工前，先将原储罐表面粉化的涂料层清除，再对储罐进行手工除锈。

（4）反射隔热涂料的应用效果　储罐在使用反射隔热涂料后，通过对 8 月份某天 8：00～22：00 时间段中的罐内及罐表面温度的测试结果表明，储罐涂装

反射隔热涂料后，可以控制油品温度的波动；因而能够进一步降低油品"呼吸"损耗。

（5）油气挥发的节省量计算　对于储罐大、小呼吸挥发的主要污染物烃类（NMHC）的排放量计算，主要计算公式有美国国家环保局（EPA）推荐的经验公式、美国石油学会（API）的经验公式和我国石化（CPCC）系统编制的经验计算公式等。我国 CPCC 公式计算储罐油气损耗公式如下所示。

$$L_{DS} = 12.751 \times 10^{-3} K_E \left(\frac{p_y}{p_a - p_y} \right)^{0.68} \rho D^{1.73} H^{0.51} \Delta T^{0.5} K_P C \qquad (4-1)$$

式中，L_{DS} 为拱顶罐的年小呼吸损耗量，kg/a；ρ 为储存油品的平均密度，t/m^3；K_E 为油品系数，汽油取 24，原油取 14；p_a 为当地大气压，mmHg；p_y 为油品本体温度下的真实蒸气压；D 为储罐直径，m；H 为储罐内气相空间的高度，即油面距离罐顶的高度，m；ΔT 为每日大气温度变化的年平均值，℃；K_P 为涂层因子或涂料系数；C 为小罐修正系数。

按照公式(4-1)计算，结果如表 4-2 所示。从计算结果可以看出，每天可以节约 13kg 左右的航空煤油。

表 4-2　按照 CPCC 公式计算得到的储罐油气损耗

依据项目	涂刷后	涂刷前	差值
环境温度/℃	32.00	34.20	2.00
液位高/m	8.00	8.00	—
风速/(m/s)	1.50	1.50	—
向光表面温度/℃	38.00	45.00	7.00
油温/℃	28.00	30.00	2.00
油气挥发量(计算值)/(kg/d)	65	78	13
油气挥发量(实际值)/(kg/d)	64	76	12

注：储罐内原有 $800m^3$ 航空煤油。

2. 反射隔热涂料对储罐内壁腐蚀性能的影响 [5]

（1）液化石油气储罐内壁的腐蚀　液化石油气储罐中储存的油品多数含有硫酸、氢、有机和无机盐，以及水分等腐蚀性较强的化学物质。较低温度下，硫含量的微小变化不会显著改变腐蚀结果，但高温下硫含量的微小增加会使腐蚀结果显著增大。温度升高同样会使本来活性不大的硫化物活性增大而造成设备腐蚀的加剧。此外，H_2S 分压对腐蚀速率的影响也与温度有关，在较低温度下，H_2S 分压的变化对腐蚀速度的影响不显著，高温下腐蚀速度随 H_2S 分压的增大而迅速增大。

（2）温度对电化学腐蚀反应的影响　在一定的温度范围内，反应速率常数 k 值与反应温度存在如公式（4-2）所示的关系：

$$k = A e^{-E_a/(RT)}$$

(4-2)

式中，k 为反应速率常数；A 为反应的频率因子，对一确定的化学反应是一常数；E_a 为反应活化能；R 为理想气体常数，8.314J/(mol·K)；T 为热力学温度。

k 与 T 为指数关系，温度的微小变化将引起 k 较大的变化，温度每升高 10℃，化学反应速率加快 2～4 倍。由此可见，温度升高化学腐蚀反应速率随之增大，即加剧储罐的化学腐蚀。

因而，储罐外壁涂装反射隔热涂料由于可使其外表面保持相对低温，不仅可以缩小储罐内外的温差，减少储罐油气的"小呼吸"油气损耗，而且还能减缓储罐内壁的腐蚀速率。

（3）试验研究结果　对涂装太阳热反射涂料与涂装普通涂料的储罐，测试和分析一天中其罐体内表面温度变化表明：在中午 13:00 时，涂有太阳热反射涂料比用传统防腐涂料的储罐表面温度降低 10℃，内部降低 7℃。显然，涂装太阳热反射涂料能减少进入罐内的热量，降低罐体内表面温度，延迟油气温度、浓度变化，减少蒸发损耗。

同时，储罐外壁涂装反射隔热涂料后，由于产生降温作用而能够显著减缓储罐内壁的腐蚀速率。

将进行对比试验的两个储罐进行 90d 腐蚀试验后，用增重法计算出来的两个储罐的腐蚀速率如表 4-3 所列。增重法计算腐蚀速率的公式如下：

$$v^+ = \frac{m_2 - m_0}{St}$$

(4-3)

式中，v^+ 为金属的腐蚀速率，g/(m²·h)；m_2 为腐蚀后带有腐蚀产物的试件的质量，g；m_0 为腐蚀前试件的质量，g；S 为试件暴露在腐蚀环境中的表面积，m²；t 为试件腐蚀的时间，h。

表 4-3　不同情况下的储罐腐蚀速率

储罐涂层类型	腐蚀速率/[g/(m²·h)]
反射隔热涂料	0.0454
普通防腐涂料	0.0523

由表 4-3 可知，涂装 ASRC 太阳热反射涂料的腐蚀速率为 0.0454g/(m²·h)，与普通防腐涂料相比，腐蚀速率下降了 13.20%；此外，温度测试还发现，

在中午 13:00 时，涂装 ASRC 太阳热反射涂料的储罐比涂装普通防腐涂料的储罐内部温度降低 7℃，这说明温度升高会加剧储罐钢材结构的化学腐蚀。

两种储罐进行 90d 腐蚀试验后的金相分析也表明，两种储罐内壁均呈现局部腐蚀的特性，产生了一些微坑腐蚀。但普通防腐涂料的储罐微坑数量明显增多，腐蚀程度较严重。这说明，在一定腐蚀介质中的同样金属材料，随着环境温度的升高，其化学腐蚀程度明显加深。因而，使用反射隔热涂料能显著降低储罐表面和内部的温度，并延缓储罐内部介质对钢材的腐蚀。

3. 反射隔热涂料在丙烯腈储罐上的应用[6]

（1）丙烯腈的储存要求 丙烯腈在常温下是无色透明液体，剧毒，空气中的爆炸极限为 3.05%～17.5%（体积分数），属易燃易爆有毒化学危险品。丙烯腈分子中含有腈基和 C═C 不饱和双键，因此化学性质极为活泼，能发生聚合、加成等反应。根据工业用丙烯腈的要求（GB 7717.1—2008），丙烯腈的储存温度不应超过 30℃。为确保安全，减少环境污染，国内常采用工业喷淋水来降低夏季丙烯腈储罐温度，这不仅要消耗大量的工业水，且夏季高温季节无法保证丙烯腈储罐温度不超过 30℃。

近年来，化工储罐采用反射隔热涂料取代工业喷淋水的应用越来越多，下面介绍反射隔热涂料在丙烯腈储罐上的应用。其实际工程应用到 2016 年 1 月时已近三年，丙烯腈的储存温度均在 30℃ 以下。

（2）使用涂料的性能 工程中使用了 T-1 型反射隔热涂料和 T-2 型保温涂料两种。T-1 型太阳热反射涂料的红外反射率为 93%～95%，太阳光反射比为 82%～85%；T-2 型保温涂料具有极低的热导率，热导率为 0.0162～0.0209W/（m·K），具有优良的保温性能。

（3）丙烯腈储罐使用反射隔热涂料的方案 丙烯腈储罐选择使用反射隔热涂料的方案为：罐顶先涂装 3mm 厚 T-2 型保温涂料，再喷涂 0.2mm 厚 T-1 型反射隔热涂料；罐侧壁先涂装 2mm 厚 T-2 型保温涂料，再喷涂 0.2mm 厚 T-1 型反射隔热涂料。先在一个 $300m^3$ 的丙烯腈储罐上进行试验，根据试验结果再对方案进行调整，之后实施于其他储罐。

（4）应用效果 在月平均温度最高的 7 月份，对采取上述保温隔热方案处理的 $300m^3$ 的丙烯腈储罐进行现场实测。结果表明，采用反射隔热-保温方案处理的丙烯腈储罐，全月温度均在 30℃ 以下，最高时也只有 28.9℃。而仅喷涂反射隔热涂料再加喷淋的平行试验储罐在全月有三个时间段温度超过 30℃，最高时达到 41.5℃。

在取得可靠试验结果后，根据试验方案对其他的丙烯腈储罐进行了改造，这些储罐运行到 2016 年 1 月时，已经过了三年的三个暑期高温季节，丙烯腈储罐的储存温度均在 30℃ 以下。

取得这种良好效果的原因在于，T-1 反射隔热涂料对太阳辐射有很高的反射性能，T-2 保温涂料具有极低的热导率，具有优良的保温性能。采用这种将反射隔热涂料与保温涂料相结合的方案，可保证丙烯腈储罐的储存温度低于 30℃，提高丙烯腈储罐运行的安全性。

4. 反射隔热涂料在轻质油储罐上的应用[7]

（1）试用轻质油储罐的基本信息　乌石化炼油厂为了降低储罐表面温度，保证储罐安全、环保与节能的要求，拟对铂料罐采取涂装 NH-1A 型反射隔热涂料措施。应用前，乌石化炼油厂先选取一台铂料罐进行试用。该铂料罐，罐号为 504♯，储罐直径为 22.6m，高度为 13.9m，容量为 5000m^3，储存介质为铂料。储罐外无保温，为一般性防腐。

（2）对比罐　试验时，在同一罐区选取一台容量相同、储存介质相同而未涂反射隔热涂料的 502♯罐作为对比罐，通过对比高温环境下两台储罐的外表面温度来评价反射隔热涂料的降温、隔热效果。

（3）反射隔热涂料的试用效果　在环境温度为 38℃ 的情况下，504♯罐介质温度为 30℃，502♯罐介质温度为 34℃。罐体外表面温度测试结果见表 4-4。

表 4-4　504♯与 502♯罐体外表面温度对比表　　　　　单位：℃

温度类别	504♯罐	502♯罐	温差
最高温度	52.1	69.7	17.6
平均温度	46.5	63.3	16.8

由表 4-4 可以看出，504♯罐的罐体外表面温度要明显低于 502♯罐，其中表面最高温度低 17.6℃，平均温度低 16.8℃，达到了温度降低 10℃ 的预期效果。

该应用效果明显优于一般反射隔热涂料的应用效果，分析其原因：一是在于所选用的反射隔热涂料对太阳热的反射性能优异和涂膜本身具有较低的热导率；二是由于涂膜涂装得较厚（为 220μm）。

五、反射隔热涂料在钢板食用油储罐中的应用研究

对于食用油的储存来说，降低储存温度对缓解或中止油脂的氧化过程非常有利，低温储藏是防止和减缓油脂氧化酸败的重要技术措施。研究表明，油脂

储罐表面涂装反射隔热涂料能够实现控制油温、保持油脂品质的目的。下面介绍钢板食用油储罐应用这一技术的研究。

1. 在青海省西宁库中的应用[8]

（1）试验食用油储罐　试验食用油储罐为青海省西宁库4号罐，对照食用油储罐为西宁库6号罐。两罐均为钢板结构，高10.77m，直径12.0m，钢板厚度10cm。设计容量为1000t。于2009年4月对4号罐涂刷反射隔热涂料，6号罐涂刷"银粉漆"。

（2）试验菜籽油基本情况　2009年3月试验前扦取储油样品（均为四级菜籽油），化验有关品质指标，见表4-5。

表 4-5　试验罐和对照罐储油的品质

罐号	数量/t	水分/%	杂质/%	酸价/[mg(KOH)/g]	过氧化值/(mmol/g)
4	954.6	0.03	0.05	1.4	2.2
6	963.68	0.02	0.05	1.2	1.0

（3）菜籽油入罐的控制　四级菜籽油入罐时，水分不得超过0.1%，热油不允许入罐，不允许有明水；酸价不允许超过2.0mg(KOH)/g；过氧化值不允许超过0.003mmol/g。

（4）应用效果分析

① 油温的分析　7月、8月是西宁地区夏季日照相对强烈、气温相对高的两个月。在两个月里，反射隔热涂料有效地减少了存油因受日光照射而温度升高的幅度。两罐存油的最高油温产生显著差异，6号罐的最高油温普遍高于4号罐3～4℃。在日照强烈的夏季，最大温差甚至达到4.6℃。而在11月～次年的3月冬春季的日照相对较弱、气温相对较低，两罐存油的最高油温差异不再显著，温差也多在-3.8～-3℃之间，尤其是在受到降雪天气影响的冬季，两罐油温几乎相同。

② 酸值和过氧化值的变化　一年里两罐菜籽油的氧化速度都比较缓慢，酸值和过氧化值的上升幅度也都很小，6号罐的酸价由1.2mg(KOH)/g上升到1.4mg(KOH)/g，过氧化值由1.0mmol/g上升到3.7mmol/g；4号罐的酸价没有变化，过氧化值由2.2mmol/g上升到3.1mmol/g。两罐储油的酸价和过氧化值第一次产生差异的时间都在入罐后的一个月内，此后6号罐的过氧化值一直高于4号罐，这说明油脂的氧化速度和油温成正相关。高温下，油脂的化学反应和酶促反应以及生物代谢明显加剧，氧化反应的速度加快，脂肪酶活性增加，蛋白酶、解脂酶加速了不饱和脂肪酸的氧化分解，使油脂发生酸败。同时，温

度越高，上述反应越快，酸败速度越快。油脂储藏过程中主要的变化是氧化酸败。氧化酸败必然导致油脂品质的变化，包括油脂本身的物理性质、化学性质以及加工品质、营养品的变化。

以上结果说明，反射隔热涂料能有效降低日照对油罐的辐射，达到控制油温的目的。此外，太阳热反射涂料还具有耐腐蚀、不易剥落的优点。

2. 反射隔热涂料在其他地区储油罐上的应用 [9]

在与青海省西宁市相距数千里之外的江苏省，南京铁心桥国家粮食储备库也于2009年进行了反射隔热涂料的类似试应用，并得出大致相同的结论。

在食用油罐表面使用反射隔热涂料可以有效控制罐温和油温随气温上升的速度，是一种低成本的控温储油方法。该涂料可以大幅度降低钢板储油罐的温度，并能有效地起到防腐、防水、保温和阻燃的作用。在夏季烈日辐照、气温32℃以上时，使用反射隔热涂料与使用普通防腐油漆相比，储罐内温度降低15℃以上。钢板储油罐表面涂装反射隔热涂料能够实现自主降温，不需消耗能源，对环境无污染，是具有发展前景的高效、节能材料之一。

六、危化液体储罐复合绝热涂层系统 [10]

1. 液体储罐复合绝热涂层系统概述

（1）涂层系统构造　这里所说的危化液体复合绝热涂层系统具有保温、保冷的绝热功能，该系统能够防止储罐内部温度的变化或使之变缓。绝热涂层系统是由多道涂层组成的复合涂层构造，其构造如图4-3所示。

从图4-3可见，危化液体储罐复合绝热涂层系统主要由防腐底层、喷涂聚氨酯硬泡保温层和有反射隔热功能的装饰面层构成。在聚氨酯硬泡保温层和反射隔热面涂层之间设置了界面过渡层，这种由聚苯颗粒和抗裂抹面砂浆组合而成，既有一定的保温隔热性能，又有较好的力学强度的结构层，能够产生保温隔热和抗裂功能。

（2）各涂层特征　在绝热涂层系统结构中，防腐底层的功能主要是防腐和保证涂层系统与基层（储罐表面）的黏结；保温层为保温性能非常优异的喷涂聚氨酯硬泡层，且经实验研究表明该保温层的厚度为5cm时具有较好的技术-经济效益；反射隔热功能面涂选用加有空心陶瓷微珠为填料的高效热反射层，使高反射功能填料在涂层中形成反射层，提高涂层的热反射率；保温层和反射隔热层的配套应用形成了保温、保冷的绝热功能涂层系统；通过反射层对太阳热

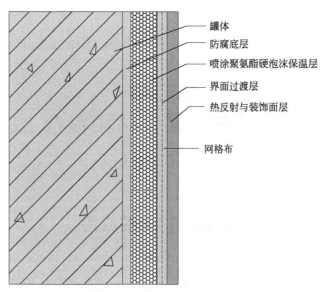

图 4-3 危化液体储罐复合绝热涂层系统的构造示意图

能辐射的反射作用和高效保温层对辐射和对流传热的有效抑制，使绝大部分的辐射热能得到阻隔和反射，加之底层的良好防腐性能，得以实现绝热和防腐的目的。

（3）液体储罐复合绝热涂层系统中各功能层的涂层厚度 各功能涂层的涂层厚度为：环氧云铁防腐底层厚度 $50\sim60\mu m$；聚氨酯硬泡保温层厚度 5cm；聚苯颗粒和抗裂抹面砂浆（内敷设网格布加强）过渡层厚度 0.5cm；热反射与装饰面层厚度不小于 $80\mu m$。

2. 液体储罐复合绝热涂层系统的绝热性能

将该绝热涂层系统试应用于 $13m^3$ 和 $40m^3$ 槽罐中进行绝热试验，结果发现：在夏季，将这两个储罐中储满水，当试验储罐旁边的消防棚内的温度在 $20\sim42℃$ 之间（即 22℃温差）波动时，两个储罐内的水温仅在 $2\sim4℃$ 范围内波动。这说明，该液体储罐复合绝热涂层系统的绝热性能良好，可以在外界环境温度波动变化大的情况下，实现罐内液体的保温与隔热。

3. 液体储罐复合绝热涂层系统的物理力学性能

该液体储罐复合绝热涂层系统的物理力学性能良好，钢板与底涂之间、过渡层与热反射层之间的附着力均为 1 级，底涂与保温层之间、保温层与过渡层之间的黏结强度分别为 6.3MPa 和 5.2MPa；耐盐水及盐雾测试中，涂层系统表面无起泡、脱落现象。保温层为 5cm 的涂层的系统压缩强度约为

$0.35N/mm^2$。

第二节
反射隔热涂料在金属板材和粮仓上的应用

一、反射隔热涂料在金属板材上的应用

1. 概述

反射隔热涂料以前应用的基层主要是金属、水泥基材料和玻璃，这是应用比较成熟的领域，例如建筑物墙面和屋面、化工金属储罐、输送管道和建筑外窗玻璃、幕墙玻璃等。不过，进一步扩展应用的研究领域包括纸张、织物、塑料（例如安全帽、汽车塑料零件）等还在不断增多。

预涂金属板材具有轻质高强，色彩鲜艳美观，优良的耐候性、耐腐蚀性和装饰性而得到非常广泛的应用。然而涂覆在金属板材表面的涂料通常对太阳辐射能量的反射性能较差，在炎热的夏季，金属板材会吸收大量的太阳辐射热而使金属板材自身温度升高。就建筑物用的这类板材在这种情况下来说，由于金属本身具有良好的导热性，进而会影响室内的舒适性，增加建筑制冷能耗，尤其对于大跨度建筑物。有研究表明夏季金属屋面空调负荷占整个建筑物空调负荷的40％以上[11]。因而，在人们认识到反射隔热涂料的隔热功能优势后，用反射隔热涂料代替普通预涂卷材涂料进行预涂或者使用反射隔热涂料在现场对预涂卷材构件或制品进行再涂覆成为必然。

本节的金属板材主要包括各种用途的预涂卷材、金属屋面板、金属夹芯板等。其实，实际中应用的大多数金属板材都是预涂板材。例如，金属屋面板、金属夹芯板等都是预涂卷材的再加工产品，而建筑行业也成为预涂板材的最大应用领域。

在粮食储仓上应用反射隔热涂料是我国对反射隔热涂料应用研究起步较早的领域[12]，至今仍有不断的应用研究[13~17]，并且多数情况下均取得比较好的试用效果。因而，储粮仓库的屋面是反射隔热涂料适用的工程领域。应该说，粮仓也是建筑物的一种，应属于建筑反射隔热涂料的应用范畴。但粮仓绝不同

于建筑工业中的工民建和公共建筑，应该属于工业厂房的一种。

2. 金属板材用反射隔热涂料性能要求

就反射隔热涂料应用于金属屋面板表面来说，其应用已经成为相对成熟的技术，已经得到较多的应用和研究，并且早已颁布了两个产品标准，即建工行业标准 JG/T 402—2013《热反射金属屋面板》和 JG/T 375—2012《金属屋面丙烯酸高弹防水涂料》。后一标准在产品分类上将金属屋面板分成普通型和反射型两类；并规定反射型防水涂料的太阳光反射比（白色）和半球发射率均不小于 0.80。

JG/T 402—2013 标准对涂装反射隔热涂料的反射型金属屋面板的涂层热工性能要求如表 4-6 所示。

表 4-6　JG/T 402—2013 标准关于反射型金属屋面板的涂层热工性能要求

项　目	指标要求		
	$L^* \leqslant 40$	$40 < L^* < 80$	$L^* \geqslant 80$
近红外反射比/%	≥40	≥L①	≥80
太阳光反射比/%	≥25	≥40	≥65
隔热温差/℃	≥7	≥10	≥15

① L 为涂膜的明度值。

3. 反射隔热涂料在金属板材上的应用效果举例

夏热冬暖地区是反射隔热涂料能够"大显身手"的气候区，屋面更是最佳场合。在建筑金属屋顶涂覆反射隔热涂料后的结果表明[18]，太阳热反射涂料隔热降温效果明显，是对该地区厂房类建筑进行反射隔热简单可行的节能手段。

此外，日本的研究也显示，将日本长岛特殊涂料公司生产的水性反射隔热涂料与一般涂料分别涂覆于面积为 3624m² 由钢板构成的仓库屋顶，经过夏季 4 个月的监测，得到的结果是，涂覆水性反射隔热涂料的仓库在这 4 个月里节约电气费用 358244 日元，基本费用减少 1254900 日元，且涂覆水性反射隔热涂料的仓库比涂覆一般涂料的仓库室内温度低 9.2℃[19]。同一文献的信息表明，澳大利亚的 Coolshield 公司的 Solacoat 产品可屏蔽 94% 的太阳辐射，用于镀锌铁皮上时，可使其表面温度降低超过 40℃，这样可使工作场所降温 20℃。

二、 反射隔热涂料在彩钢瓦夹保温棉预制板上的试应用[20]

1. 试应用涂料及其施工

试应用的热固型反射隔热涂料是以溶剂型氟碳树脂和丙烯酸树脂复合物为

成膜物质，以金红石型钛白粉为主要颜料，以陶瓷空心微珠为功能填料的双组分溶剂型反射隔热涂料。

将涂料按照普通溶剂型涂料的施工方法涂刷在彩钢瓦夹保温棉预制板的顶面。涂刷 3 道，使干膜厚度达 $80 \sim 100 \mu m$。

2. 试应用彩钢瓦夹保温棉预制板构造

试应用彩钢瓦夹保温棉预制板为上下两层彩钢瓦（镀铝锌钢板，每层厚 1mm，总厚度 2mm），中间夹两层 50mm 厚保温棉，因而保温棉总厚度 100mm。彩钢瓦夹保温棉预制板出厂前，工厂将其压缩至标准总厚度为 50mm。这种预制板具有隔热、保温、隔声和防火功能。

3. 试应用目的

试验楼房为南宁市一栋工业厂房。以该厂房东西轴为界，在西南面的楼顶顶面选取面积为 $10m \times 10m = 100m^2$ 的面积涂刷热固型反射隔热涂料，与西北面相应面积未涂刷涂料的楼顶进行顶面与底面的温度对比测试。测试内容是针对涂刷反射隔热涂料与未涂刷涂料的楼面顶面和底面进行温度对比，研究和分析反射隔热涂料的隔热效果。

4. 试验结果及其分析

测得的楼顶不同部位的温度和测试时的环境温度见图 4-4。图中，T_1 为未涂刷涂料保温板的顶面温度，T_2 为涂刷溶剂型反射隔热涂料保温板的顶面温度。

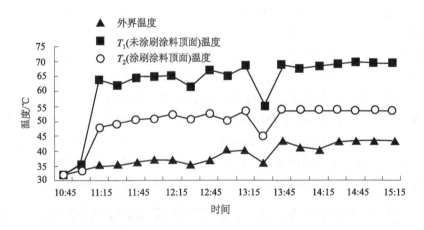

图 4-4　未涂刷涂料保温板与涂刷涂料保温板的顶面温度

（1）外界温度对未涂刷涂料与涂刷涂料彩钢瓦夹保温棉板顶面温度的影响

从图 4-4 可知，随着外界温度上升，未涂刷涂料与涂刷涂料保温板的顶面温度都上升，这是因为在夏季晴日太阳时刻向地球辐射着巨大的能量，彩钢瓦夹保温棉板的屋顶面因吸收太阳热量而温度上升。但是，涂刷涂料屋顶面的温度从11:00 至 15:15 始终比未涂刷涂料屋顶面的温度要低，温差 ΔT 数值在 13～21℃之间。这是因为，热固型反射隔热涂料的涂层表面发挥了反射功能，它将大部分太阳光反射或散射出去，减少热量在屋顶板面的吸收和积累。

在 13:30 时，由于受云层遮挡原因，外界温度从 13:15 时的 41.3℃突然降至 35.7℃，温度下降了 5.6℃，未涂刷涂料保温板顶面的温度从 68.5℃降至 55.1℃，温度下降了 13.4℃，涂刷涂料保温板的顶面温度从 53.4℃降至 43.3℃，温度下降了 10.1℃。涂刷涂料保温板的顶面温度始终比未涂刷涂料保温板的顶面温度低。

（2）未涂刷涂料保温板与涂刷涂料保温板底面的温度　如图 4-5 所示，T_3 为未涂刷涂料保温板的底面温度，T_4 为涂刷热固型反射隔热涂料保温板的底面温度。

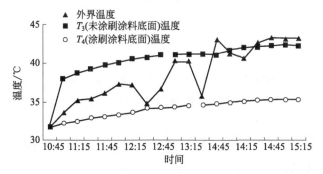

图 4-5　未涂刷涂料保温板与涂刷涂料保温板底面的温度

从图 4-5 可知，在 12:30 和 13:30 时，由于受云层遮挡原因，外界温度曲线出现小幅和较大的波动。但未涂刷涂料保温板的底面温度曲线和涂刷涂料保温板的底面温度曲线并未像图 4-4 那样有明显的波动和下降，说明未涂刷与涂刷涂料保温板都发挥了隔热作用。测试从始至终涂刷涂料保温板的底面温度从未超过 35.5℃，并且与未涂刷涂料比较，底面温差 ΔT 数值保持在 6～7℃。值得关注的一个实验现象是未涂刷涂料保温板的底面温度＞外界温度＞涂刷涂料保温板的底面温度。

从未涂刷涂料保温板的底面温度高于外界温度可知，彩钢瓦夹保温棉预制板的隔热作用效果有限；由外界温度高于涂刷涂料保温板的底面温度这一事实可知，保温板涂刷热固型反射隔热涂料后隔热效果显著，涂层中的隔热材料发挥功能，抑制热量由顶面向底面传递，整个隔热过程是平稳和持久的。

三、防水型反射隔热涂料工程应用两例

1. 在加芯钢板屋面上的应用

（1）基本情况简介　某汽车装配车间屋面为双面钢板、中间夹聚苯乙烯泡沫的轻型屋面，厂房平面尺寸为300m×75m。该屋面经6年使用后，在板材搭接、螺丝钉等部位产生渗漏。为此，采用一种聚合物乳液类防水型反射隔热涂料对该屋面进行整体处理[21]。

（2）屋面防水型反射隔热涂料涂层系统构造　轻型屋面隔热防水构造如图4-6所示。

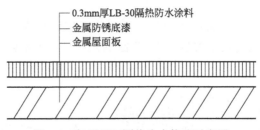

図 4-6　轻型屋面隔热防水构造示意图

（3）工程隔热防水效果　涂料施工2d固化后，经测温，喷涂与未喷涂的表面温度差为3℃。一年后复测，室外温度为28℃，室内温度为22℃，隔热效果明显且稳定。

应用三年多，厂房屋面无渗漏，证明该屋面防水型反射隔热涂料具有良好而耐久的防水效果。

2. 在平房仓屋面防水改造工程中的应用[22]

福建某储粮直属库建造时屋面采用SBS卷材防水，于2016年再次对部分仓房屋面进行SBS卷材翻新，并于2018年使用聚合物水泥防水涂料和反射隔热涂料对11号仓、12号仓屋面进行防水隔热工程改造。下面介绍11号仓、12号仓屋面防水隔热改造工程情况，从中可以看出反射隔热涂料在这类屋面上应用的潜力。

（1）仓房基本情况　福建某储粮直属库于2006年建成，为折线型平房仓，每个仓廒长30m，宽24m，堆粮线高5m，屋面采用SBS卷材防水。仓房侧重于防水功能，隔热效果一直不好，夏季仓内温度最高达到33℃以上，对储粮十分不利。于是，在2018年7～8月期间在11号仓、12号仓屋面进行改造试验，目的是为了提高仓房的隔热性与气密性。

改造前，11号仓、12号仓屋顶防水卷材出现龟裂、起翘、脱落等老化现象，造成 11 号仓东北面屋顶严重漏水；12 号仓东南角屋顶也有渗漏现象，严重影响仓内隔热控温效果，因此对 11 号仓、12 号仓屋顶进行防水及隔热处理。

（2）试验仓与对照仓　试验仓为 12 号平房仓，小麦入库时间为 2016 年 7 月，水分 12.5%，杂质 0.7%，不完善粒 4.8%，密度 789g/L。试验仓采用聚合物水泥防水涂料和反射隔热涂料进行防水及隔热处理。

对照仓为 16 号平房仓，小麦入库时间为 2017 年 11 月，水分 11.9%，杂质 0.3%，不完善粒 3.9%，密度 801g/L，2016 年 7 月完成其屋面的 SBS 防水卷材翻新。

（3）材料与施工　屋面主体防水材料采用聚合物水泥防水涂料，隔热材料为反射隔热涂料，主体防水层内采用聚酯无纺布增强。

施工采取"一布六涂"工艺："一布"为聚酯无纺布，"六涂"指的是辊涂聚合物水泥防水涂料和反射隔热涂料，共六道，施工时间近一个月。11、12 号仓顶屋面施工时，对仓内无影响，不影响仓内储存粮食。施工时，未对原有卷材防水层进行整体铲除，只是对卷材破损开裂处和屋面空鼓处进行局部裁割，然后用增稠液加网格布进行修补，确保屋面平整。

施工工艺为先刮涂一道 JS 聚合物水泥防水涂料，通过第一道涂料将仓顶凹凸不平及孔缝补实，形成平整屋面层。

待第一层涂料干后进行第二道辊涂 JS 聚合物水泥防水涂料，辊涂后即刻粘贴聚酯无纺布。此后再在无纺布上整涂两道 JS 聚合物水泥防水涂料，保证防水涂层的干膜厚度不小于 2mm。

JS 聚合物水泥防水涂层固化并养护 7d 后，辊涂两道反射隔热涂料。施工时确保反射隔热涂料用量达到 750g/m²。

（4）使用反射隔热涂料后的反射隔热效果　防水隔热改造工程完工后，于 2018 年 9 月 7 日开始，每天对 12、16 号试验仓屋面温度、仓内顶部温度、粮堆表层温度进行检测，屋面温度检测设 6 个点，仓内顶部温度检测设 5 个点。每周一、三、五对仓内粮食进行测温以检测粮温变化情况。

① 隔热效果　通过 1.5 个月的检测表明，试验仓仓外屋面温度比 SBS 防水卷材改造仓房外屋面最高点低 15.3℃。夏季仓外温度越高，太阳光越强，两者温差越大。

仓内屋顶温度检测表明，试验仓内屋顶温度较 SBS 卷材仓最高低 7.1℃；仓内上层粮食温度检测表明，试验仓仓内上层粮温比 SBS 卷材仓上层粮温最高低 6.6℃。试验仓内改造后比未改造前温度有明显下降，说明使用反射隔热涂料后起到很好的隔热效果。

② 防水效果 11 号、12 号两座储粮仓使用 JS 聚合物水泥防水涂料、反射隔热涂料改造后，屋顶均未再出现渗漏现象。

③ 试验仓使用反射隔热涂料后的熏蒸效果 12 号试验仓 2017 年与 2018 年第一次投药量均为 24kg，2017 年通过熏蒸检测，2017 年熏蒸磷化氢浓度在 300×10^{-6} 以上，维持 18d 后补药 16.5kg，改造后 2018 年熏蒸磷化氢浓度在 300×10^{-6} 以上维持了 29d，达到预期杀虫效果，未进行补药。改造后仓内浓度保持 300×10^{-6} 以上时间比改造前延长 11d，从两次熏蒸效果来看均达到熏蒸杀虫目的，但改造后用药量减少，仓内气密性明显提高。

（5）反射隔热涂料在储粮仓顶屋面应用潜力分析 上述储粮仓顶屋面防水隔热改造是在保留原 SBS 卷材基础上进行的，同时解决了防水和隔热问题。这种改造有效解决了仓顶长时间受太阳照射龟裂、小雨渗漏等问题，特别适合高温高湿储粮区使用。

从工程造价看，防水隔热改造每平方米较 SBS 卷材翻新高 10~25 元，但反射隔热涂料的使用除了获得隔热性和气密性等功能作用外，二者的保修期差别很大。防水隔热改造保修期为 8~10 年，SBS 卷材翻新保修期仅为 1 年。可见，通过改造可减少仓房的维修费用，同时保管费用降低，粮食出库品质提高。

由于反射隔热涂料的应用，储粮仓外屋面温度变化明显变小，并有效减少热量向仓内的传入，使仓内屋顶温度、仓温、上层粮温在夏季都保持较为稳定的状态，这为粮食的保管，特别为稻谷仓的储藏提供了很好的条件。因而，反射隔热涂料的应用能够延缓粮食的劣变，推迟害虫滋生繁衍的时间，提高熏蒸杀虫的效果，对于安全储粮具有十分重要的意义。

无独有偶，在陕西省一座类似的高大平房仓上，同样使用 JS 聚合物水泥防水涂料、反射隔热涂料对原 SBS 卷材防水屋面改造，其后的测试结果也表明[23]了大致相同的隔热降温与防水效果。这种南北两地相距遥遥且气候区不同，而得到基本相同的结果，足以说明对已经出现渗漏而需要维护或翻新的 SBS 卷材防水屋面，使用 JS 聚合物水泥防水涂料-反射隔热涂料体系进行改造提供了一项可供选择的技术。

四、防水型弹性反射隔热涂料在高大平房仓上的应用

1. 在中央储备粮乌鲁木齐直属库的应用[24]

低温储粮是保持储粮品质良好，抑制储粮害虫，避免化学药剂污染，达到绿色储粮的最好方法。因而，低温储粮将会成为一种主要的储藏方式在 21 世纪被采用。

高大平房仓不仅配备了机械通风系统、环流熏蒸系统、粮情测控系统和谷物冷却系统等先进的储粮设施，而且由于粮食的热导率为 $0.461\sim0.921\mathrm{W/(m\cdot K)}$，本身就是良好的隔热材料，以及庞大的储粮体积更有利于保持低温状态。我国北部和中部地区自然冷源充足，特别是北部一年日平均气温不高于 $0^{\circ}\mathrm{C}$ 的天数很多，乌鲁木齐就有 138d。实践证明，高大平房仓经冬季通风后整年内部粮温都可达到低温水平，可以节省大量的制冷费用，但在夏季高温时期仓温较高，可达 $30^{\circ}\mathrm{C}$ 以上，表层温度上升较快，对夏季安全储粮构成威胁。其主要原因是高大平房仓不仅屋顶面积大，而且因为黑色的防水材料，能够吸收太阳辐射热的 85% 左右，是白色光滑屋面吸热量的 1.63 倍。

仓库热量的 80% 来自仓顶，其传热量比仓墙大 16 倍。因此，要使夏季表层粮食保持低温，关键是做好表层隔热保冷工作。采用新型防水弹性反射隔热涂料不仅能有效解决夏季表层粮温回升较快的问题，还能克服传统压盖隔热的种种弊端。

（1）试验仓和对照仓　选择中央储备粮乌鲁木齐直属库的 21 号仓为试验仓，20 号仓为对照仓，两仓均为长 54m、宽 24m、檐高 8m、方位相同、朝向相同的折线型屋架高大平房仓，仓顶面积均为 $1555.2\mathrm{m}^2$。

（2）反射隔热层施工　首先清洁仓顶表面，对试验库进行仓顶表面处理，清扫屋顶粉尘和砂粒并用水冲洗干净后自然干燥。

其次是涂刷防水型弹性反射隔热涂料。采用"一底三中二面"的方式涂刷，干膜厚度分别为：底涂层 $20\mu\mathrm{m}$，中间防水涂料中衬一道无纺布防裂，干膜厚度 $1100\mu\mathrm{m}$，表面涂刷仓顶防水型弹性反射隔热涂料两道，干膜厚度不小于 $60\mu\mathrm{m}$（干膜厚度最好在 $80\sim100\mu\mathrm{m}$）。

最后是涂层养护。涂刷间隔不小于 12h，在未成膜前避免雨淋和浸泡，施工后养护时间不小于 48h。

（3）储粮夏季的管理　应做好以下几点：一是严格按照《粮油储藏技术规范》和《高大平房仓储粮技术规程》的要求，结合实际天气情况，利用早晨气温低的时段进仓检查粮情；二是对照仓在夏季高温时节白天关闭门窗，并对其进行模塑聚苯板隔热密闭，夜间利用相对低温有利时机开启轴流风机排除仓内积热；三是准确、真实、无误地记录每天的气温、仓温和粮温变化情况。

（4）防水型弹性反射隔热涂料的工程应用效果分析　试验自 2016 年 7 月开始，至 9 月中旬结束，气温、试验仓和对照仓的仓温及粮温等变化情况见图 4-7。

试验仓经屋面改造后，在短短的两个月时间内，仓温和表层粮温均低于对

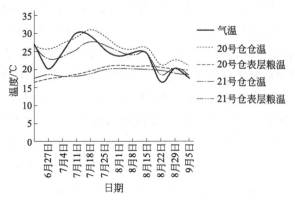

图 4-7 气温、试验仓和对照仓的仓温、粮温变化情况

照仓 2～3℃，说明屋面采用防水型弹性反射隔热涂料能有效地控制仓温，延缓表层粮温上升，有利于实现低温储粮。

防水型弹性反射隔热涂层的工程造价按使用寿命折合成每年的费用，造价低于同类产品。由于全年低温储粮，可以有效防止储粮害虫孳生，因此节约了机械制冷费、熏蒸费、毒物补贴费、压盖材料费、物料消毒费及大量的人工费等，从长远角度看经济性能很好。此外，对照仓在高温季节夜晚凉爽时开启轴流风机排除积热，而试验仓则不用。储粮管理方便，符合仓库设施现代化和仓储管理现代化的要求。

2. 反射隔热涂料在储粮仓库屋顶上的应用优势分析

与常用的储粮仓库屋顶保温隔热措施相比，使用反射隔热涂料具有成本较低、耐用期限长、隔热性能可靠、管理方便、对防水层保护性能良好以及保养维护、翻新等方便、成本低等优势。

上述结果是在中央储备粮乌鲁木齐直属库得到的，当同样的材料与方案应用于气候区为夏热冬冷区的江苏省常州地区储粮仓库[25] 时，也得到了相似的结果：使用直接涂装防水隔热涂料的方案改造仓顶，能够有效反射太阳辐射热，防止仓温回升，并能有效抑制害虫孳生，防止储粮发热和品质劣变，符合绿色储粮的要求等。下面介绍其试应用所得到的结论分析。

（1）延长沥青防水层使用寿命　沥青的软化点一般为 80～90℃，表面温度过高会使其软化，加速老化。同时昼夜温差过大也会破坏防水层，一方面由于沥青与基体保温板材的热膨胀系数不同，反复的升温-降温变化冲击会使防水层与基体脱离，形成鼓泡或鼓包（有的粮库施工时已普遍发现有防水层鼓起的情况）；另一方面反复的膨胀收缩会使防水层以及接缝处产生应力疲劳，出现渗漏点，缩短防水层使用寿命。此外，由于沥青为芳烃化合物，对紫外线的抵抗能力很差，长时间受紫外线照射会使沥青变脆、硬化。

尽管很多防水层采用了改性沥青来增强其抗紫外线能力，但效果往往不好。反射隔热涂料采用特殊紫外交联固化的聚丙烯酸酯树脂或耐久性更好的成膜物质，抗紫外线能力强，使用寿命相对较长，直接涂刷两道至三道，干膜厚度不小于 $60\mu m$（最好是 $80\sim100\mu m$）。施涂于沥青表面后可有效防止紫外线破坏沥青防水层。延长沥青防水层使用寿命，降低维护成本。

（2）经济效益分析　常用的储粮仓库屋顶有架空隔热层、铝箔、反射隔热涂料和有机保温板材等。

架空隔热层成本太高，隔热效果不好。反射隔热涂料不但价格比铝箔便宜，隔热效果也好，使用年限久，兼具防水防腐功能。实际应用中有的铝箔屋顶使用不到两年，铝箔就已氧化脱落，不但丧失隔热效果，也直接影响下面防水层的构造，对后期改造工程造成很大困难。

使用太阳热反射隔热涂膜，可直接取消架空隔热层、有机保温板材、铝箔等，并减少一道柔性防水层，建设成本降低。

第三节
路用反射隔热涂料及应用研究

一、概述

1. 沥青路面高温危害

沥青路面在城市和城际公路中的应用很普遍。由于沥青路面呈黑色，对太阳热辐射的吸收可达 $0.85\sim0.95$。在夏季，太阳热辐射强度高，日照时间长，极易导致沥青路面温度升高。在高温条件下，沥青性能从弹性体向塑性体转化，劲度模量下降，抗变形能力降低，在车辆荷载作用下会出现车辙。

车辙会对原有路面产生破坏，并诱发其他病害，雨天还会在车辙内积水以及冬季车辙内聚冰，造成路面防滑能力下降。

当气温低于 $30℃$ 时一般不会有大的车辙；气温超过 $38℃$ 车辙深度会很快增大；若连续超过 $40℃$，则路面可能会发生严重的车辙损坏，车辙深度可能会以

171

厘米级速度发展。

过高的路面温度不但易产生车辙，还会由于轮胎与路面的摩擦生热，胎内气压随之增高，使轮胎胎体发胀变薄而产生爆胎的危险。

在夏季，沥青路面一天的热辐射量可高达草地的 10.7 倍。而在晚上，草地不但不向大气辐射热量，还能从大气中吸收热量；沥青路面则从傍晚 18:00 到次日早 6:00 向大气辐射的热量仍占一天的 1/3。

白天沥青路面温度远高于裸土表面温度，在午后温度上升超过 60℃，即使在日出前沥青路面温度仍高于大气温度 5℃。因而，沥青路面对公路沿线热物理环境会产生不良影响，特别是在建筑物密集且人工放热量大的大城市，沥青路面加剧了城市"热岛效应"。沥青路面反照率从 0.1 提高到 0.4，降低大气温度最高值可达 0.6℃。

2. 沥青路面用反射隔热涂料的特点

应用于沥青路面的反射涂料属于反射隔热涂料的一类，由于具有较强反射太阳辐射热的能力，施涂于路面后，能够将一部分太阳辐射热反射到大气中，抑制路面温度上升。这种涂料在日本的沥青路面已大量应用，根据其工程实践的总结，具有以下特点：

（1）可降低沥青路面表面温度 10～15℃，甚至更高；由于减少路面的蓄热量，不仅能降低白天路面温度，对城市"热岛效应"也有所缓解。

（2）施工操作方便，开放交通早。由于热反射型沥青路面所用涂料属于冷涂型涂料，施工时无需加热，小面积涂刷时无需专用设备；涂料干燥快，对交通的影响小。

（3）由于涂料涂刷于路表，降温效果下降后可通过重复涂刷而恢复路面降温能力，保持降温的长久性。

（4）适用于新、旧沥青路面。对于特殊功能路面，如开级配防滑磨耗层（OGFC），不会降低路面原有的透水、降噪、防滑等性能。

（5）针对不同功能的使用场合，如行车道、人行道、公园、广场等，可以选择不同的颜色，从而提高美观性。

（6）抗滑方面稍有不足，但可通过添加防滑颗粒补偿。

3. 反射隔热涂料在沥青路面中的发展与应用

反射隔热涂料虽然在石油、建筑等行业都得到成功应用并大量应用，但直到 21 世纪初才在路面中由日本得以首次应用，但随后其发展速度极快，在日本已经形成较大的应用规模，成为除建筑以外的第二大反射隔热涂料领域。例如，2015 年度日本的路面用反射隔热涂料的销售量达到 324.4t[26]。

　　我国对于路用反射隔热涂料的研究只有 10 年左右的时间，但也已经进行了很多研究。近年来，我国部分高校相继研发了可降低路面温度的反射隔热涂料，并进行了路用试验，铺装了试验路。但是，目前我国反射隔热涂料用于沥青路面降温还处于研究探索阶段，仅有部分高校开展相关技术研究工作[27]，像日本那样大面积推广应用尚待时日。

二、热反射型沥青路面降温机理

1. 热反射型沥青路面降温及环境改善机理

　　黑色的沥青路面对太阳热辐射吸收率可高达 $0.85 \sim 0.95$，在太阳热辐射长时间照射下温度极易升高。提高沥青路面反照率是抑制沥青路面温度上升的有效办法。

　　热反射型沥青路面降温工作机理如图 4-8[28] 所示。对比发现，热反射型沥青路面由于路表面与普通沥青路面相比多了一层反射隔热涂料涂层，增大了对太阳热辐射的反射能力，使得进入沥青路面结构的热量减少，较少的热量不足以再使得沥青路面温度升高过大；添加的玻璃（或陶瓷）空心微珠，由于其内部填充惰性气体，热导率很低［小于 $0.055 \mathrm{W}/(\mathrm{m} \cdot \mathrm{K})$］，也减少了热量进一步在路面结构层内的传导；添加的辐射材料，增加了涂层在大气"红外窗口"的辐射能力，产生了一定的辐射制冷作用。

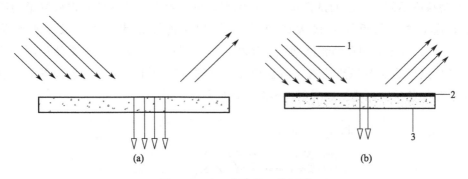

图 4-8　路面热降温工作机理

（a）普通路面的太阳辐射热反射状况，路面吸收大量的太阳辐射热；（b）涂装反射隔热涂料
路面的太阳辐射热反射状况，路面因反射隔热涂膜的反射，吸收太阳辐射热大大降低
1—太阳辐射热；2—反射隔热涂膜；3—沥青路面

　　总之，热反射型沥青路面主要依靠涂层对太阳热反射减少太阳热辐射进入沥青路面结构层的热量，并通过添加阻隔热传导的材料与辐射材料分别起到减缓热量进入结构层速度与提高其对外辐射能力，从而达到"反射""热阻""辐

射"综合降低沥青路面温度的目的，也即热量传导的三种机制在路面反射隔热涂层中得以综合发挥。

热反射型沥青路面环境改善机理在于，物体的辐射能力与该物体的温度呈四次方幂指数关系，热反射型沥青路面温度降低则其对周围物体，尤其是近路面大气的辐射能减少，例如沥青路面温度从 60℃ 降到 50℃，则辐射能从 641W/m² 降低到 568W/m²，因而减少了沥青路面自身通过辐射对近路面大气热量的传输，从而改善了近路面大气温度环境，有助于缓解"城市热岛效应"。

此外，热反射型沥青路面能够将路面高温时的能量以长波辐射的形式向外发射出去，由于其表层的太阳热涂层中的功能性填料具有特殊的红外特性，即能够在 $3\sim5\mu m$ 和 $8\sim13.5\mu m$ 波段内有高的发射率，使得其热量以长波辐射的形式通过大气"红外窗口"而不被大气所吸收，因此能够有效地降低大气温度。

2. 热反射型沥青路面降温特点

热反射型沥青路面主要通过增大对太阳热辐射的反射，减少太阳热辐射进入沥青路面结构层，从而抑制沥青路面温度的上升，因此热反射型沥青路面降温效果一方面取决于太阳热辐射强度的大小，另一方面也与其自身对太阳热辐射的反射能力有关，而后者往往会因涂料的颜色不同降温效果不同。

如所熟知，不同颜色的涂料对太阳热辐射有着不同的吸收和反射能力，即涂膜的颜色越浅，降温效果越好，但总的来说主要与其反射率的大小有关，图 4-9 为涂刷不同颜色后的试件温度对比情况，可以看出白色涂料降温效果最为明显，这主要是其反照率最大达到了 0.6，黑色降温效果最差，其反照率为 0.25[29]。对于应用在沥青路面上的涂料，考虑到行车安全，应尽量使用深色系且高反照率的反射隔热涂料，而且现在"冷颜料"的开发应用在很大程度上解决了深颜色反射隔热涂料反射性能降低的问题。

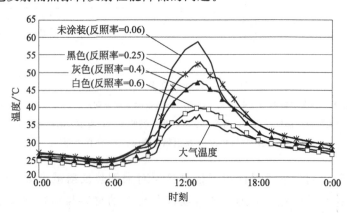

图 4-9　不同色调（反照率）的涂料降温效果试验

三、路面用反射隔热涂料成膜物质和功能性填料的选用

1. 路面用反射隔热涂料成膜物质选用的主要研究结果

由于目前国内路用反射隔热涂料还处于材料研发过程和工程试用阶段，因而制备路用反射隔热涂料可能选用的成膜物质也处于研究试验阶段，所以下面仅介绍一些路用反射隔热涂料研究过程中选用成膜物质的主要研究结果。

从已有的文献资料看，目前选用来制备路用反射隔热涂料成膜物质的原则：一是应避免选用结构中含有 C—O—C、C $=$ O 和—OH 等基团的树脂（这与其他应用领域的选用原则是一致的）；二是根据不同的应用场合进行选择。例如，溶剂型聚丙烯酸酯树脂多用于行车道；聚脲树脂多用于行车道或人行道；聚丙烯酸酯乳液多用于人行道。同时，已经用于制备路用反射隔热涂料的成膜物质主要有硅丙乳液、聚丙烯酸酯树脂、不饱和聚酯树脂、聚氨酯树脂、乙烯基树脂改性环氧树脂、聚脲树脂、有机硅改性聚丙烯酸酯树脂等。

当成膜物质使用硅丙乳液时[30,31]，所制得的路用反射隔热涂料可以有效地提高沥青路面的反射率，降低沥青路面的平衡温度，可以降低表面温度达 11.4℃。应用热反射涂料后路面的抗滑性能略有降低，但仍满足路用要求。应用于某高速公路时，存在着逆反射系数较高、使用寿命较短、抗滑性较差等缺点。同时硅丙乳液的耐化学腐蚀和耐沾污性尚满足不了要求。新施工的热反射涂层的眩光性能介于普通路面和交通标线之间，在使用过程中逐渐降低。

当成膜物质使用含氟乳液时[32]，所制得的路用反射隔热涂料降温效果良好、耐水性和耐沾污性能优良，然而其黏附性和耐磨性较差且易剥落。

当成膜物质使用不饱和聚酯，同时配以过氧化甲乙酮（MEKPO）/烷酸钴体系作为涂料的固化体系时[33]，固化后涂膜表面状况良好，固化时间适用于路面施工；涂料具有良好的耐水性、耐油性、柔韧性、耐磨性和抗滑性，在夏季高温季节可降低路面温度近 10℃。其涂料首次实现了热反射材料在国内排水性沥青混凝土路面上的应用[34]，经过一段时间观察，发现涂层的降温效果下降，且外观有剥落、变色等现象。

当成膜物质使用乙烯基树脂改性环氧树脂（聚丙乙烯基树脂）时[35]，制备的涂料性能良好：具有明显的降温效果，最高降温幅度可达 12.5℃，且涂层的耐水、耐碱性优良；通过添加标准砂可以提高涂膜抗滑性能。

当成膜物质使用改性双酚 A 型环氧树脂时，反射隔热涂料降温效果良好，且增加涂层厚度在一定范围内有利于提高热反射涂层的降温效果，但会降低抗滑性能，撒布防滑颗粒则可以增强其抗滑性能[36~38]。此外，研究还发现[39] 以

环氧树脂为成膜物质的沥青路面反射隔热涂料，红色热反射涂层的降温性能最好，且涂层具有优良的耐磨性能。

2. 路面用反射隔热涂料成膜物质选用注意事项

上面介绍了一些研究对成膜物质的选用情况。实际上，路用涂料是一个很特殊的应用领域，有其对涂料性能的特殊要求，例如要求涂料具有很高的力学强度、良好的附着力、良好的耐磨性（特别是处于水浸蚀状态下的耐磨性）和耐紫外线照射的降解性等。

由于这些特殊要求，有些成膜物质是不适合路用涂料使用的，特别是一些水性化的成膜物质。在本书第三章溶剂型涂料成膜物质内容部分，曾提到涂料水性化的性能代价是很大的。对于像建筑涂料这类涂装于墙面上，涂膜在使用过程中不会受到很大的机械外力（路用涂料恰恰需要承受）作用的情况，是适合于水性化的。这也是墙面涂料目前几乎全面实现水性化的原因。

实际上，制备环境友好涂料水性化并不是唯一途径，还有高固体分涂料、活性稀释剂技术等。像聚氨酯涂料中的聚脲涂料，虽然也属于溶剂型涂料，但由于活性稀释剂的使用，已经实现100％固体分。某些高性能的环氧树脂涂料同样由于活性稀释剂的使用，其溶剂组分的用量也非常低，甚至接近100％固体分。

对于那些受到紫外线照射会发生粉化的树脂，当然也是不适合路用涂料使用的成膜物质。例如，普通环氧树脂就是这样一类材料。这类树脂不适合于作为涂料的主体成膜物质，当然为了改善涂料某一方面的性能作为改性物质适量添加则又当别论。同样，某些经过耐久性改性的环氧树脂亦不在此论之中。

值得指出的是，如果选用热塑性树脂作为成膜物质时，一个必须注意的问题是树脂的玻璃化温度问题。玻璃化温度太低是不合适的，因为夏季高温季节玻璃化温度低的树脂"高温回黏"问题严重，会带来诸如沾污和磨损加剧的问题。但是，当树脂的玻璃化温度太高时又会产生冬季低温"涂膜脆化"的问题。其实，其他应用领域已有的研究成果和应用经验有的是可以借鉴的。例如，普通型以及反射隔热型建筑外墙为了解决"涂膜高温回黏"问题而广泛采用具有紫外光固化性能的弹性树脂作为成膜物质。

总之，应从路面对涂层性能的具体要求着眼成膜物质的选用，而那些力学强度高、附着力强、耐紫外线降解和各种耐性好的树脂则在首选之列，反应固化型树脂尤应优先选用。

3. 路面用反射隔热涂料功能性填料的选用

反射隔热涂料的功能性填料是赋予涂料热工功能性的最主要材料，本书在第二章第一节中曾做了专门介绍。可应用于这类涂料组分的材料主要是玻璃空心微珠、陶瓷空心微珠、红外发射陶瓷粉、膨胀聚合物空心微珠等。当制备不同用途的涂料时，需要根据涂料的具体用途进行选用。具体到路用反射隔热涂料来说，相对于其他涂料，路用涂料的最大特点是其应具备很好的耐磨性。显然，在各种反射功能填料中，陶瓷空心微珠的强度最高，耐磨性最好；而当涂料为溶剂型时，考虑到溶剂可能会对膨胀聚合物空心微珠造成的腐蚀，应避免选用。红外发射陶瓷粉由于既具有向大气窗口发射太阳辐射热的性能，又具备良好耐磨性，是路用反射隔热涂料的良好功能性填料。

四、具有光催化性能的新型路用反射隔热涂料

这里的路用光催化型反射隔热涂料是一种可降解汽车尾气并具备热反射主动降温功能的涂料[40]，其以纳米金红石型 TiO_2（钛白粉）为光催化添加剂，在可见光和紫外线的照射下可发生光催化反应，将汽车尾气中 CO 和 NO_x 等有毒气体氧化为无机小分子、CO_2 和 H_xO 等无害物质；同时，均匀分布在涂料中的纳米 TiO_2（钛白粉）可反射红外光以降低物体表面对辐射能量的吸收，从而起到隔热、阻热、降低路面温度的效果。

1. 光催化型反射隔热涂料的制备

根据光催化与热反射原理选取纳米 TiO_2（钛白粉）为光催化剂，制备一种具有可降解汽车尾气和热反射主动降温功能的溶剂型光催化型反射隔热涂料。

（1）光催化原理　纳米 TiO_2 在受到紫外线照射后，在价带上形成带正电荷的空穴 h^+，可氧化吸附于纳米 TiO_2 表面的有机物，或先把吸附在纳米 TiO_2 表面的 OH^- 和 H_xO 分子氧化成羟基自由基，羟基自由基能氧化水中绝大部分的有机物及无机污染物，将其矿化为无机小分子、CO_2 和 H_xO 等无害物质。光催化原理见式(4-4)、式(4-5)。

$$NO+O_2 \xrightarrow{\text{纳米 }TiO_2+\text{紫外线}} NO_2 \qquad (4-4)$$

$$CO+O_2 \xrightarrow{\text{纳米 }TiO_2+\text{紫外线}} CO_2 \qquad (4-5)$$

（2）热反射原理　光催化型反射隔热涂料涂装于道路表面形成涂层，涂层中纳米 TiO_2 对光有较高的反射率，可反射红外光而降低物体表面对辐射能量的吸收。

（3）光催化型反射隔热涂料的配方　光催化型涂料的原料及其用量如表 4-7
所示。

表 4-7　光催化型涂料的原料及其用量

原料名称	用量（质量份）	原料名称	用量（质量份）
混合溶剂	20～25	石英粉	10～15
聚丙烯酸酯树脂	15～20	滑石粉	15～20
金红石型钛白粉	10～15	消泡剂	适量
分散剂	1～2	增稠剂	1～2
轻质碳酸钙	20～30	中和剂	适量

（4）光催化型反射隔热涂料的制备　首先将混合溶剂、聚丙烯酸酯树脂、
纳米 TiO_2 按配方依次加入剪切设备中，在 60℃ 温度下，开动剪切设备搅拌分散
至树脂完全溶解得到胶体；然后，在搅拌状态下依次加入分散剂、填料及适量
溶剂，低速搅拌直至均匀后，用中和剂调节 pH 值至 8.5；最后，依次加入增稠
剂和消泡剂，将温度提升至 70℃，混合搅拌均匀后置于 25℃ 下陈化一定时间制
得光催化型反射隔热涂料。

2. 光催化型反射隔热涂料的性能

使用自行设计的室内试验设备对光催化热反射涂料进行降解效能与热反射
效能试验，测试分析不同单位面积涂料用量对路面使用功能的影响，研究光催
化热反射涂层的路用耐久性能。其结果表明：

（1）二氧化钛的最小掺量为 10%，其可逆性失活在进行表面清洗处理后可
恢复达 90% 以上，而永久性失活影响程度较小。

（2）随光催化添加剂掺量的增加，对红外线的反射效能相应地提高，但当
其掺量增至 13% 后，掺量的继续增加对其最终的热反射效能并不会有太大的
提高。

（3）道路表面涂膜后会降低沥青混合料的抗滑性能，根据摩擦系数和表面
构造深度两项指标确定 $500g/m^2$ 为涂料用量上限值。

（4）在常温状态下涂料的黏结性较强，当环境温度高于 40℃ 和高低温环境
突变条件下，涂料黏结性降低，因此环境温度是光催化涂层黏结性最主要的影
响因素；水作用对涂层的黏结性影响较小，因此可提高路面的水稳定性；但过
低的涂覆量不能满足实际工程需求，$350\ g/m^2$ 为涂料用量下限值。

在高速公路收费站处，汽车采用怠速行驶致使汽油不完全燃烧释放大量 CO
和 NO_x 等有毒气体，对工作人员有危害；且由于渠化交通的影响，重载车辆在

低速通过收费站时易引起路面的车辙损坏，尤其是夏季高温时节，车辙损坏会更加严重。上面介绍的光催化型反射隔热涂料为解决这一问题提供了一种有希望的技术途径。

第四节
反射隔热涂料在涂布纸和织物等几个领域的应用研究

　　前面介绍的反射隔热涂料在几个领域的应用，是属于应用技术相对成熟、应用量较大、范围较为广泛、或虽然没有形成成熟的应用技术和得到实际应用，但已经得到较多研究的一些领域（例如路用领域）。除此之外，在某些领域也有少量的应用研究或新型产品的研究见诸于媒体报道。本节主要根据一些研究论文介绍这类新应用研究或开发新型产品的研究。

一、反射隔热涂料在油脂工业中的应用

1. 概述

　　油脂工业的预处理和浸出车间、精炼车间有大量设备和管道（如调制塔、刮板机、浸出器、蒸发器、脱色塔、脱臭塔、高压锅炉、工艺管道等）在高温工况下运行，因而必须对设备和管道采取保温隔热措施。隔热效果的好坏直接影响能源消耗，并对设备及管道的稳定运行和使用寿命产生影响，这也成为应用新技术、实现节能降耗的重要场合。

　　传统隔热保温措施是采用岩棉或玻璃棉包裹、不锈钢薄板覆盖，施工周期长，作业环境差，维护周期短，接头处理难，保温效果不理想。属于反射隔热涂料的 Mascoat DTI 陶瓷隔热涂层是一项新技术，下面介绍其在油脂工业的浸出器中应用后，对于降低表面温度的应用效果[41]。

2. Mascoat DTI 陶瓷隔热涂层作用原理和主要成分

　　（1）隔热原理　热量产生后，会形成动态热传递（TDHT），即固体、液体、气体为达到热平衡而自发传递的过程。热传递公式为：动态热传递（TDHT）＝热传导＋热对流＋热辐射。当热传递时，这三种传热方式会同时存在。

　　Mascoat DTI 陶瓷隔热涂层是一种主要成分为中空爆米花形状的陶瓷微粒，

并以其为功能材料制备成聚丙烯酸酯基水性反射隔热涂料。Mascoat 陶瓷隔热涂层以其特殊的高反射、高含量中空陶瓷微粒的功能作用，喷涂固化后形成稳定的矩阵型均匀排列的微结构隔热层，阻止热传导；中空陶瓷微粒直径小于 50nm 占比在 85％ 以上，可有效降低气体对流传热；同时中空陶瓷微粒以很高的反射率（0.82～0.86）将热量反射回热源处，紫外线反射率达 99.9％；陶瓷微粒较高的发射率（0.85）可将吸收的热量发射回热源或大气，降低表面温度。此外很低的吸收率和透过率也降低了热传导。

（2）硬度及成分分析　Mascoat DTI 陶瓷隔热涂层硬度为 4H，具有一定的耐磨性。另外该材料还具有防水、防油、不燃烧的特性。Mascoat DTI 陶瓷隔热涂层的主要成分为氧化硅 44.29％、氧化钛 21.02％、氧化镁 17.51％、氧化铝 15.47％以及微量的氧化钒、氧化锆和其他物质。

氧化硅具有较好的红外辐射功能，可以提高涂层的红外辐射率。氧化钛、氧化镁、氧化铝的主要特性为耐热、耐腐蚀和抗氧化，常用作耐热陶瓷涂层材料，且这些氧化物可以协同作用，进一步降低陶瓷隔热涂层的热导率，增强其隔热效果。

3. Mascoat DTI 陶瓷隔热涂层在浸出器中的应用

施工前需先清洁金属表面，不锈钢表面可人工用清水清洗，碳钢表面应进行除锈及刷涂防锈底漆。所有表面处理工作完成后开始喷涂陶瓷涂层。

喷涂前，为确保陶瓷涂料充分混合，需用专用搅拌器搅拌 20～40s。施工采用美国 GRACO 无气喷涂设备喷涂，喷涂压力 20684 kPa，喷涂量 5.05kg/min，喷枪口距离喷涂面 90～110mm，距离太近容易形成挂流，太远不容易喷涂均匀，产生麻点。

喷涂厚度 1mm，应进行多道喷涂以形成一定厚度的涂层，通常喷涂表面四至六道可得到一层完整的涂层（厚度 0.5mm）。

在下道涂层施工前应确保前道涂层已干燥。确定涂层干燥方法为：用拇指轻轻碰触涂层并将拇指旋转 90°，如果拇指上沾有涂料，说明涂层尚未干燥。

4. 应用效果

浸出器内部温度约 50℃，喷涂陶瓷隔热涂层后，表面温度比内部温度降低 7℃左右，基本维持在 43℃；浸出器金属表面温度约 46℃，金属表面温度降低约 4℃。

根据温度测量计算，浸出器表面喷涂 Mascoat DTI 陶瓷隔热涂层与使用传统隔热措施（玻璃棉＋纱布＋不锈钢皮）相比，仅降低热量散热损失一项就实现节能达 28.3％。

因而，Mascoat DTI 陶瓷隔热涂层的应用，降低了能源消耗，达到理想的隔热保温效果，而且材料体积占用空间少（为传统材料的 1/50），使用年限更长以及涂层能够防水、防油、防火和耐磨等。

二、反射隔热涂料在涂布纸中的应用[42]

1. 概述

涂布纸是指通过表面涂布的方法在传统的纤维基原纸表面均匀地涂覆一层具有某种功能的高分子聚合物涂层，在改善纤维基原纸的外观、提高力学性能和阻隔性能的同时，还能够赋予某些特殊功能，拓展纸产品的应用领域。

在纤维基原纸表面均匀涂覆一层反射隔热涂料能够赋予原纸以太阳热反射隔热性能，使其在食品包装、存储和运输领域具有更好的应用，为纸张的高值化利用和涂布纸的发展提供新途径。

一方面，纸张涂覆用反射隔热涂料的性能要求与其他领域（如建筑、化工等）广泛使用的产品性能迥异，特别是流变性能更是如此；另一方面，对被涂覆纸张各种性能的改善或影响的研究至今仍是空白。因而，下面介绍对这两方面问题进行的系统研究。

2. 涂料和涂布纸的制备

（1）涂料配方　所制备的涂布纸用反射隔热涂料以硅丙乳液为成膜物质、金红石型钛白粉作为主要颜料、玻璃空心微珠为功能性填料，其配方见表 4-8。

表 4-8　反射隔热涂料组分和配方表

涂料组分	原材料名称	用量(质量分数)/%
成膜物质	硅丙胶乳	150pph[①]
颜料	金红石型钛白粉	12～16
填料	高岭土	30
	超细碳酸钙	30
	滑石粉	24
功能性填料	纳米二氧化钛	0～4
	玻璃空心微珠	0～6pph[①]
助剂	消泡剂	0.4pph[①]
	分散剂	0.6pph[①]
	成膜助剂	适量
分散介质	水	适量

① 以（金红石型钛白粉＋高岭土＋超细碳酸钙＋滑石粉＋纳米二氧化钛）的总质量为 100 份，功能性填料占颜填料总质量的 0～6%，胶黏剂占颜填料总质量的 150%，消泡剂和分散剂分别占颜填料总质量的 0.4% 和 0.6%。

（2）反射隔热涂布纸的制备　　使用实验室半自动涂布机，以约 $15g/m^2$ 涂布量将反射隔热涂料均匀地涂覆在纤维基原纸表面，制得太阳热反射隔热涂布纸。

3. 对涂布纸和涂料性能的影响

对涂布纸的试验结果显示，纳米二氧化钛的添加有利于提高涂布纸的半球发射率；玻璃空心微珠的加入也能够提高涂布纸的半球发射率。表面涂布工艺有利于改善纸张的力学性能，随着纳米二氧化钛的添加，纸张的抗张指数和撕裂指数均呈现出稳定上升的趋势。此外，纸张的表面涂布也有利于提高纸张的光学性能、阻隔性能和抗水性能，经涂布后，原纸的白度和不透明度均显著提高；此外，原纸的可勃值和透气度经涂布后均显著下降。由扫描电镜图片可清楚地看到原纸表面存在大量孔隙和沟壑被涂层填充和覆盖而变得光滑平整。

涂布纸主要由原纸和涂料两部分组成，其性能取决于原纸自身的质量和涂料的性能。相对于原纸反射隔热涂料型涂布纸许多方面的性能都得到显著改善。随着物质生活水平的提高和纸张应用范围的扩大，对反射隔热涂料型涂布纸的研究具有重要意义。

三、反射隔热涂料在建筑安全帽上的应用

1. 设计背景 [43]

安全帽在人类的许多生产活动中具有重要作用，比如生活中常见的建筑工人、煤矿工人、石油工人、炼钢厂工人等均佩戴安全帽作业，可以大大降低人头部在危险情况中的受伤程度。

由于面对的生产环境不同，因此有不同材质的安全帽，比如聚碳酸酯塑料材质、ABS 塑料材质、超高分子聚乙烯塑料材质等。

随着技术的改进和材质的推新，更多佩戴轻便、防护效果好的产品正在逐步取代以前的老材质安全帽，如何提高安全帽佩戴的舒适性已经成为社会关注的问题。而随着科学的发展和材料技术的进步，提高或改善安全帽的一些性能也成为可能。比如：在温度高、光照强的建筑作业环境中，通过在安全帽的表层涂饰反射隔热涂料，来降低安全帽的内外温度，进而使佩戴者的佩戴舒适性提高并且还能减缓安全帽的老化、延长使用寿命等。

2. 降温效果 [44]

涂饰不同颜色反射隔热涂料的安全帽相对于其自身颜色的安全帽，其降温效果，即涂饰反射隔热涂料的安全帽和与自身相同颜色而未涂饰涂料的安全帽的表面，其温差不同：涂饰白色涂料的安全帽其温差为 5.6℃，黄色涂料的温差为 6.2℃，红色涂料的温差为 8.8℃，蓝色涂料的温差为 13.8℃。

可见，对于颜色越深的安全帽，涂饰反射隔热涂料后的降温效果越好，主要原因在于不同颜色安全帽同时置于阳光下，未涂反射隔热涂料的安全帽，其颜色越深温度越高。因而，涂饰反射隔热涂料之后，颜色深的降温效果更好，温差更大。

因而，反射隔热涂料在安全帽上应用，对于降低安全帽表面温度的效果明显。在夏日，工作的工人所佩戴的安全帽温度可以达到 40～55℃左右，然而涂饰了反射隔热涂料的安全帽比之正常安全帽，其温度降低约 10℃以上，只有 30～40℃左右。这对于人体的舒适度会有很大的提高。

安全帽受环境和外界因素如阳光、氧气、热、水等的影响，会发生老化。反射隔热涂层可以反射阳光中的大部分紫外线，并且可以隔绝水和氧气，因而安全帽涂饰反射隔热涂料后其老化速度也得到相应的降低，使用年限会适当延长。

另外，安全帽涂饰反射隔热涂料相比较一些固定设施或结构，例如建筑物的墙面、屋面，在表面涂装了反射隔热涂料后，在夏季能够产生显著的反射隔热作用，这是有效作用；但到了冬季，也同样会产生反射太阳光的作用而使墙面或屋面的温度降低，这当然是负作用。安全帽则不然，安全帽佩戴灵活，到冬季不需要反射太阳光的时候，可以改戴普通安全帽。也就是说，安全帽涂饰反射隔热涂料，不会像固定设施或结构那样产生负作用。

安全帽涂饰反射隔热涂料的成本很低，相对于安全帽的生产成本增加寥寥无几。因而，从技术、效果和成本等方面衡量都是有效可行的。

四、织物表面用反射隔热涂料的制备及其应用效果

炎夏的太阳光照射到织物上，热量的积累会使其表面温度和内部温度逐渐升高，对其降温既耗能还影响作业效率，开发对太阳光具有良好隔热效果的涂层织物很有意义。

太阳热反射隔热涂层就是将具有隔热、阻热功能的涂层液（或称之为"反射隔热涂料"）涂覆于织物表面，对太阳辐射热具有高反射作用，抑制涂层织物表面温度升高，以降低织物覆盖物的内部温度，起到节能和隔热作用。

下面介绍以聚偏氟乙烯（PVDF）为成膜物质，以金红石型钛白粉和氧化锌为功能填料配制高性能反射隔热涂料（或称之为"涂层液"），再对玻璃纤维织物进行涂覆以提高涂层织物的隔热阻燃性能研究[45]。

1. 材料和基本试验过程

（1）玻璃纤维布　选用 180/120 规格的缎纹玻璃纤维布，其性能为：经密

180 根/10cm；纬密 120 根/10cm；厚度 0.424mm。

（2）PVDF 溶液的制备　先称取一定质量的 PVDF，将其溶解于一定体积的二甲基甲酰胺（DMF）中，使 PVDF 质量分数为 15%；在 60℃下搅拌均匀，制成 PVDF 溶液。

（3）织物涂层的制备　用配制好的 PVDF 溶液涂覆玻璃纤维布，涂层厚度为 0.5mm，在 100℃下预烘 3min，140℃下烘烤 1min。

（4）TiO_2-PVDF 涂层液的制备　先配制质量分数为 15% 的 PVDF 溶液，称取一定质量的金红石型 TiO_2 加入 PVDF 溶液中，再向涂层液中加入 PVDF 质量分数 0.2% 的偶联剂，搅拌均匀，制成 TiO_2-PVDF 涂层液。

（5）反射隔热织物涂层的制备　为提高涂层织物的耐候性能，在玻璃纤维织物上先涂覆 PVDF 溶液，涂层厚度为 0.5mm。烘干后再在 PVDF 涂层上涂覆 TiO_2-PVDF 涂层液，涂层干燥后即形成反射隔热功能层。

2. 涂层织物的性能

将 TiO_2 和 ZnO 粒子分散到 PVDF 溶液中，制成涂层液涂覆于玻璃纤维布表面，可制备出具有太阳热反射功能的隔热涂层织物。优化后的涂层液配方为：$w(TiO_2)=15\%$，$w(PVDF)=15\%$，$w(ZnO)=5\%$，$w(DMF)=65\%$。在织物表面的涂层分为两层，即 0.5mm 厚的 PVDF 打底层与 0.25mm 厚的反射隔热涂层。该涂层织物具有良好的隔热性能、阻燃性能和抗静电性能。该类涂层织物可用作室外防太阳辐射材料，如建筑膜结构材料、房屋及汽车的防太阳照射层、储油气罐的隔热防护材料、航空航天隔热耐热材料、高温管道及容器隔热材料等。

五、反射隔热涂料在混凝土桥梁中的应用

混凝土材料自身具有热惰性，当混凝土内部温度较高，外部温度较低时，受内外温差的影响，混凝土表面将会产生较大的表面应力，严重时会产生表面裂缝。在温度荷载及环境因素的共同影响下，混凝土桥梁结构耐久性降低，最终导致混凝土桥梁养护维修次数增加，甚至缩短其使用年限，这无疑会造成经济损失，并影响社会效益。

使用反射隔热涂料，通过主动降低既有混凝土桥梁结构的温度效应，为其结构安全与防护提供保障作为一项新技术而受到关注。

1. 反射隔热涂料应用于混凝土桥梁降温的优势及其应用技术 [46]

（1）应用技术优势　反射隔热涂层具有高太阳光反射比、低热导率和高发射率的特点，其应用于混凝土桥梁降温具有以下优势：

① 具有明显的降温隔热能力，可减小太阳辐射和温度骤变对桥梁温度应力的影响；

② 能够减少水及其他腐蚀介质（等）对混凝土桥梁结构的侵蚀；

③ 涂膜性能便于监测，可以及时提高其防护与降温性能；

④ 可满足实际工程对不同颜色的需求，涂装后既有隔热降温功能又增加美观，经济效益和社会效益增加。

（2）应用技术分析

① 基本性能要求　反射隔热涂料既要能对桥梁混凝土材料起到防护作用，也应具有抗腐蚀防护性能。降温效果、耐冲刷性、与混凝土的黏结强度、混凝土的随从性以及抗老化等性能应作为对其性能的评价指标，以保障涂层的耐久性。

② 涂装部位　应从工程经济性方面考虑，并结合混凝土桥梁温度差确定重点降温部位，以保证效益最大化。

有关计算分析结果表明，混凝土桥梁所受最大拉应力一般发生在桥面板顶面，最大拉应力发生在距离桥面板 0.2m 处，即翼缘下方 0.1m 范围内的拉应力均偏大，是潜在产生裂缝的区域，而沿梁高竖向温差变化相对较小通过对箱梁截面横向温度应力与竖向温度应力的分析，显示箱梁顶板下侧存在较大的横向温度应力，极易导致顶板沿桥纵向开裂；腹板上部内侧竖向拉应力和纵向拉应力都比较大，处于双向拉应力状态，如不采取适当的措施则可能在腹板上部出现斜裂缝。若这些裂纹尤其是纵向裂缝首尾相接，就会形成一些长度很长的裂纹，在交变的温度应力作用下，这些长裂纹有可能继续扩张并贯穿墩体，甚至将整个桥墩劈裂成若干柱形体，造成桥墩失稳破坏。

可见，受日照辐射的梁式上部结构的边梁侧面均需涂刷，这样可减少沿梁高竖向温差，如果有条件（涂层不影响行车制动、不引起眩光等），可以考虑在桥面铺装上也进行反射隔热涂料的涂装，这将对诸如箱形梁、空心板等形式的梁体结构的顶板上侧和腹板上部的外裂缝控制起到较好作用；可在拱箱顶部和拱上主梁上下表面涂刷降温材料来降低温差。另外，对于下部结构桥墩盖梁等受到太阳辐射的地方，均有必要采取反射隔热涂料进行降温，但具体选择与否，要根据具体日照情况及受力分析后进行确定。

③ 质量评定　涂层的质量关系到后期对混凝土的防护性能的长期发挥，因此必须确定施工质量的控制及其评价方法。涂层质量控制指标应包括涂膜厚度、降温效果、黏结强度等。

用于工程现场无损检测混凝土桥梁结构涂层厚度可用超声波方法进行；降

温效果的评定可利用红外热成像仪进行；黏结强度的评定可以采用托拉法进行，并应在施工之前对施工方案进行试验，然后确定施工方案，以保证黏结强度。

2. 反射隔热涂料应用于混凝土桥梁的长期降温性能

将反射隔热涂料应用于混凝土桥梁结构，可以提高桥梁混凝土的抗腐蚀性能、降低日照辐射引起的温度效应，但其在日照辐射的长期作用下及受环境中污染物的污染，降温性能会降低，这对热反射型隔热降温涂料混凝土桥梁结构的应用会产生重要影响。

研究表明[47]，桥梁混凝土表面涂覆白色、红色、灰色不同颜色的反射隔热涂料，涂层经过在自然环境中暴露1a后，降温效果均有一定程度的降低。这主要是由于环境中的灰尘降低了涂层的热反射性能。擦洗涂层表面灰尘后可以提高涂层的降温性能。因此，定期对热反射涂层进行清洗有助于维持其降温效果；显然，使用氟碳、硅丙一类具有自清洁性能的热反射涂料亦有助于维持涂层自身良好的热反射性能。

第五节
反射隔热涂料在建筑领域的应用

一、建筑反射隔热涂料的应用概况

（一）反射隔热涂料在建筑领域的主要应用

1. 建筑反射隔热涂料的工程应用概况

应用于建筑工程领域的反射隔热涂料称为建筑反射隔热涂料，是反射隔热涂料应用量最大、技术标准最多、应用技术相对普及的领域。反射隔热涂料在建筑工程领域应用的主要场合是外墙面、屋面和建筑玻璃三个方面，其中在建筑玻璃上的应用将于第五章中介绍。因而本章主要介绍建筑反射隔热涂料在外墙面和屋面的应用技术。

（1）夏热冬暖地区　一般来说，建筑反射隔热涂料在夏热冬暖地区应用的合理性和节能效果是得到普遍认可的，几乎不存在应用阻力，因而工程应用量（包括屋面和外墙面）也很大。这是因为夏热冬暖地区一般只需考虑夏季隔热而不必考虑冬季保温，建筑反射隔热涂料能有效降低夏季空调能耗，有明显的夏季节能效果，在夏热冬暖地区的适用性和对节能的贡献明确。

在夏热冬暖地区对建筑反射隔热涂料工程应用的质疑主要在于涂料本身的质量问题和工程施工质量问题，前者例如涂料的耐污染、耐候性和涂膜褪色等质量问题；后者如涂料腻子质量差、养护期内受到雨水浸蚀引发的起皮、变色等问题。

（2）夏热冬冷地区　相比较而言，建筑反射隔热涂料在夏热冬冷地区的应用阻力则非常大。客观地说，这种应用阻力有其合理性的一面，就是说这种涂料在实际工程中应用确实存在一些需要解决的问题以及其应用有一定的限制性。这是因为，夏热冬冷地区夏季炎热，冬季湿冷，既要求夏季隔热，又需要冬季保温，建筑反射隔热涂料能反射大部分太阳光，对夏季空调能耗具有节能作用显而易见，而对冬季采暖能耗却有一定的负作用也是不可否认的事实。

但是，夏热冬冷地区建筑反射隔热涂料应用阻力的来源更多的不在于此，而在于人为地或有心或无意地过度甚至极度夸大其功能作用，或者对建筑涂料的由来已久的偏见，以及建筑涂料确实存在产品质量和施工问题等。在夏热冬冷地区的应用市场得到规范和得到规模化的工程应用主要依赖于各省地方应用技术规程的制定。

2015 年，住房和城乡建设部颁布了 JGJ/T 359—2015《建筑反射隔热涂料应用技术规程》，为建筑反射隔热涂料在建筑物外墙和屋面的应用提供了可靠的技术支撑，从材料要求、构造和热工设计、施工直至工程验收做了明确规定，对建筑反射隔热涂料市场和应用起到一定的规范作用。建筑反射隔热涂料工程应用的许多实际问题得到一定程度的解决。

2. 建筑反射隔热涂料工程应用的诟病

多年来，建筑反射隔热涂料的应用受到较多诟病的问题有三：一是一般要求外墙外保温工程应能够满足 25 年使用寿命的要求，而建筑反射隔热涂料一般只有 10 年左右、甚至更短的使用年限，无法满足这样的要求；二是耐沾污性差，无自洁性能，受污染后反射隔热性能会严重降低；三是该涂料几乎没有保温性能，在夏热冬冷地区的冬季对节能起的是负作用。

这些诟病的问题应该说确实都是存在的，例如就第三个诟病问题来说，据以杭州这样的夏热冬冷城市使用建筑反射隔热涂料，当按照节能设计标准计算时，外墙应用反射隔热涂料后以全年耗电量计，其节电率为−0.2%，即表现的确实是负节能[48]。这在下面还有进一步的详细介绍。

但这些诟病考虑问题不够全面，试想一下目前有哪一种保温隔热材料能够达到十全十美而不存在这样那样的问题，因而这些诟病多少有点求全责备的意味。但无论如何，这些诟病在很大程度上影响了建筑反射隔热涂料的应用。JGJ/T 359—2015 标准解决了其中某些问题，但作用不是很大。

3. 屋面和墙面的应用不均衡

就夏热冬冷地区而言，长时间以来，人们较为关注和重视的是反射隔热涂料在外墙面应用的问题，对屋面的应用则关注较少，因而屋面的应用量也很小。更多的屋面应用和研究是由粮油行业或其他仓储应用进行的。实际上，屋面应用反射隔热涂料更能够发挥其反射隔热功能、防水功能和对防水层的保护功能。国外反射隔热涂料在建筑工程领域应用正是从屋面开始的，现在也还在大力推进"冷屋面"技术。

（二）建筑反射隔热涂料在不同气候区的应用

1. 建筑反射隔热涂料对节能的贡献

如第一章中所述，相比较于在其他领域中的应用，建筑反射隔热涂料应用技术的特点在于对其所能达到的节能效果进行量化，以满足建筑节能设计的需要。本书前几章的内容主要集中于反射隔热涂料产品本身、在某些工程领域的应用技术以及实际效果的研究。虽然也涉及应用效果，但并不是真正意义上的节能效益的量化。

近年来，国内外对反射隔热涂料应用于建筑节能的量化问题已进行了大量的研究，其内容主要是反射隔热涂料热工性能的评估指标（包括外表面温度，隔热温差，内表面温度及热惰性指标，等效热阻等），建筑能耗，节电率，太阳辐射吸收率等。

如上所述，据以杭州这样的夏热冬冷城市使用建筑反射隔热涂料的节能计算[48]，按照节能设计标准规定的采暖期室内设计温度为 18℃计算，外墙使用反射隔热涂料与使用普通饰面相比，视反射隔热涂料太阳辐射吸收系数 α 的不同，夏季空调期虽然可以节约 2.7%～5.6%的耗电量，但是对于全年能耗而言，反射隔热涂料不仅没有节能贡献，反而增加约 0.2%的全年耗电量，表现为负节能。

2. 建筑反射隔热涂料在夏热冬冷地区的实际节能效果

上面关于建筑反射隔热涂料在夏热冬冷地区应用表现为负节能的结论令人意外。不过，其应用的实际情况与此结论有些出入。实际情况是，按照《夏热冬冷地区居住建筑节能设计标准》JGJ 134—2010 计算，杭州空调期耗电量为采暖期耗电量的 1.1 倍，但实际调研和模拟分析计算的结果却是对于中、高消费用户，空调期耗电量是采暖期耗电量的 3 倍左右，对于低消费用户，该比值竟然达到 5.4 倍。

实际上，由于室内外温差太大时并不利于人的身体健康[49]。有鉴于此，进一步的分析计算表明，随着采暖期室内设计温度的降低，反射隔热涂料的全年节能效果逐渐变得明显，全年节能率逐渐变大。当采暖期室内设计温度下调到16℃时，外墙使用反射隔热涂料与普通饰面相比，全年节能率约为 0.2%，开始呈现有效节能；当下调到 14℃时，全年节能率约为 0.9%；当下调到 12℃时，全年节能率约为 2%。而 12~14℃可能正是夏热冬冷地区普通民众居室的正常温度。可见，实际情况是建筑反射隔热涂料是有明显节能效益的。

当采暖期室内设计温度≤16℃时，反射隔热涂料的全年节能率与反射隔热涂料的太阳辐射吸收系数呈线性递减关系。即反射隔热涂料的太阳反射能力越强，太阳辐射吸收系数越小，其全年节能率越大。且随着采暖期室内设计温度的降低，太阳辐射吸收系数对全年节能率的影响越大。

这类结果和《夏热冬冷地区居住建筑节能设计标准》JGJ 134—2010 的说明是一致的。JGJ 134—2010 特别指出：采用浅色饰面外表面建筑物的采暖耗电量虽然会有所增大，但夏热冬冷地区冬季的日照率普遍较低，两者综合比较突出矛盾仍是夏季。

3. 反射隔热涂料在北方冬季的保温性能分析

建筑反射隔热涂料在围护结构上的厚度一般不超过 0.2mm，本身能够产生的热阻非常小，在建筑热工设计中对其保温性能通常忽略不计。建筑反射隔热涂料是否适用于在建筑节能中以冬季保温为主的寒冷地区？是否能够满足现行建筑节能设计标准的要求？

这本来不是问题，但由于有的建筑反射隔热涂料产品的过度宣传，称其不仅具有夏季隔热，在冬季尤其是北方冬季也具有保温性能，并给出产品的"冬季等效热阻"而直接应用于节能工程与计算，给市场应用带来混乱。针对这种情况，研究者通过分析建筑反射隔热涂料在冬季保温工况下的基础热过程，得出如下的结论[50]：

当涂料自身的发射率越小时，墙体总的热流密度就越小，节能效果越好；当墙体原本热阻越小时，涂料发射率降低所减小的热流密度绝对值越多，节能效果越好；当墙体热阻为 $0.6m^2 \cdot K/W$、发射率由 0.9 降为 0.01 时，热流减小不到 7%，对节能的贡献率很低。因此，反射隔热涂料在冬季保温仅能通过较少辐射换热来实现保温功能，即降低自身的发射率，虽能取得些许保温效果，但总的效果很差，在保温性能要求较高的北方地区不宜直接取代现有的保温材料。

（三）建筑反射隔热涂料几个热工性能指标的实际意义

1. 隔热温差

隔热温差由 JG/T 235—2008《建筑反射隔热涂料》提出，指在指定热源的照射下，空白试板和反射隔热涂料试板背向光源一侧的表面温度的差值。

隔热温差能够直观反映反射隔热涂料的隔热效果，是评价建筑反射隔热涂料隔热性能的简便易行的方法。许多研究结果[51~53]均表明通过测试反射隔热涂料的隔热温差，可以直观反映其隔热效果。隔热温差可在标准条件下检验反射隔热涂料产品的隔热效果（即热工性能），但是，不能作为节能效果的评估指标。

2. 表面温度及室内温度

反射隔热涂料具有较高的太阳光反射比，当反射隔热涂料涂覆于外墙或屋面时，能反射大部分太阳辐射热，有效减小墙面或屋面得热，降低围护结构外表面温度和室内温度，改善室内的热舒适度。国内外对反射隔热涂料对表面温度和室内温度的影响做了很多研究，均表明外围护结构使用反射隔热涂料能有效降低外墙表面温度或室内温度。例如[54]，研究夏热冬冷地区外墙有、无涂刷反射隔热涂料的两栋楼房，测试其夏季的墙体温度变化，有反射隔热涂料的墙体外表面温度与无反射隔热涂料的相比，最高降温幅度达 9～10℃，降温较为显著。再例如[55]，通过试验对比不同太阳光反射比的涂料对建筑围护结构外表面温度及室内空气温度的影响，发现无空调设备情况下，当太阳光反射比从 32％提高至 61％时，夏季西墙外表面温度可平均降低 6℃，室内空气温度平均降低 2℃。又例如[56]，通过建立传热模型模拟研究夏季屋顶涂刷反射隔热涂料对房屋外表面温度和室内温度的影响，其结果表明屋顶使用反射隔热涂料后其外表面温度和室内温度比使用普通涂料分别降低 13.6℃和 5.4℃，比水泥基底分别降低 20.7℃和 8.9℃。

可见，很多研究均表明反射隔热涂料能有效降低夏季房屋外表面温度和室内温度。外表面温度及室内温度可用于反射隔热涂料夏季隔热设计与评价，但是，亦不能直接反映反射隔热涂料的节能效果。

3. 等效热阻

GB/T 25261—2010《建筑用反射隔热涂料》提出反射隔热涂料等效热阻的概念，在此之前更常用的是涂料的"当量热阻"。涂料等效热阻是为了直观评价建筑反射隔热涂料的节能效果而定义的材料性能参数。

在作废的标准 JGJ 26—2010《严寒和寒冷地区居住建筑节能设计标准》和 JGJ 26—95《民用建筑节能设计标准》（采暖居住建筑部分）中，要求在计算单位建筑面积上单位时间内通过外墙和屋面的传热量时，需按朝向乘以 1 个小于 1

的围护结构传热系数修正系数 ε。此修正系数 ε 即相当于围护结构等效热阻系数或等效热阻的概念。

JG/T 235—2014 和 GB/T 25261—2010 等标准中，对涂料等效热阻的基本定义是指外墙使用建筑反射隔热涂料时，与采用普通涂料相比，增强了墙体的保温隔热性能，该增加的保温隔热性能根据其节能效果进行折算而得到的等量热阻。通常是通过计算夏季和冬季的传热系数修正系数、全年综合修正系数，从而计算得到等效热阻。即反射隔热涂料的等效涂料热阻按公式（4-6）进行计算：

$$R_e = \left(\frac{1}{\varepsilon} - 1\right)(R + 0.15) \tag{4-6}$$

式中，R_e 为反射隔热涂料的等效热阻，$m^2 \cdot K/W$；ε 为反射隔热涂料的年传热修正值；R 为涂料基层墙体热阻，$m^2 \cdot K/W$。

由于在此之前现有的建筑节能规范中一般以传热系数 K 作为围护结构热工性能的规定性指标，因此以等效热阻作为评估指标将有利于将反射隔热涂料的节能贡献应用于节能设计之中。

现有很多通过 R 值指标来评估反射隔热涂料热工性能的研究。例如，某通过热箱法进行 R 值计算的研究[57]。试验利用 PT100 温度传感器实时记录试样表面温度，利用电量记录仪实时记录热箱的耗电量，试样热阻通过式（4-7）计算：

$$R = \frac{S \Delta T}{\Phi} \tag{4-7}$$

式中，R 为反射隔热涂料的热阻，$m^2 \cdot K/W$；S 为反射隔热涂料试样的面积，m^2；ΔT 为涂料试样表面温差，K；Φ 为耗电量，W。

再例如[58]，通过对体形系数在 0.33～0.44 范围内不同类型的建筑进行能耗测算，通过对比外墙使用反射隔热涂料与使用普通涂料的建筑能耗，折算得到反射隔热涂料的等效热阻。结果表明，重庆地区反射隔热涂料等效热阻宜取 $0.22m^2 \cdot K/W$，且体形系数越大，等效热阻越小。

总之，涂料等效热阻能够使建筑反射隔热涂料的节能效果得以量化，方便了建筑节能设计，推进了该类涂料的应用。

4. 太阳光反射比、近红外反射比和半球发射率

太阳光反射比是在 300～2500nm 可见光和近红外波段反射与同波段入射的太阳辐射通量的比值；近红外反射比是在 780～2500nm 近红外波段反射与同波段入射的太阳辐射通量的比值；半球发射率是热辐射体在半球方向上的辐射出

射度与处于相同温度的全辐射体（黑体）的辐射出射度的比值。

涂料对太阳辐射能量的反射能力越强，吸收就越少，而具有较好的降温隔热的性能。太阳光反射比直接反映涂料对太阳辐射能量的反射能力；半球发射率则反映涂膜辐射其所吸收的太阳辐射能量的能力，一般标准都规定其值在 0.8 以上。

太阳光反射比是反射隔热涂料热工性能的重要指标。例如[59]，对一个南向涂刷隔热涂料的房间进行稳态传热分析，结果发现空调负荷与隔热涂料表面的太阳吸收率成正比。再例如[60]，对反射率为 0.1 的深色传统屋顶和反射率为 0.4 的浅色冷屋顶进行节能率计算，所得到的结果是在炎热气候区冷屋顶每年可节约 1000kW·h 的建筑能耗。

（四）建筑反射隔热涂料在夏热冬冷和夏热冬暖地区的应用特点

我国幅员广大、地域辽阔，根据各地不同的气候特点，可分为严寒地区、寒冷地区、夏热冬冷地区、夏热冬暖地区和温和地区等气候区。适合于建筑反射隔热涂料应用的主要是夏热冬暖、夏热冬冷和部分温和地区。例如，在《夏热冬暖地区居住建筑节能设计标准》JGJ 75—2012 和《夏热冬冷地区居住建筑节能设计标准》JGJ 134—2010 中，均提出"围护结构的外表面宜采用反射隔热涂料的技术措施"。

其中，夏热冬冷、夏热冬暖地区对反射隔热涂料的应用有很大的不同。

1. 夏热冬冷地区和夏热冬暖地区的气候特点和建筑要求

（1）夏热冬冷地区　该气候区的气候特点是大部分地区夏季闷热，冬季湿冷，气温日差较小；年降水量大，易有大雨、暴雨天气；日照偏少；该地区的建筑要求建筑物必须满足夏季防热、通风降温要求，冬季应适当兼顾防寒。

（2）夏热冬暖地区　该气候区的气候特点是长夏无冬，温高湿重；气温年较差小；雨量丰沛，易有大暴雨天气；日照较少，太阳辐射强；该地区的建筑要求建筑物必须满足夏季防热、通风、防雨要求，冬季可不考虑防寒、保温。

2. 建筑反射隔热涂料应用特点的不同

（1）建筑维护结构反射隔热构造层的差别　对于夏热冬冷地区来说，由于既要求建筑物夏季防热，又需要兼顾冬季防寒，因而建筑反射隔热涂料常常需要和保温层配合使用，形成外墙外保温-隔热节能系统或者屋面保温-反射隔热系统。其在屋面应用时典型的构造如图 4-10 所示。

对于夏热冬暖地区来说，由于只要求建筑物夏季防热，不需要考虑冬季保温，因而是建筑反射隔热涂料最适宜应用的气候区，其应用也相对简单。建筑反射隔热涂料应用于夏热冬暖地区的外墙面和屋面的典型构造如图 4-11[61] 所示。

（2）建筑反射隔热涂料节能效果的差别　由于夏热冬暖和夏热冬冷两种气

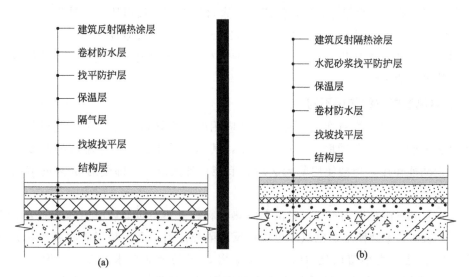

图 4-10　应用建筑反射隔热涂料屋面的典型构造示意图

（a）正置式屋顶；（b）倒置式屋顶

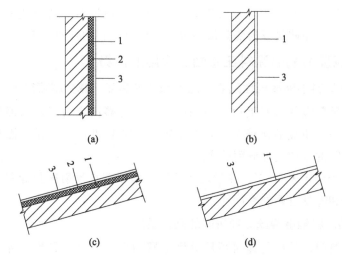

图 4-11　夏热冬暖地区建筑物围护结构的反射隔热涂料工程构造示意图

（a）重质或轻质外墙；（b）金属外墙；

（c）重质或轻质非上人坡屋面；（d）金属非上人坡屋面

1—基层；2—水泥砂浆找平层和防水砂浆层；3—反射隔热涂层

候区的气候不同和太阳辐照能量的差别，建筑反射隔热涂料的应用所取得的节能效果也不同。例如，以南京地区气候为（夏热冬冷的）代表，当涂料的太阳光反射比和半球发射率达到 0.8 时，等效涂料热阻可以达到 $0.16 \sim 0.20 \mathrm{m}^2 \cdot \mathrm{K/W}$；以广州地区气候为（夏热冬暖的）代表，当涂料的太阳光反射比和半球发射率达到 0.8 时，等效涂料热阻可以达到 $0.15\sim0.28m^2\cdot K/W$。等效涂料热阻是节能的直接量化。可见，使用相同的反射隔热涂料，在夏热冬暖地区实现的实际节能效益比夏热冬冷地区要高。

3. 在建筑节能中的作用不同

建筑反射隔热涂料在夏热冬冷地区应用时，主导材料往往是保温材料，隔热涂料只能作为一种辅助节能材料使用，其作用是用于降低保温层的厚度和起到其他功能作用，单独使用是无法满足节能设计要求的，即使对 50% 的节能要求亦如此。

在夏热冬暖地区则不然，对反射隔热涂料在夏热冬暖地区应用的节能分析结果[62]表明，单独使用浅色或深色墙面反射隔热涂料（太阳辐射吸收系数≤0.6）都能够满足一些小窗墙比（0.25）建筑物 50% 的节能要求；而对于窗墙比为 0.50 的建筑物，采用遮蔽系数为 0.8 的高透光型玻璃隔热涂料，即使使用太阳光反射比很低的深色墙面反射隔热涂料也能满足 50% 的节能要求；即使对于一些超大窗墙比的建筑物，通过采用不同遮蔽系数的玻璃隔热涂料，再结合使用不同色相的反射隔热涂料，也可以满足夏热冬暖地区对建筑节能的要求。这与夏热冬冷地区使用建筑反射隔热涂料最终所能够达到的目的大不相同。

（五）建筑反射隔热涂料在屋面上应用的优势

1. 反射隔热涂料能够降低屋顶表面温度和室内温度，减少屋顶得热

屋面是反射隔热涂料更适合应用的场合，能够比应用于外墙面取得更好的节能效益。一个明显的例证是 JGJ/T 359—2015 标准中，同样的涂料应用于屋面时等效热阻的取值比外墙面的高。

此外，研究还表明[63]：在设定条件下，屋顶喷涂反射隔热涂料后室内温度可显著降低和降低空调制冷能耗。

2. 反射隔热涂料能够降低屋顶房间的操作温度

根据对厦门市某居住建筑顶层分别涂覆白色、黄色、黑色三种太阳光反射比不同的涂料（反射比分别为 0.79、0.57、0.05）的三个房间（房间功能、空间布局、房间尺寸、围护结构以及朝向等均相同）的研究，表明在夏季非空调工况下，白色屋顶和黄色屋顶房间的平均室内空气温度较黑色屋顶低 0.8℃和 0.5℃，平均操作温度比黑色屋顶低 0.9℃和 0.5℃。对比证明，在夏热冬暖地区，热反射涂料在夏季非空调工况下具有改善顶层室内热环境的作用。

操作温度是空气温度和平均辐射温度对各自的换热系数的加权平均值。操作温度综合考虑室内温度和室内黑球温度对人体热感觉的影响，用操作温度来

描述人体热感觉更为合理。经统计和计算实测期间三个房间的操作温度，白色、黄色和黑色三个屋顶房间的平均操作温度分别为 34.0℃、34.4℃、34.9℃。其中，较之于黑色屋顶房间，白色屋顶房间和黄色屋顶房间的平均操作温度分别降低 0.9℃ 和 0.5℃。由此可见，采用热反射涂料会改善屋顶内表面对人体热感觉的影响，涂料太阳光反射比越大，操作温度越低，人体感觉越凉爽。可见，在夏季非空调工况下，热反射涂料有助于改善室内热环境。

3. 屋面上应用建筑反射隔热涂料的节能和保护作用

（1）节能优势　屋面上应用建筑反射隔热涂料在美国称为"丙烯酸屋面反射节能涂料技术"[64]，其原理是通过高性能耐候性的纯丙烯酸乳液将钛白粉、氧化锌等耐紫外线性能优异的颜填料牢固地吸附在屋面基材上，利用其白色反射太阳光照，并且在长时间内保持良好高效的反射性能。在美国，具有优异性能的丙烯酸屋面涂料可以获得能源之星机构的认证，但必须满足以下要求：①初始太阳光反射率大于 65%；②3 年后太阳光反射率大于 50%；③每个产品都经过 3 处屋面平行试验。

传统黑灰色屋面较容易吸收并储存热量，易受紫外光破坏老化。在各种颜色中，白色的反射效果是最佳的。图 4-12 显示了在同一天的不同时刻，白色屋面涂料对屋面温度的影响。

由图 4-12 可以看到，与传统的沥青黑屋面比较，使用丙烯酸白色屋面涂料后，室外温差最大时可达 30℃。

白色丙烯酸屋面涂料可减少室温受外界变化干扰，维持室内温度平衡，节约室内控温所需能耗。资料表明，使用该技术后，可节约 20%～25% 的能耗。

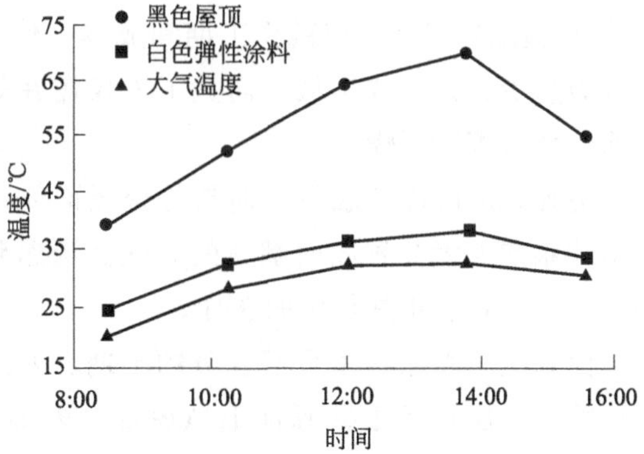

（2）丙烯酸屋面涂料对屋面

图 4-12　白色屋面涂料对屋面温度的影响

的保护作用　相对于垂直墙面，屋面是一个更为苛刻的环境。屋面直接经受风吹雨打、日晒雨淋，其日夜冷热温差远大于墙面，建筑结构的热胀冷缩也会更加剧烈；由于降雨，平屋面或低坡度的屋面容易积水，并可能长时间存在。因此，屋面都有比较高的防水要求。

丙烯酸屋面涂料技术是一种能与现有各种屋面防水体系良好兼容，保护耐候性不佳的各种防水卷材和产品，延长屋面寿命，综合性能卓越的涂料技术。

它是一种直接施工在旧屋面或是新建筑表面的弹性涂层，此涂层干燥后为白色并且保持此颜色来反射太阳辐射热，轻质耐候。一般来说，油毡屋面、聚氨酯屋面、金属屋面和混凝土屋面等都适用于丙烯酸屋面涂料体系。

屋面的材料多种多样，低档沥青材料容易老化，单层高分子卷材易开裂，金属屋面又容易被腐蚀，国内外近年来比较流行的聚氨酯发泡屋面防水系统的耐候性能不佳等。这些有着高防水性能的产品如果得不到很好的保护，会缩短其使用寿命。

白色屋面涂料技术可在各种不同屋面防水产品上形成一道无缝的高耐候性涂层，即使在-35℃的低温下仍具有良好柔韧性，不开裂。在进行必要维护时，屋面修补因为丙烯酸体系的使用而被大大简化。

（3）综合优势

① 降低成本和屋面荷重　丙烯酸屋面涂料体系与传统的屋面不同，没有昂贵的需要胶黏拼接的橡胶卷材，仅仅是一个牢固、轻质而又具有柔韧性的涂层，具有足够的耐候性，为屋面提供更经济有效的保护。

一个轻质的屋面材料还可以减轻屋面承重，降低建筑成本。在使用高性能的丙烯酸屋面厚涂体系时，通常会建议进行一些良好的屋面前期底材处理，然后进行喷涂施工，过程简单。

② 施工快捷，可以减少工期和成本　使用丙烯酸屋面涂料体系，所需要的工人数量少，人力成本低，而且工人仅需在处理好的屋面底材上刷涂、辊涂或喷涂，然后等待干燥。

另外，新屋面完成的工期与传统屋面体系相比大大缩减。结合丙烯酸屋面涂料体系能大大节省屋面翻新的时间。当遇到迫切需要短时间内修补屋面的问题时，这个系统将是最优的选择。

丙烯酸屋面涂料体系不仅节约工期、人力成本和材料成本，而且比传统屋面更简单，质量优于砂砾油毛毡屋面。丙烯酸屋面涂料体系在整个使用期间，可以持续节约能源消耗成本和维护成本。

（六）建筑反射隔热涂料应用实例——"外墙保温胶泥-隔热涂料节能系统"

建筑反射隔热涂料在夏热冬冷地区应用，应配用适当的保温层用于墙体节能系统。但通过使用反射隔热涂料来进一步减薄保温板厚度的意义不大，所以应当配套新型外墙外保温层更为合理。保温胶泥研究的初衷就是为了更好地应用建筑反射隔热涂料而研制的新型建筑保温材料。

1. 外墙保温胶泥-隔热涂料节能系统的构造和性能

（1）系统构造　将保温胶泥与建筑反射隔热涂料配合使用，就构成了外墙保温胶泥-隔热涂料节能系统。该系统保温胶泥为保温层，以弹性腻子为抗裂防护层，取代由抗裂砂浆复合耐碱网格布形成的抗裂防护层，反射隔热涂料为隔热饰面层。系统构造如表 4-9 所示。

表 4-9 外墙保温胶泥-隔热涂料节能系统基本构造

基层墙体①	构造层及其材料				构造示意图
	保温层②	腻子层③	底涂层④	反射隔热涂料饰面层⑤	
混凝土墙体或各种砌体墙体＋找平层	保温胶泥	高性能弹性耐水腻子	弹性底涂	建筑反射隔热涂料	① ② ③ ④ ⑤

该系统的这种简单构造以三个主要因素为基础：一是保温胶泥具有良好的黏结强度、抗拉强度、柔韧性和较低的吸水率；二是在系统中限制了保温胶泥的厚度不大于 25mm；三是系统中使用柔韧性好、抗裂性强的弹性耐水腻子，且其在系统中的涂装厚度不小于 2mm，实际上这也是为该系统的抗裂、防水增加了一道保险。

（2）系统性能 表 4-10 中企业标准 Q/TJY 03—2013 是指安徽天锦云节能防水科技有限公司的企业标准《外墙保温胶泥隔热涂料节能系统》。

表 4-10 外墙保温胶泥隔热涂料节能系统的技术性能指标

试验项目		企业标准 Q/TJY 03—2013 的要求
耐候性		经 80 次高温(70℃)-淋水(15℃)循环和 5 次加热(50℃)-冷冻(−20℃)循环后不得出现饰面层起泡或脱落，不得产生渗水裂缝；系统抗拉强度≥0.10MPa
吸水量(浸水 1h)/(g/m²)		≤500
抗冲击强度	普通型	3J 冲击合格
	加强型(双网)	10J 冲击合格
耐冻融		10 次循环试验后表面无裂纹、空鼓、起泡、剥离现象；系统抗拉强度≥0.10MPa
不透水性		试样防护层内侧无水渗透
耐磨损，500L 砂		无开裂、龟裂或表面保护层剥落、损伤
系统抗拉强度/MPa		≥0.10，且破坏界面不在各层界面上
火反应性		燃烧试验结束后，试件厚度变化不超过 10%

（3）系统的热阻 系统中的保温层为保温胶泥，其热导率为 $0.055W/(m \cdot K)$，修正系数为 1.1，保温胶泥的最大应用厚度为 25mm。因而，系统中保温胶泥贡献的热阻，再加上反射隔热涂料的等效热阻（安徽省规定最大可取 $0.16m^2 \cdot K/W$），系统的热阻为 $0.58m^2 \cdot K/W$，能够满足一些建筑物 50% 的节能要求而在建筑节能工程中得以应用。

2. 保温胶泥

（1）基本组成和性能特征 保温胶泥是商品名称，其本质上仍属于一种厚质功能性建筑涂料。从涂料的意义上来说，其成膜物质为聚合物改性水泥，功能性填料（保温隔热骨料）为聚苯乙烯泡沫颗粒和膨胀玻化微珠，与成膜物质一样也采取有机-无机复合的技术途径。因而，保温胶泥是一种有机-无机复合型建筑保温涂料。

（2）性能特征 保温胶泥的性能特征体现出有机-无机复合保温材料的性能优势：保温性能好 [$25℃$ 热导率 $\leqslant 0.055W/(m \cdot K)$]、柔韧性好、吸水率低，并具有 A 级（A2 级）不燃的燃烧性能。

（3）主要性能指标 见表 4-11。

表 4-11 保温胶泥性能指标

项 目 名 称		企业标准 Q/TJY 03—2013 的要求
干密度/(kg/m³)		140～180
25℃热导率/[W/(m·K)]		≤0.055
体积收缩率/%		≤5.0
抗拉强度/MPa		≥0.10
抗压强度/MPa		≥0.3
压剪黏结强度 （与水泥砂浆板）/MPa	原强度	≥0.10,且破坏面在保温胶泥层内
	耐水	
	耐冻融	
拉伸黏结强度 （与水泥砂浆板）/MPa	原强度	≥0.10,且破坏面在保温胶泥层内
	耐水	
	耐冻融	
放射性	IRa	≤1.0
	Ir	
蓄热系数/[W/(m²·K)]		≥1.0
燃烧性能		A 级（A2 级）

3. 外墙保温胶泥-隔热涂料节能系统的应用

外墙保温胶泥-隔热涂料节能系统于 2013 年通过安徽省住房和城乡建设厅主

持的技术鉴定后，在安徽、浙江、江苏和广西等地得到一定量的工程应用，累计工程应用量已近亿平方米。其所应用的工程彻底避免了保温层开裂、脱落和涂料饰面层起皮、变色等工程质量问题，也为建筑反射隔热涂料提供了一种很好的应用形式。

二、建筑反射隔热涂料的应用技术

JGJ/T 359—2015《建筑反射隔热涂料应用技术规程》已颁布实施多年，已成为建筑反射隔热涂料工程应用的重要技术支撑。但是，由于所从事专业不同，或工程应用中所处位置不同，或对建筑反射隔热涂料应用的立场不同，实际中对标准的理解有时也会出现很大偏差。例如，JGJ/T 359—2015 标准中有"在不考虑建筑反射隔热涂料隔热效果的情况下，墙体和屋面的热阻应符合 GB 50176 中对夏热冬冷地区冬季保温的有关规定"的条文，在实际应用中有的节能设计者就将此条文理解为该条的规定就是将建筑反射隔热涂料作为普通装饰性涂料使用，不能再纳入节能计算等。因而，对于标准的学习是个长时间、不断深入理解和消化的过程。本节主要是以 JGJ/T 359—2015 标准为主线（但绝对不仅限于该标准的内容），介绍建筑反射隔热涂料的工程应用的一些实际技术问题。

（一）建筑反射隔热涂料工程应用的基本要求和材料性能要求

1. 基本要求

（1）建筑反射隔热涂料工程基本性能要求　工程应用不同于科研，应用之前要求其应用条件尽可能成熟和完善，以便将失败的概率尽可能降低，乃至于为 0，以保证工程质量，造福于社会。有鉴于此，通常对建筑反射隔热涂料的工程应用需要具备的基本性能提出以下要求：

① 应能耐受室外气候的长期反复作用而不产生破坏。

② 应能适应基层的正常变形而不产生裂缝。

③ 建筑反射隔热涂料涂层系统中使用的材料之间应相容。

④ 建筑反射隔热涂料涂层系统的涂料物理力学性能和功能性能应符合国家现行标准的规定。

（2）热工性能要求　采用建筑反射隔热涂料的建筑物，其外围护结构的热工性能必须符合国家、行业和地方现行建筑节能工程的规定。

（3）工程寿命要求　应尽可能选用高性能的建筑反射隔热涂料，例如氟树脂类、硅丙类和聚氨酯类，使涂料工程具有尽可能长的使用寿命。有的地方标准还规定反射隔热涂料的使用寿命。例如，安徽省地方标准《建筑反射隔热涂料应用技术规程》DB34/T 1505—2011 中规定："在正常使用和维护条件下，外墙面使用的建筑反射隔热涂料涂层的使用寿命不应少于 10 年"。当涂层系统的隔热性能、装饰性能不能满足要求时应及时进行维修或翻新，维修或翻新使用的建筑反射隔热涂料其反射隔热功能指标应不低于原涂料。

（4）其他要求　由于相同条件下涂料的明度越高，其光热反射性能越好，因而宜使用中、高明度的建筑反射隔热涂料。此外，使用建筑反射隔热涂料的屋面应注意屋面的排水设计。

2. 材料技术性能要求

（1）建筑反射隔热涂料

① 功能性能　其功能性应符合国家标准《建筑用反射隔热涂料》（GB/T 25261）、《建筑反射隔热涂料》（JG/T 235）等现行国家、行业标准的规定。应用于墙面的建筑反射隔热涂料，其污染后太阳光反射比应不小于 0.50；应用于屋面的应不小于 0.60。

② 基本涂料性能　视其品种的不同，建筑反射隔热涂料的基本涂料性能应相应满足以下要求：

用于金属屋面的涂料应符合《金属屋面丙烯酸高弹防水涂料》JG/T 375 的规定；用于其他屋面的涂料应符合《聚合物乳液建筑防水涂料》JC/T 864 的规定；用于外墙的涂料应分别符合《合成树脂乳液外墙涂料》GB/T 9755、《溶剂型外墙涂料》GB/T 9757、《弹性建筑涂料》JG/T 172、《水性氟树脂涂料》HG/T 4104、《合成树脂乳液砂壁状建筑涂料》JG/T 24、《复层建筑涂料》GB/T 9779、《水性多彩建筑涂料》HG/T 4343、《建筑用弹性质感涂层材料》JC/T 2079 等相应产品标准最高等级的规定。

（2）配套材料　建筑反射隔热涂料工程施工使用的配套材料其性能应满足以下要求：

① 底漆的性能应符合现行行业标准《建筑内外墙用底漆》JG/T 210 的要求。

② 腻子的性能应符合现行行业标准《建筑外墙用腻子》JG/T 157—2009 的要求。

③ 建筑反射隔热涂料涂装中使用的配套材料应与涂料相容，其相容性技术指标应符合表 4-12 的规定。

表 4-12　建筑反射隔热涂料涂装配套材料的相容性技术指标

涂层	项目	技术指标
复合涂层（腻子＋底涂＋建筑反射隔热涂料）	耐水性（96h）	无起泡、无起皱、无开裂、无掉粉、无脱落、无明显变色
	耐冻融性（5 次）	

注：检测方法按照 JGJ/T 359—2015 附录 A 进行。

（3）有害物质限量　建筑反射隔热涂料及其与之配套使用的材料，其有害物质限量应符合《建筑用墙面涂料中有害物质限量》GB 18582—2020 或相应产品标准的规定。

（4）耐碱网格布　其技术性能应符合《耐碱玻璃纤维网布》JC/T 841—2007 的规定。

（5）当建筑反射隔热涂料在外墙外保温系统中应用时，外墙外保温系统中使用的材料均应符合相关标准的要求。

3. 系统技术性能要求

（1）外墙外保温系统　当建筑反射隔热涂料在外墙外保温系统中应用时，所形成的建筑反射隔热涂料-外墙外保温系统的技术性能应符合相应系统现行技术标准的要求（例如应符合表 4-13 的要求）。

表 4-13　建筑反射隔热涂料-外墙外保温系统的技术性能指标

试 验 项 目	性 能 指 标	
耐候性	经 80 次高温(70℃)-淋水(15℃)循环和 5 次加热(50℃)-冷冻(—20℃)循环后不得出现饰面层起泡或脱落,不得产生渗水裂缝。抗裂防护层与保温层的拉伸黏结强度不小于 0.10MPa,且破坏部位应位于保温层内	
吸水量(浸水 1h)	≤1000g/m²	
抗冲击强度	普通型(单网)	3J 冲击合格
	加强型(双网)	10J 冲击合格
抗风压值	不小于工程项目的风荷载设计值	
耐冻融	10 次循环试验后表面无裂纹、空鼓、起泡、剥离现象	
水蒸气湿流密度	≥0.85g/(m² · h)	
不透水性	试样防护层内侧无水渗透	
耐磨损,500L 砂	无开裂、龟裂或表面保护层剥落、损伤	
系统抗拉强度	≥0.10MPa,且破坏部位不得位于各层界面	

注：检测方法应按照《外墙外保温工程技术标准》JGJ 144 的规定进行。

（2）建筑反射隔热涂料-保温腻子系统[65]　当夏热冬冷地区的建筑反射隔热涂料在无需外墙外保温系统的节能型砌块（如芯孔插保温板混凝土砌块、加气混凝土砌块等）墙体上配合保温腻子应用时，所形成的建筑反射隔热涂料-保温腻子系统构造应由墙体基层（包括找平层、防水层等）、界面处理层、保温腻子保温层、弹性腻子找平层和建筑反射隔热涂料涂层等组成，系统的技术性能应符合表 4-14 的要求。

表 4-14　建筑反射隔热涂料-保温腻子系统的技术性能指标

试 验 项 目		性 能 指 标
耐候性		经 80 次高温(70℃)-淋水(15℃)循环和 5 次加热(50℃)-冷冻(－20℃)循环后不得出现饰面层起泡或脱落,不得产生渗水裂缝
吸水量(浸水 1h)		≤1000g/m²
抗冲击强度	普通型(单网)	3J 冲击合格
	加强型(双网)	10J 冲击合格
耐冻融		10 次循环试验后表面无裂纹、空鼓、起泡、剥离现象
不透水性		试样防护层内侧无水渗透
耐磨损,500L 砂		无开裂、龟裂或表面保护层剥落、损伤

注：检测方法应按照《外墙外保温工程技术标准》JGJ 144 的规定进行。

（二）建筑反射隔热涂料工程应用的构造与设计

1. 一般规定[66]

（1）设计建筑反射隔热涂料涂层时，不得更改系统构造和组成材料。采用建筑反射隔热涂料的建筑物传热阻值应符合《夏热冬冷地区居住建筑节能设计标准》JGJ 134、《公共建筑节能设计标准》GB 50189 等节能设计标准的要求。

（2）在建筑节能计算时，不考虑建筑反射隔热涂料对热惰性指标的贡献，其隔热性能以等效热阻值为计算根据。

（3）建筑反射隔热涂料的涂膜设计厚度应不小于 $100\mu m$。

（4）宜选用中、高明度值的建筑反射隔热涂料。选用后，应给出建筑反射隔热涂料的明度值和污染后太阳光反射比要求。

（5）外墙应用建筑反射隔热涂料时，外墙基层的防水应满足《建筑外墙防水工程技术规程》JGJ/T 235 的要求；应做好建筑反射隔热涂料涂装基层的密封和防水构造设计，确保水不会渗入涂装基层系统，重要部位应有详图。水平或倾斜的出挑部位以及延伸至地面的部位应做防水处理。穿过涂层系统安装的设备或管道应固定于基层上，并应做密封和防水设计。檐口、窗台和线脚等构造应设置滴水线（槽）；女儿墙、阳台栏杆压顶的顶面应有指向内侧的泛水坡度。

（6）使用建筑反射隔热涂料的屋面和墙面，宜结合建筑造型设置分隔缝；当建筑反射隔热涂料在外墙外保温系统中应用时，建筑反射隔热涂料涂层应配合外墙保温系统设置变形缝。变形缝处应做好防水和构造处理。

（7）屋面的防排水及构造层应符合《屋面工程技术规范》GB 50345 的要求；坡屋面的檐口应伸出外墙面。

2. 基本构造

（1）涂层基本构造 用于外墙的建筑反射隔热涂层系统应包括腻子层、底漆层和建筑反射隔热涂料涂层，如图 4-13 所示。

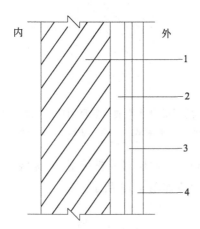

图 4-13 用于外墙的建筑反射隔热涂料涂层系统构造示意图
1—基层；2—柔性腻子层；3—底漆层；4—建筑反射隔热涂料涂层

（2）非均质建筑反射隔热涂料涂层系统 用于外墙的非均质建筑反射隔热涂料其涂层系统应包括底漆层、腻子层、非均质建筑涂料涂层和透明型隔热涂料涂层，如图 4-14 或图 4-15 所示。

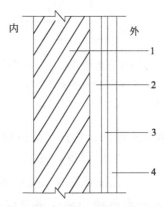

图 4-14 用于外墙的非均质建筑反射隔热涂料涂层系统构造示意图
1—基层；2—柔性腻子层；3—底漆层；4—建筑反射隔热涂料涂层

（3）外墙外保温-建筑反射隔热涂料系统 建筑反射隔热涂料作为外墙外保温的饰面、隔热层，可以与多种外墙外保温材料组合使用。

使用建筑反射隔热涂料作为隔热、饰面层的外墙外保温系统，由墙体基层

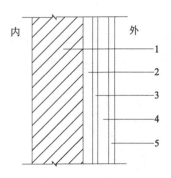

图 4-15　用于外墙的罩面型非均质建筑反射隔热涂料涂层系统构造示意图

1—基层；2—柔性腻子层；3—底漆层；4—非均质建筑涂料涂层；5—透明型隔热涂料涂层

（包括找平层、防水层等）、界面层（或黏结层）、保温层、抗裂防护层和隔热饰面涂层系统等组成，其构造如图 4-16 所示。

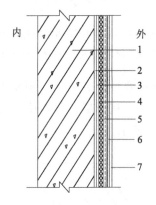

图 4-16　与外墙外保温系统配合使用的建筑反射隔热涂料涂层构造示意图

1—墙体基层（包括钢筋混凝土、水泥砂浆和建筑砌块等）；2—防水砂浆找平层；3—界面层（或黏结层）；4—保温层；5—抗裂防护层；6—底漆层；7—建筑反射隔热涂料涂层系统

　　这里应当指出，在夏热冬冷地区，建筑反射隔热涂料应配用适当的保温层应用于墙体节能系统。但是，由于使用模塑聚苯板（特别是石墨型模塑聚苯板）、硬泡聚氨酯板或者其他保温性能好的有机类或者无机类保温板材作为保温层时，这类保温板满足节能要求的使用厚度本身就不高，特别是节能要求为 50% 的情况下更是如此，因而通过使用反射隔热涂料来进一步减薄保温板厚度的意义不大，所以从更好地应用建筑反射隔热涂料的角度来说，应当配套新型外墙外保温层更为合理。

　　（4）屋面金属基层和无机基层用反射隔热涂料涂层　用于屋面基层为金属类的建筑反射隔热涂料，其涂层系统应包括防锈漆涂层、底漆涂层和建筑反射隔热涂料涂层，如图 4-17 所示；用于屋面基层为无机类的建筑反射隔热涂料，其涂层系统在图 4-17 的基础上应取消防锈漆涂层。

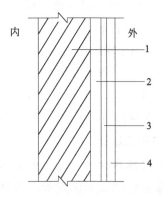

图 4-17 用于屋面基层为金属类的建筑反射隔热涂料涂层构造示意图
1—金属材料基层；2—防锈漆涂层；3—底漆涂层；4—建筑反射隔热涂料涂层

（5）与保温腻子配合使用 在夏热冬冷地区，当建筑反射隔热涂料应用于墙体本身热阻已满足建筑节能设计要求的冬季保温规定的节能型砌块（如芯孔插保温板混凝土砌块、加气混凝土砌块等）类墙体时，宜配合保温腻子使用，保温腻子层的设计厚度应不小于 8mm，不大于 15mm；当保温腻子层的设计厚度大于 10mm 时，应在其中设置耐碱网格布。保温腻子-建筑反射隔热涂料系统的涂层构造如图 4-18 所示。

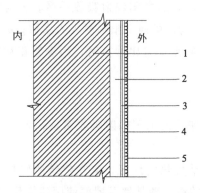

图 4-18 建筑反射隔热涂料-保温腻子系统构造示意图
1—基层墙体；2—保温腻子层；3—底涂层（封闭底漆涂层）；
4—柔性耐水腻子层；5—建筑反射隔热涂料涂层

3. 建筑反射隔热涂料工程的基层要求

（1）非金属材料基层 非金属材料基层应符合下列规定。

① 基层应牢固，无开裂、掉粉、起砂、空鼓、剥离、爆裂点和附着力不良的旧涂层等。

② 基层应表面平整、立面垂直、阴阳角垂直、方正和无缺棱掉角，分隔缝深浅一致，且横平竖直，表面应平而不光。当不满足要求时应采用强度等级不低于 M5 的水泥砂浆处理至满足要求。

③ 基层应清洁，表面无灰尘、浮浆、锈斑、霉点和析出盐类等杂物。

④ 基层含水率不应大于 10%，且不应小于 8%；pH 值不得大于 10。

（2）金属材料基层 表面应清洁、干燥并应进行防锈处理。

4. 建筑反射隔热涂料工程的热工设计

（1）基本规定 建筑反射隔热涂料节能工程的热工设计应包括隔热设计和节能设计，并应采用污染修正后的太阳辐射吸收系数进行计算。外墙的污染修正后的太阳辐射吸收系数不宜高于 0.5，屋面的污染修正后的太阳辐射吸收系数不宜高于 0.4。

（2）污染修正后的太阳辐射吸收系数计算方法

① 当采用污染修正系数计算时，污染修正后的太阳辐射吸收系数应按照式(4-8)进行计算。

$$\rho_c = \rho \alpha \tag{4-8}$$

$$\rho = 1 - \gamma \tag{4-9}$$

$$\alpha = 11.384 \times (\rho \times 100)^{-0.6241} \tag{4-10}$$

式中，ρ_c 为污染修正后的太阳辐射吸收系数；γ 为污染前涂料饰面实验室检测的太阳光反射比；ρ 为污染前太阳辐射吸收系数；α 为污染修正系数。

② 当采用污染后太阳光反射比计算时，污染修正后的太阳辐射吸收系数应按照式(4-11)进行计算。

$$\rho_c = 1 - \gamma_c \tag{4-11}$$

式中，ρ_c 为污染修正后的太阳辐射吸收系数；γ_c 为所选用涂料受污染实验后的太阳光反射比。

（3）隔热设计 夏季炎热的地区，应在建筑的轻质外墙及屋面使用建筑反射隔热涂料，宜在重质的东、西外墙及屋面使用建筑反射隔热涂料。

当重质外墙及屋面使用建筑反射隔热涂料时，其污染修正后的太阳辐射吸收系数不宜大于 0.5；当轻质外墙及屋面使用建筑反射隔热涂料时，其污染修正后的太阳辐射吸收系数不宜大于 0.4。隔热计算方法应符合现行国家标准《民用建筑热工设计规范》GB 50176 的有关规定。

（4）节能设计 建筑节能设计中，首先应保证满足夏热冬冷地区冬季保温防结露规定，即在不考虑建筑反射隔热涂料隔热效果的情况下，墙体和屋面的热阻应符合现行国家标准《民用建筑热工设计规范》GB 50176 中对夏热冬冷地区冬季保温防结露的有关规定。

① 节能设计方法的选用 使用建筑反射隔热涂料的外墙或屋面，可采用规定性的围护结构热工限值指标或节能综合指标方法进行节能设计。

② 节能综合指标法 当采用节能综合指标方法进行节能设计时，采用污染修正后的太阳辐射吸收系数进行建筑能耗指标计算。

③ 规定性围护结构热工限值指标法 当采用规定性的围护结构热工限值指标进行节能设计时，外墙或屋面的传热系数应采用等效热阻，并应按式（4-12）进行计算：

$$K' = \frac{1}{R_{eq} + \frac{1}{K}} \qquad (4\text{-}12)$$

式中 K'——外墙或屋面采用建筑反射隔热涂料的传热系数，W/(m²·K)；

K——外墙或屋面未采用建筑反射隔热涂料的传热系数，W/(m²·K)；

R_{eq}——外墙或屋面采用建筑反射隔热涂料的等效热阻，m²·K/W，可从表 4-15 或表 4-16 中查出。

表 4-15 夏热冬冷地区和夏热冬暖地区外墙采用建筑反射隔热涂料的等效热阻值

污染修正后的太阳辐射吸收系数			$\rho_c \leqslant 0.3$	$0.3 < \rho_c \leqslant 0.4$	$0.4 < \rho_c \leqslant 0.5$	$0.5 < \rho_c \leqslant 0.6$
夏热冬冷地区	等效热阻值 R_{eq} /(m²·K/W)	$1.2 < K \leqslant 1.5$	0.19	0.16	0.12	0.07
		$1.0 < K \leqslant 1.2$	0.24	0.20	0.15	0.09
		$0.7 < K \leqslant 1.0$	0.28	0.23	0.18	0.11
		$K \leqslant 0.7$	0.40	0.34	0.25	0.16
夏热冬暖地区北区	等效热阻值 R_{eq} /(m²·K/W)	$2.0 < K \leqslant 2.5$	0.17	0.13	0.07	0.04
		$1.5 < K \leqslant 2.0$	0.21	0.17	0.09	0.06
		$K \leqslant 1.5$	0.29	0.22	0.12	0.07
		$K \leqslant 0.7$	0.61	0.48	0.25	0.16
夏热冬暖地区南区	等效热阻值 R_{eq} /(m²·K/W)	$2.0 < K \leqslant 2.5$	0.27	0.17	0.10	0.04
		$1.5 < K \leqslant 2.0$	0.33	0.21	0.13	0.06
		$K \leqslant 1.5$	0.44	0.29	0.17	0.07
		$K \leqslant 0.7$	0.95	0.61	0.36	0.16

注：K 为外墙或屋面未采用建筑反射隔热涂料的传热系数，单位为 W/(m²·K)。

表 4-16　夏热冬冷地区和夏热冬暖地区屋面采用建筑反射隔热涂料的等效热阻值

污染修正后的太阳辐射吸收系数			$\rho_c \leqslant 0.3$	$0.3 < \rho_c \leqslant 0.4$	$0.4 < \rho_c \leqslant 0.5$	$0.5 < \rho_c \leqslant 0.6$
夏热冬冷地区	等效热阻值 R_{eq} /(m²·K/W)	$0.8 < K \leqslant 1.0$	0.43	0.33	0.25	0.18
		$0.6 < K \leqslant 0.8$	0.54	0.42	0.31	0.22
		$0.4 < K \leqslant 0.6$	0.71	0.56	0.42	0.29
		$K \leqslant 0.4$	1.07	0.83	0.63	0.44
夏热冬暖地区北区	等效热阻值 R_{eq} /(m²·K/W)	$0.8 < K \leqslant 1.0$	0.67	0.43	0.25	0.18
		$0.6 < K \leqslant 0.8$	0.83	0.54	0.31	0.22
		$0.4 < K \leqslant 0.6$	1.11	0.71	0.42	0.29
		$K \leqslant 0.4$	1.67	1.07	0.63	0.44
夏热冬暖地区南区	等效热阻值 R_{eq} /(m²·K/W)	$0.8 < K \leqslant 1.0$	1.00	0.67	0.43	0.18
		$0.6 < K \leqslant 0.8$	1.25	0.83	0.54	0.22
		$0.4 < K \leqslant 0.6$	1.67	1.11	0.71	0.29
		$K \leqslant 0.4$	2.50	1.67	1.07	0.44

注：K 为外墙或屋面未采用建筑反射隔热涂料的传热系数，单位为 W/(m²·K)。

5. 既有建筑节能改造设计[67]

（1）基本要求　既有建筑节能改造工程应在对既有建筑进行安全、功能和热工性能等开展诊断和预评估的基础上制定改造方案。方案应兼顾外立面的装饰效果，并应满足外墙和屋面保温、隔热、防火、防水等要求。

（2）对基层处理的要求　对旧墙面进行隔热改造时，应视不同基层情况进行不同处理。

① 涂料饰面　宜使用钢丝刷除去原有饰面；对于酥松部位应予以铲除，然后用水泥砂浆修补至符合涂料施工要求。

② 旧面砖或马赛克等饰面　应对旧饰面进行检查，将空鼓或酥松部位铲除并修补后，整体采用瓷砖界面剂进行处理。界面剂与旧饰面的黏结强度不应小于 0.4MPa。

③ 其他墙面　清水混凝土、素砖墙面、水刷石饰面等旧墙面，也应针对旧基层采用相应的专用界面剂进行处理。界面剂与旧饰面的黏结强度不应小于 0.4MPa。

（3）既有屋面　既有屋面节能改造工程设计应符合国家标准《屋面工程技术规范》GB 50345 和《坡屋面工程技术规范》GB 50693 的要求。

（三）建筑反射隔热涂料工程的施工

1. 一般要求

作为专业从事于建筑反射隔热涂料施工的企业，应能够满足以下一些基础要求或者实施、完善以下一些要求。

（1）施工企业应建立相应的质量管理体系、施工质量控制和检验制度，具有相应的施工技术标准。

（2）施工前，施工单位应编制建筑反射隔热涂料涂层工程专项施工方案，并经监理（建设）单位审查批准后方可实施；施工单位对施工作业的人员应做好技术交底和交底记录。

（3）应按照设计文件、专项施工方案的要求和技术规程及相关标准的规定进行施工。

（4）应在现场采用和工程中使用的相同材料和工艺制作样板件，样板件经建设、设计、监理和施工等单位的项目负责人验收确认后，方可进行工程施工。

制作样板件时，应根据所选定的施工方法确定施工建筑反射隔热涂料时达到涂膜设计厚度所需要的涂装道数。

（5）当基层条件满足涂装要求时不宜使用腻子。

（6）材料进场验收应符合下列规定：

① 对材料的品种、型号、包装和数量等进行检查验收，并经监理工程师（建设单位代表）确认，形成相应的验收记录；②对材料的质量证明文件进行核查，并经监理工程师（建设单位代表）确认，纳入工程技术档案。进入施工现场用于建筑反射隔热涂料涂层系统的材料均应具有出厂合格证、中文说明书及相关型式检验报告；进口材料应按规定进行入境商品检验。

（7）建筑反射隔热涂料进场验收应进行见证取样送检复验。

（8）涂料施工过程中应做好成品、半成品的保护。

（9）保温腻子宜采取批涂方法施工。

2. 基层要求与处理

（1）非金属材料基层 应满足下列要求：

① 基层应牢固，无开裂、掉粉、起砂、空鼓、剥离、爆裂点和附着力不良的旧涂层等。

② 基层应清洁，表面无灰尘、浮浆、锈斑、霉点和化学析出物等。

③ 基层应表面平整、立面垂直、阴阳角垂直、方正和无缺棱掉角，分格缝深浅一致。基层允许偏差应符合表4-17的要求。

表 4-17　建筑反射隔热涂料涂装基层的允许偏差

项目	允许偏差/mm	检查方法
表面平整度	4	用 2m 靠尺和塞尺检查
立面垂直度	4	用 2m 垂直检测尺检查
阴阳角方正	4	用直角检测尺检查
接缝高差	1.5	用直尺和塞尺检查

④ 基层含水率不应大于 10%，pH 值不得大于 10。如果涂层系统施工时基层的 pH 值大于 10，应进行适当处理后，再施涂两道耐碱封闭底漆进行封闭。

⑤ 外墙外保温系统的抗裂防护层已经施工并验收合格。

（2）金属材料基层　表面应清洁，无锈蚀。如有锈蚀，当使用一般防锈底漆时对锈蚀应进行彻底清除；当使用带锈防锈底漆时应按防锈底漆的要求进行处理。

（3）既有建筑节能改造基层　应用建筑反射隔热涂料对既有建筑进行节能改造时，应视不同基层条件进行处理，使之满足涂装基层要求。

3. 施工准备

（1）施工条件准备　建筑反射隔热涂料的施工，应在基层（包括普通墙体或屋面基层、外墙外保温系统的抹面层和金属基层）的施工质量验收合格后进行。

外脚手架或操作平台、吊篮应验收合格，满足施工作业和人员的安全要求。

（2）施工工具与机具准备　应根据所选择的施工方法准备以下施工工具与机具：①毛刷、排笔、盛料桶、天平、磅秤等刷涂及计量工具；②羊毛辊筒、配套专用辊筒及匀料板等涂装工具；③无气喷涂设备、空气压缩机、手持喷枪、各种规格口径的喷嘴、高压胶管等喷涂机具。

（3）材料准备　建筑反射隔热涂料涂层使用的材料和存放应符合下列要求：①应根据选定的品种、工艺要求，结合实际面积及材料单位用量和损耗，确定材料用量；②应根据选定的色卡颜色定货，超过色卡范围时，应由设计者提供颜色样板，并取得建设方认可后定货；③材料应存放在指定的专用仓库，并按品种、批号、颜色分别堆放，专用仓库应阴凉干燥且通风，温度在 5～40℃ 之间；④材料应有产品名称、执行标准、种类、颜色、生产日期、保质期、生产企业地址、使用说明书和产品合格证，并具有出厂检验报告、型式检验报告。

（4）施工环境要求　在施工时及施工后 24h 内，建筑反射隔热涂料的施工现场环境温度和墙体表面温度不应低于 5℃。夏季应避免阳光曝晒，必要时在脚手架上搭设临时遮阳设施，遮挡墙面。在 5 级以上大风天气和雨天不得施工，如施工中突遇降雨，应采取有效遮盖措施，防止雨水冲刷墙面。

4. 施工工序

（1）非金属材料基层平涂型建筑反射隔热涂料的施工工序　见表4-18。

表 4-18　平涂型建筑反射隔热涂料涂层的基本施工工序

项次	工序名称	施工工序[①]
1	基层清理	√
2	填补缝隙、局部刮腻子找平、磨平	△
3	刮第一道柔性耐水腻子	√
4	磨平	√
5	刮第二道柔性耐水腻子	√
6	磨平	√
7	复补腻子	△
8	磨平	△
9	弹分色线	△
10	施涂底涂层（两道）	√
11	平涂型建筑反射隔热涂料（两道或多道）	√
12	涂膜保养固化	√

① 表中"√"号为应进行的工序；"△"号为选择工序，即根据具体工程情况确定是否进行。

（2）非金属材料基层非均质建筑反射隔热涂料的施工工序　见表4-19。

表 4-19　非均质建筑反射隔热涂料涂层的基本施工工序

项次	工序名称	施工工序[①]
1	基层清理	√
2	填补缝隙、局部刮腻子找平、磨平	△
3	弹分色线	△
4	施涂底涂层（两道）	√
5	施涂非均质建筑反射隔热涂料	△
6	施涂合成树脂乳液砂壁状建筑涂料	△
7	施涂透明型建筑反射隔热涂料	△

① 表中"√"号为应进行的工序；"△"号为根据具体涂层构造情况确定是否进行的工序。

（3）金属材料基层建筑反射隔热涂料的施工工序　见表4-20。

表 4-20　金属材料基层建筑反射隔热涂料涂层的基本施工工序

项次	工序名称	施工工序[①]
1	基层处理	△
2	清除锈层	△
3	施涂防锈底漆（两道）	√
4	施涂建筑反射隔热涂料（两道）	√

① 表中"√"号为应进行的工序；"△"号为根据具体基层情况确定是否需要进行的工序。

5. 施工技术

（1）一般要求　建筑反射隔热涂料工程施工中应注意满足以下要求。

① 一般情况下，建筑反射隔热涂料宜按"两底两面"的要求施工。后一道涂料的施工必须在前一道涂料干燥后进行。涂料应施涂均匀，涂料层与层之间必须结合牢固。当涂层厚度不能够满足设计要求时或对有特殊要求的工程可增加涂层施工道数。

② 建筑反射隔热涂料涂层中，封闭底漆应施工两道，并不得有漏涂现象；建筑反射隔热涂料涂层施工厚度应满足设计要求。

③ 施工过程中，应根据涂料品种、施工方法、施工季节、温度等条件严格控制，并有专人按说明书要求负责涂料和柔性耐水腻子的调配。配料及操作场所应经常清理，保持整洁和良好的通风条件。未用完的涂料应密封保存。施工现场不应使用机械对建筑反射隔热涂料进行搅拌。

④ 同一墙面同一颜色应使用相同批号的涂料，当同一颜色的涂料批号不同时，应预先混匀，以保证同一墙面不产生色差。

⑤ 施工过程中应采取措施防止对周围环境的污染；施工后应采取必要的措施进行成品保护。

（2）施工　正常情况下应按以下工艺过程实施建筑反射隔热涂料的施工，但视涂层构造的不同可适当增减施工过程。

① 基层清理与处理　清理基层并局部找平；用柔性耐水腻子对基层局部低凹不平处进行修补，干燥后用砂纸打磨。

② 第一道满刮柔性耐水腻子　批刮柔性耐水腻子，待干燥后，用砂纸将腻子残渣、斑迹磨平、磨光，然后将打磨粉尘清扫干净。

③ 第二道满刮柔性耐水腻子　在刮第二遍腻子之前，可根据情况对局部进行填补、打磨等处理，使墙面平整、均匀、光洁，然后满刮柔性耐水腻子，并待腻子膜干燥后磨平。

④ 复补腻子、磨平　再次对不能够满足涂装要求的局部进行复补腻子，并待干燥后打磨平整。

⑤ 弹分色线　若墙面设计上布置有分格缝，应在喷涂涂料前弹分色线，并根据设计的分格缝颜色涂刷涂料，待干燥后粘贴防污染胶带。

⑥ 施涂底涂层　应采用辊涂或喷涂方法施涂非金属材料基层的底涂层。底涂层应施涂均匀，不得漏涂；底涂层应施工两道，两道之间的间隔时间不小于 2h；宜采用刷涂法施涂金属材料基层的防锈底漆，施涂应均匀，不得漏涂。

⑦ 涂料施工　待腻子层完全干燥（约需 24h）后施工建筑反射隔热涂料。应采用喷涂或辊涂方法施工，喷涂应按照制作样板件时确定的方法（包括喷枪的喷嘴口径、喷涂压力等）操作。喷涂时，应先调整好气压，做好试喷，然后喷涂。喷涂时每道不宜喷涂得太厚，以防流坠。喷枪口与墙面的距离以 30～60cm 为宜，喷嘴轴心线应与墙面垂直，喷枪应平行于墙面移动，移动速度平稳、连续一致。喷涂时的转折方向不应出现锐角走向。两道喷涂之间的间隔时间宜在 4h 左右。一般喷涂两道，但以涂膜达到要求厚度和装饰效果为止。第二道涂料的施工应待第一道涂料干燥后进行。喷涂时应有防风措施，防止污染作业环境和周边环境。

辊涂施工时，每次辊筒蘸料后宜在匀料板上来回滚匀或在筒边刮舔均匀，辊涂时涂膜不应过薄或过厚，应充分盖底，不透虚影、针眼、气孔等，表面均匀。

⑧ 涂膜的保养固化涂料经过最后一道施工工序后，要经过一定时间的保养固化，保养固化时间视不同的涂料或气候条件而有所差别，一般夏季应不少于 1个星期，冬季不少于 2 个星期。

6. 安全文明施工和成品保护

（1）安全文明施工　应注意做好以下文明施工事项：①各类材料应分类存放并挂牌标识，防止错用；②每日施工完毕后，应及时将现场施工产生的垃圾及废料清理干净，剩余物资放回仓库，以保持干净卫生的施工环境；③不允许在施工工地上倾倒和燃烧垃圾，以保持良好的施工环境；④专用作业吊篮和施工脚手架的安装以及登高作业，必须符合国家相关规范的要求，经检查验收合格和调试运行可靠后方可使用；⑤使用电动工具和机械设备时，必须符合现行《建筑工程施工现场供用电安全规范》GB 50194—2014 和《建筑机械使用安全技术规程》JGJ 33 的要求；⑥应按规定佩戴劳动保护用品，喷涂时必须佩戴防护口罩及防护眼镜。

（2）消防安全　包括以下内容：①施工现场确保消防通道畅通，必须按照防火规范布置相应的设备；②任何有明火的地方都应配备必要的灭火设备；③施工工地上任何配电装置、用电设备及连接电源等涉及到电工的操作，必须由专业电工进行，并且必须与易燃易爆物品隔离或采取可靠的安全防护措施；④施工设施应满足有关部门制定的消防安全标准要求；⑤施工现场配备的消防设备应安全、可靠，配备位置应能够保证存放、拿取便捷。

（3）成品保护　包括以下内容：①加强成品保护教育，提高施工人员的成品保护意识；②施工中应合理安排工序，严禁颠倒工序作业；③施工时，严禁踩踏窗台，防止破坏窗台涂层；④施工前，应将已安装在外墙面的管道、门窗框等相关设施保护好，每道工序完成后，应及时清理残留物；⑤不得在施工的墙面上随意开凿孔洞，如确因需要，应按照设计要求进行处理。施工中应防止重物撞击墙面。损坏处应切割成形状比较规则的洞口，以利于修补完整。

（四）建筑反射隔热涂料的工程验收

1. 一般规定

（1）建筑反射隔热涂料施工过程中应及时进行质量检查和隐蔽工程验收，并留有文字记录和影像资料。隐蔽工程项目包括基层处理和底涂层施工。

（2）分项工程质量验收应在建筑反射隔热涂料检验批全部验收合格的基础上，进行质量记录检查，确认达到验收条件后方可进行。

（3）建筑反射隔热涂料检验批应按下列规定划分。①采用相同施工工艺的墙面，每 $500 \sim 1000 m^2$ 面积划分为一个检验批，不足 $500 m^2$ 也为一个检验批。②检验批的划分也可根据与施工流程相一致且方便施工与验收的原则，由施工与监理（建设）单位共同商定。③每个检验批每 $100 m^2$ 应检查 1 处，每处不少于 $10 m^2$。④检验批质量验收合格，应符合：a. 检验批应按主控项目和一般项目验收；b. 主控项目应全部合格；c. 一般项目应合格，当采用计数检验时，至少应有 90% 以上的检查点合格，且其余检查点不得有严重缺陷；d. 应具有完整的施工操作依据和质量检查记录。

（4）分项工程质量验收合格，应符合下列规定：①分项工程所含的检验批应符合合格质量的规定；②分项工程所含的检验批的质量验收记录应完整。

（5）验收时应检查下列资料：①设计文件、图纸会审记录、设计变更和节能专项审查文件；②设计与施工执行标准、文件；③产品合格证、型式检验报告及进场验收记录等；④材料进场抽检复验报告；⑤检验批、分项工程验收记录；⑥施工记录；⑦质量问题处理记录和其他必须提供的资料。

2. 主控项目

工程验收的主控项目及其检验方法、检验数量如表 4-21 所示。

表 4-21　建筑反射隔热涂料工程验收的主控项目及其检验方法和检验数量

序号	项目内容	检验方法	检验数量
1	建筑反射隔热涂料的性能应符合设计要求	检查产品合格证、型式检验报告、复验报告、进场验收记录	全数检查
2	建筑反射隔热涂料进场应进行复检，复检项目为：受污染后太阳光反射比、半球发射率、近红外反射比；与建筑反射隔热涂料配套材料的抽样复验，其项目为相容性。复检应为见证取样送检	核对复验报告	同一厂家、同一型号产品复检不少于 1 组

序号	项目内容	检验方法	检验数量
3	建筑反射隔热涂料的颜色、图案应符合设计要求	观察	单位工程各向外墙（屋面）应不少于3处
4	建筑反射隔热涂料应涂饰均匀、黏结牢固，不得漏涂、透底、起皮和掉粉	手摸检查	单位工程各向外墙（屋面）应不少于3处
5	封闭底漆应施工两道	检查施工记录	全数检查
6	应对施工完成后的建筑反射隔热涂料涂层饰面进行现场太阳光反射比检测，并应符合设计要求	按现行标准《建筑反射热涂料节能检测标准》JGJ/T 287进行	单位工程各向外墙（屋面）应不少于3处

3. 一般项目

（1）建筑反射隔热涂料的涂刷质量　涂刷质量和检验方法应符合表4-22的规定。

表4-22　建筑反射隔热涂料层的涂刷质量和检验方法

项次	项目	涂刷质量	检验方法
1	颜色	颜色一致	观察
2	光泽、光滑	光泽均匀一致、光滑	观察、手摸检查
3	刷纹	无刷纹	观察
4	挂棱、流坠、皱皮	不允许	观察
5	装饰线、分色线直线度允许偏差	1mm	拉5m线检查,不足5m拉通线,用钢直尺检查

（2）涂层与其他装修材料和设备的衔接　建筑反射隔热涂料涂层与其他装修材料和设备衔接处应吻合，界面应清晰。

检查方法：观察；检验数量：全数检查。

三、建筑反射隔热涂料的现场检测技术

（一）概述

1. 建筑反射隔热涂料的市场

随着建筑反射隔热涂料的工程应用量近年来逐渐增大，建筑反射隔热涂料及其工程应用已经形成了很大的市场。因而，建筑节能行业面临着如何控制此类工程质量以及然后进行工程验收的问题。

就建筑反射隔热涂料的市场来说，可以有三种情况：一是一些有社会责任感的企业，通过深入研究或引进生产与应用技术，具有向市场提供合格产品的能力，并始终向市场提供合格产品；二是有些企业不拥有生产合格产品的能力，向市场提供的是不合格产品；三是由于某些情况下市场竞争的无序和混乱，使得一些生产企业未能进行深入的研究工作，仅是在炒作概念，故弄玄虚，向市场提供的产品或合格，或不合格，或者以普通涂料假冒反射隔热涂料。同样，受产品质量的直接影响，建筑反射隔热涂料工程的质量情况大致也是这种情况。例如[68]，在现场测试过程中，在同一墙面上检测出颜色一致、性能不同的涂料，太阳光反射比和表面温度检测数据差异很大；说明一个是质量较好的反射隔热涂料，另一个则是普通涂料冒充反射隔热涂料。

2. 建筑反射隔热涂料的工程质量控制

对建筑反射隔热涂料工程进行质量控制大体上分三个阶段。第一个阶段是对该类工程应用的认识出于比较模糊的阶段，对其质量控制也比较模糊，基本上就是按照 JC/T 1040—2007 标准的出厂检测项目配合隔热功能指标控制涂料进场的产品质量，按照普通涂料控制工程质量；第二阶段是 JG/T 235—2008 标准颁布后增加现场抽检"隔热温差"和"隔热温差衰减"项目，质量控制意识和措施已经有很大提高；第三阶段是 JGJ/T 359—2015 和 JGJ/T 287—2014 标准颁布实施后，对工程用建筑反射隔热涂料产品的质量要求、进场抽检项目、隐蔽工程资料和现场检测项目等一系列质量控制措施做出具有可操作性的规定，使得建筑反射隔热涂料工程的系列工程质量控制措施完备，进入正常工程质量管理阶段。

3. JGJ/T 287—2014《建筑反射隔热涂料节能检测标准》简介

顾名思义，JGJ/T 287—2014 标准是检测方法的标准，主要包含建筑反射隔热涂料的实验室检测和现场检测两种情况下的检测方法。其在现场检测中，规定了检测涂层太阳光反射比使用的仪器性能和参数要求、检测环境要求、检测程序、结果计算和检测报告以及检测工作流程等。

4. JGJ/T 359—2015 标准规定的现场检测

JGJ/T 359—2015 标准的第七章"工程质量验收"中将现场太阳光反射比检测作为工程质量验收的主控项目，并规定应按现行标准《建筑反射隔热涂料节能检测标准》JGJ/T 287 中的方法，对施工完成后的建筑反射隔热涂料涂层饰面进行现场太阳光反射比检测，且其检测数量单位工程各向外墙（屋面）应不少于3处。

这种现场检测，将涂料饰面的形式、现场施工的质量和饰面的清洁度等现场影响涂膜节能效果的因素都包含在检测结果中，能够实际反映涂膜的节能性能。

（二） JGJ/T 287 规定的现场检测涂层太阳光反射比的方法

1. 现场检测的目的与流程

（1）目的 对建筑反射隔热涂料工程的质量予以监督检查，检测其涂层性能是否符合设计要求。

（2）现场检测工作流程 建筑反射隔热涂料工程的现场检测应按照图 4-19 所示的流程进行。

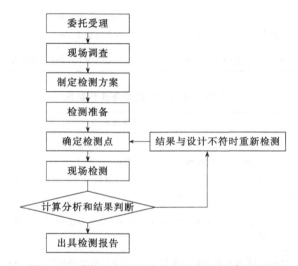

图 4-19 建筑反射隔热涂料工程的现场检测流程

2. 现场检测的一般规定

（1）检测方法 太阳光反射比的现场检测应采用相对光谱法或辐射积分法。

（2）检测点的选择 应符合以下规定：①检测点的涂层外观应平整、清洁，涂层表面拉毛的凸起高度不宜大于 2.0mm；②检测点的涂层表面应干燥；③检测时检测点应避免受太阳直接照射。

（3）现场检测环境要求 ①现场检测的环境温度宜为 5～35℃；②相对湿度不宜高于 80%；③应避免在雨、雾天进行；④环境风速宜小于 5m/s。

3. 检测设备要求

（1）基本要求 进行现场检测时，所使用的检查设备应在合格检定或校准有效期内，自行研制的设备应经过技术鉴定和校准合格。

（2）使用环境要求 检测设备应具有抗干扰、抗振动和防尘等性能，并能够满足在上述"现场检测环境要求"规定的条件下使用。

（3）性能要求 采用相对光谱法检测时，检测设备性能应符合表 4-23 的规定；采用辐射积分法检测时，检测设备性能应符合表 4-24 的规定。

表 4-23　光纤光谱仪设备性能要求

设备组件	性能要求
光纤光谱仪	波长范围为 350～2500nm；在 350～1100nm 波长范围精度不应低于 0.5nm。在 1100～2500nm 波长范围内精度不应低于 3.2nm；光纤光谱仪的太阳光反射比检测范围应为 0.02～0.97；检测精度应为 0.01
光源	卤钨灯
光纤	多模光纤芯径不应小于 600μm；数值孔径（NA）应为 0.22±0.02；光纤长度不宜超过 3m
积分球	内径应为 30～120mm；在 400～1500nm 波长范围内的最低反射率不得低于 96%，在 250～2500nm 的最低反射率不得低于 93%；采样孔径不应小于 9mm
标准白板	压制的硫酸钡或聚四氟乙烯板；标准白板应经过计量部门检定合格并在检定有效期内使用

表 4-24　辐射积分仪设备性能要求

设备组件	性能要求
测量头（集成式积分球）	波长范围为 350～2500nm，测量波段不应少于 4 个；应由卤钨灯、过滤器和探测器组成；测量头内壁为高反射材料；探测器应能探测到紫外、蓝光、红光和近红外区的电子感应；测量头采样孔径应为 25～26mm；重复性应为 ±0.003，偏差应为 ±0.002；辐射积分仪的太阳光反射比检测范围应为 0.02～0.97；检测精度应为 0.01
读数模块	应具有数据采集、处理和显示功能，数显分辨率应为 0.001；数字显示器不稳定度应小于 ±（读数的 1%＋0.003/h）
标准装置	包括黑腔体和高反射比的标准陶瓷白板，标准白板应经过计量部门检定合格并在检定有效期内使用

此外，采用相对光谱法现场检测设备的组成还应包括蓄电池电源、便携式计算机等，也可以采用集成化较高的便携式仪器。

用于现场检测的光纤光谱仪、辐射积分仪等设备属于精密仪器，测试前，应对现场检测环境检查是否具备抗振动性能，确保仪器及组件的连接等牢固可靠，确保测试信号的传输不受现场环境振动、检测中的移动等影响。检测设备应具备对检测现场环境中的防尘、防潮和防沾污性能。

4. 采样要求

（1）采样时配置定位片　现场检测采样时，测量头触接面与检测点之间应配置定位片。定位片正面、背面视图和剖视图如图 4-20 所示。

（2）定位片要求　定位片应符合如下规定：①定位片应带有采样孔、采样孔边牙和测量头定位槽；②定位片应采用不锈钢板制作，测量头触接面范围的板厚（δ）不应大于 0.3mm，直径（D）不应小于测量头采样孔直径的 10 倍，采样孔直径（d）应比测量头采样孔直径大 1.0mm；③定位片的定位槽底内径

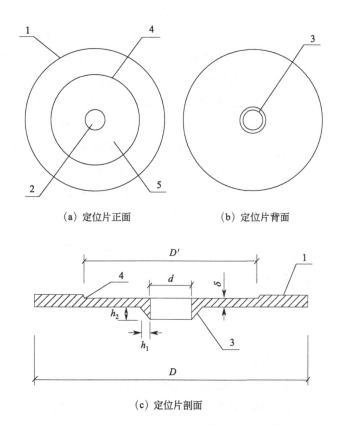

(a) 定位片正面   (b) 定位片背面

(c) 定位片剖面

图 4-20 定位片正面、背面视图和剖视图

1—定位片；2—采样孔；3—采样孔边牙；4—测量头定位槽；5—测量头触接面；

D—定位片直径；δ—触探面板厚度；d—采样孔直径；

D'—定位槽底内径；h_1—边牙厚度；h_2—边牙高度

（D'）应比测量头触接面轮廓直径大 0.5mm；④定位片背面的采样孔边缘上应带有边牙，边牙的锋刃程度以左右旋转定位片时易于切入被测面为宜，边牙厚度（h_1）不宜大于 0.2mm，边牙高度（h_2）应等于被测涂层表面拉毛的凸起高度；⑤定位片的采样孔内壁应涂白，其余面应涂黑。

（3）测量头与定位片的配合 测量时，测量头采样时与定位片的配合如图 4-21 所示。

5. 检测要求

（1）检测点布置 每个检测区域应确定 3 个检测点，3 个检测点宜按等边三角形布置，检测点间距不宜小于 500mm。

（2）相对光谱法检测 采用相对光谱法检测时，检测程序应符合以下要求：

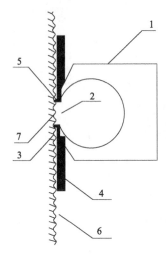

图 4-21　测量头采样示意图

1—测量头；2—测量头采样孔；

3—测量头的触接面；4—定位片；

5—采样孔边牙；6—被测面；

7—检测点

①仪器应正确连接并处于正常工作状态；②仪器工作参数设定应正确；③将标准白板与定位片背面靠紧，将积分球采样孔对准定位片的采样孔，在仪器规定的波长范围内应进行光谱反射比光谱基线测量；④将定位片背面的采样孔对准检测点，并应使定位片与被测涂料面靠紧；⑤将测量头置于定位片的定位槽内，在同一波长范围内应进行光谱反射比测量，测得相对于标准白板的光谱反射比曲线。

采用相对光谱法进行检测时，太阳光反射比按式(4-13) 和式(4-14) 进行计算。

$$\rho_s = \frac{\sum_{i=1}^{n} \rho_{0\lambda_i} \rho_{b\lambda_i} E_s(\lambda_i) \Delta\lambda_i}{\sum_{i=1}^{n} E_s(\lambda_i) \Delta\lambda_i} \tag{4-13}$$

$$\Delta\lambda_i = \frac{(\lambda_{i+1} - \lambda_{i-1})}{2} \tag{4-14}$$

式中　ρ_s——太阳光反射比；

i——波长 350～2500nm 范围内的计算点；

λ_i——计算点 i 对应的波长，nm，从表 4-25 中选取；

n——计算点的数目，应取 96 个；

$\rho_{0\lambda_i}$——波长为 λ_i 的标准白板的绝对光谱反射比测定值，应采用计量部门的检定值；

$\rho_{b\lambda_i}$——波长为 λ_i 的检测点相对于标准白板的光谱反射比测定值；

$E_s(\lambda_i)$——在波长 λ_i 处太阳光谱辐照强度，$W/(m^2 \cdot nm)$，从表 4-25 中选取；

$\Delta\lambda_i$——＋93.9969 计算点波长间隔，nm。

应取 3 个被测点的算术平均值作为最终结果。

表 4-25　太阳光谱辐照度 $E_s(\lambda_i)$ 表

λ_i/nm	$E_s(\lambda_i)$/[W/$(m^2 \cdot nm)$]	λ_i/nm	$E_s(\lambda_i)$/[W/$(m^2 \cdot nm)$]	λ_i/nm	$E_s(\lambda_i)$/[W/$(m^2 \cdot nm)$]	λ_i/nm	$E_s(\lambda_i)$/[W/$(m^2 \cdot nm)$]
305.0	0.0092	570.0	1.4471	980.0	0.6230	1800.0	0.0290
310.0	0.0408	590.0	1.3449	993.5	0.7197	1860.0	0.0019
315.0	0.1039	610.0	1.4315	1040.0	0.6655	1920.0	0.0012
320.0	0.1744	630.0	1.3821	1070.0	0.6144	1960.0	0.0204
325.0	0.2379	650.0	1.3684	1100.0	0.3976	1985.0	0.0878

λ_i/nm	$E_s(\lambda_i)$/[W/ (m²·nm)]	λ_i/nm	$E_s(\lambda_i)$/[W/ (m²·nm)]	λ_i/nm	$E_s(\lambda_i)$/[W/ (m²·nm)]	λ_i/nm	$E_s(\lambda_i)$/[W/ (m²·nm)]
330.0	0.3810	670.0	1.3418	1120.0	0.1058	2005.0	0.0258
335.0	0.3760	690.0	1.0890	1130.0	0.1822	2035.0	0.0959
340.0	0.4195	710.0	1.2690	1137.0	0.1274	2065.0	0.0582
345.0	0.4230	718.0	0.9737	1161.0	0.3267	2100.0	0.0859
350.0	0.4662	724.4	1.0054	1180.0	0.4433	2148.0	0.0792
360.0	0.5014	740.0	1.1673	1200.0	0.4082	2198.0	0.0689
370.0	0.6421	752.5	1.1506	1235.0	0.4631	2270.0	0.0677
380.0	0.6867	757.5	1.1329	1290.0	0.3981	2360.0.	0.0598
390.0	0.6946	762.5	0.6198	1320.0	0.2411	2450.0	0.0204
400.0	0.9764	767.5	0.9938	1350.0	0.0313	2494.0	0.0178
410.0	1.1162	780.0	1.0901	1395.0	0.0015	2537.0	0.0031
420.0	1.1411	800.0	1.0424	1442.5	0.0537	2941.0	0.0042
430.0	1.0330	816.0	0.8184	1462.5	0.1013	2973.0	0.0073
440.0	1.2548	823.7	0.7565	1477.0	0.1017	3005.0	0.0063
450.0	1.4707	831.5	0.8832	1497.0	0.1755	3056.0	0.0031
460.0	1.5416	840.0	0.9251	1520.0	0.2531	3132.0	0.0052
470.0	1.5237	860.0	0.9434	1539.0	0.2643	3156.0	0.0187
480.0	1.5693	880.0	0.8994	1558.0	0.2650	3204.0	0.0013
490.0	1.4834	905.0	0.7214	1578.0	0.2357	3245.0	0.0031
500.0	1.4926	915.0	0.6433	1592.0	0.2384	3317.0	0.0126
510.0	1.5290	925.0	0.6653	1610.0	0.2204	3344.0	0.0031
520.0	1.4311	930.0	0.3890	1630.0	0.2356	3450.0	0.0128
530.0	1.5154	937.0	0.2489	1646.0	0.2263	3573.0	0.0115
540.0	1.4945	948.0	0.3022	1678.0	0.2125	3765.0	0.0094
550.0	1.5049	965.0	0.5077	1740.0	0.1653	4045.0	0.0072

　　（3）辐射积分法检测　采用辐射积分法检测时，检测程序应符合以下要求：①仪器应正确连接并处于正常工作状态，且仪器工作参数设定正确；②开机预热期间应盖罩采样孔，预热 30min 后进行仪器校准；③应采用反射比为零的黑腔体调零，采用高反射比标准版校准；④将定位片背面的采样孔对准检测点，并应使定位片与被测涂料面靠紧；⑤将测量头置于定位片的定位槽内，并应在显示值稳定后读数；⑥应取 3 次读数的算术平均值作为该检测点的太阳光反射比；应测试 3 个检测点的太阳光反射比，并取算术平均值作为该检测点的最终结果。

6. 检测报告

　　检测报告应包括以下信息：①报告的名称、编号及页码、委托单位名称和地址；②工程项目名称和地址；③被检对象描述、被检环境描述；④检测方法；⑤检测依据的标准文件；⑥检测设备、仪器的型号、编号、计量有效期等信息；

⑦检测结果；⑧附图、附表；⑨检测单位名称及地址；⑩报告主检人、审核人和批准人的签名。

（三）两种现场太阳光反射比检测仪简介

1. AvaSR-96 便携式太阳光谱反射仪

AvaSR-96 便携式太阳光谱反射仪是针对行业标准 JGJ/T 287《建筑反射隔热涂料节能检测标准》开发的新型仪器，主要用于建筑节能领域反射隔热涂料、节能玻璃、金属板材等材料的现场太阳光反射比测量，同时也适用于实验室检测，仪器外观见图 4-22。

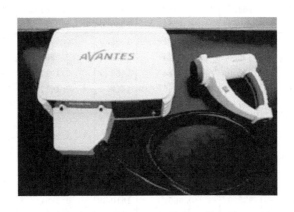

图 4-22　AvaSR-96 便携式太阳光谱反射仪外观示意图

（1）仪器特点　AvaSR-96 便携式太阳光谱反射仪内置太阳光反射比测量专用光谱分析软件，具有计算太阳光反射比、反射颜色、建筑节能效果和出具测试报告等功能，可以智能提示测试天气和采样个数，可实时查看原始数据点和 96 个标准数据点，并可载入测试记录与当前测试结果相比较，具有管理员功能，可确保数据安全。主机防尘防水，安全可靠，耐冲击仪器箱，携带方便。

（2）适用标准　国家标准 GB/T 25261、行业标准 JGJ/T 287—2014、JG/T 235—2014、JC/T 1040—2007 和美国 ASTM C1549—2009 等。

（3）功能特色　仪器具有如下功能特色：①可以实时测量 CIE1931 和 CIE1964 颜色参数，X、Y、Z、x、y、z、L^*、a^*、b^*、H、C、u、v，可以同时显示 R、G、B 颜色图像，并可计算与参考颜色的色差；②软件具有自动根据涂料太阳光反射比和半球发射率数据核算每小时、每天、每月、每年的节约电量，计算出标煤节煤量；③太阳光反射比数据实现显示，可自定义太阳光反射比检测范围，判定合格与否；④针对不同涂料粗糙度（$h = 2.0$mm、1.5mm、1.0mm、0.5mm），配有符合国家标准的专用积分球定位片；⑤手柄式专用测试探头，实时便携贴墙测量；⑥数据无线传输，通过笔记本电脑远程操作。

2. SSR-ER 太阳光谱反射率仪

美国材料测试协会标准 ASTM C1549 规定了一种便携式反射比测试仪测定材料常温下太阳光反射比的方法，该方法可以由 SSR-ER 太阳光谱反射率仪实现之，其设备外观见图 4-23。

图 4-23　SSR-ER 太阳光谱反射率仪

（1）主要技术参数和功能特点　SSR-ER 采用钨灯和积分球产生漫射光照射样品，探测器在近法线 20°处接收样品的反射光。漫反射和镜面反射标准体随机提供，标准体通过美国 NBS 标定，仪器经过标准体校正后即可开始测量。主要技术参数和功能特点如下：

① 定制测量头　标配测量头用来测量平面样品材料，可定制测量头用来测量曲面材料样品，如 13mm 直径圆柱面。

② 分辨率、重复性和准确性　分辨率：LCD 显示反射比、吸收比和透射比精确至 0.001；重复性：±0.003；准确性±0.002，标准差约 0.005。

③ 漂移、适用和湿度　5min 预热，漂移小于±（读数的 1％＋0.003/h）；温度：电子组件操作温度不得超过 60℃，测量头最高 50℃；湿度：最大 80％。

④ 标准板、测量孔、光源、电源、线缆、仪器重量　标准版：提供经过 NBS 计量的漫反射和镜面反射标准板；测量孔：测量孔直径 25.4mm，最小样品直径 28mm，测试孔有保护样品的垫圈；光源：插拔式可换钨丝灯；电源：100～240V AC 通用电源（可以选配 12V 移动电源）；线缆：标配长度 1.5m，可选长度 10m；仪器重量：测量头 0.9kg，电子模块 1.8kg，透射率附件 4.5kg。

⑤ 数据输出附件、测量波长范围、测试条件、测试项目　数据输出附件：

选配，可实现一次测试，输出 16 种测试条件（或模式）下的太阳光谱反射率值；测量波长范围：300～2500nm；测试条件：共 16 种，分别为 G173GH、G173BN、AM1GH、AM1BN、AM1DH、AM0BN、AM2V5E、AM1V5E、AM15V5E、AM0V5E、L1、L2、L3、L4、L5、L6，对应的大气质量共 4 种，分别为 AM0、AM1、AM1.5、AM2；测试项目：太阳光谱反射率（反射比），吸收比，透射率（配备 SSR-T）。

⑥ 适用标准　ASTM C1549。

（2）透射率测量附件（选配）　SSR-T 透射率测量附件可以和 SSR-R 反射测量头兼容进行样品太阳辐射透射率测量，透射率测量角度从法线方向至 60°可调，采用漫反射光源照明并测量。

（3）应用领域　航天航空行业（热控表面、热控涂层）；薄膜行业；涂层行业；太阳能行业（吸收涂层、反射涂层、镜子、反光体）；建筑行业（外墙表面层、屋顶表层、工程漆、马路标线、人行道砖）；不适合透明、半透明物体。不适合表面不均匀的粗糙的物体。

（四）检测半球发射率的便携式 AE1 型辐射率仪

1. 半球发射率的检测方法

根据不同的测量原理，半球发射率的测量方法可分为量热法、反射率法、能量法和多波长测量法等多种方法。国内一些反射隔热涂料的标准采用的方法也不尽相同，可分为三类。

第一类是依据 GJB 2502—1995《卫星热控涂层试验方法》中的稳态量热计法。我国早期的反射隔热涂料标准，如 GB/T 25261—2010、JC/T 1040—2007、JG/T 235—2008 等都采用的是这种国军标的方法[69]。

第二类方法不是直接测试材料的半球发射率，而是通过材料的热辐射反射率以及材料表面系数间接计算材料的半球发射率。检测隔热涂膜玻璃或者玻璃用隔热涂料的半球发射率都采用这种方法。

第三类是依据 ASTM C1371—2004《室温下使用便携式发射率仪检测材料发射率的方法》。近几年的反射隔热涂料标准，如 HG/T 4341—2012、JG/T 235—2014、JG/T 375—2012 等都是采用这种便携式辐射率仪的方法。

2. 便携式辐射率仪介绍

ASTM C 1371—2004 规定了一种测试半球发射率的便携式辐射率仪法，其结构示意图如图 4-24 所示。通过加热探测器内的热电堆，使探测器和试样之间产生温差。该温差与试板的发射率呈线性关系。通过比较高、低发射率标准板与试样表面温差的大小，即可测量出反射隔热涂料的半球发射率。

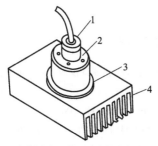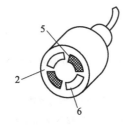

(a) 辐射率仪测量头放在标准板上　　(b) 辐射率仪测量头仰视图

图 4-24　便携式辐射率仪结构示意图

1—缆线；2—辐射率仪测量头；3—标准板；4—散热槽；

5—高发射率探头元件；6—低发射率探头元件

美国 Devices & Services Co. 有限公司生产的 AE1 型辐射率仪的检测器采用电加热设计，无须加热样品，也不需要测量温度。数字电压表 RD1 是辐射率仪的读数器，通过可调旋钮来设定电压读数和发射率标准体的电压一致，仪器外观如图 4-25 所示。

图 4-25　AE1 便携式辐射率仪装置图

当辐射率仪测量待测样品时，数字电压表就能直接读出发射率，精度为 0.01。RD1-10X 附件能够对电压 10 倍增益，使 RD1 发射率的结果精确到 0.001。

3. 不同方法检测的半球发射率结果

选择 5 种颜色的 8 个样品，分别采用稳态量热计法和便携式辐射率仪法测试其半球发射率，结果表明，AE1 型辐射率仪测定的半球发射率的结果比稳态量热计法的略低，但两者的差值不超过 0.02，说明 AE1 型辐射率仪与稳态量热

反射隔热涂料生产及应用

计法的测试结果非常接近。

参 考 文 献

[1] 童仲轩．液化石油气球罐应用高效太阳热反射涂料取代淋水降温的研究．炼油技术与工程，2005，35（2）：40-45.

[2] 田士良．炼油厂油品储运技术与管理．北京：中国石化出版社，1995.

[3] 周健，王健，陈军．YFJ332型热反射隔热防腐蚀涂料的特点和应用．石油化工腐蚀与防护，2006，23（3）：42-45.

[4] 张振江．太阳热反射涂料在新疆储油罐上的隔热性能探讨．中国涂料，2014，29（3）：70-72，76.

[5] 裘爱东．热反射涂料对储罐腐蚀性能的作用规律研究．现代涂料与涂装，2014，17（8）：14-16.

[6] 施晓玲．太空涂料在丙烯腈储罐上的应用．安徽化工，2016，42（2）：48-51.

[7] 王菲．隔热涂料在轻质油罐上的应用．石油化工，2016（4）：204-205.

[8] 董彩莉，徐涛．太阳热反射涂料在钢板油罐中的应用试验．粮油仓储科技通讯，2010（5）：49-51.

[9] 许庆田，乔龙超．食用油储罐喷涂热反射涂膜控温储油的探讨//粮油仓储节能减排专题技术会议论文集．济南：国家粮食局节能减排——粮油仓储行业在行动暨粮油仓储节能减排专题技术会议，2010.

[10] 李少香，尹燕福，慕常强．模拟危化液体储罐复合热控涂层的开发与应用．电镀与涂饰，2014，33（10）：417-420.

[11] 黄晨，李美玲，邹志军．大空间建筑室内热环境现场实测及能耗分析．暖通空调，2000，30（6）：52-55.

[12] 朱永士，司建中．高大平房仓隔热降温的新途径．粮油仓储科技通讯，2005（2）：44-45.

[13] 鲁俊涛，陶琳岩，吴万峰，等．彩钢板屋顶高大平房仓仓顶喷涂反射隔热涂料的应用效果．粮食储藏，2016（3）：8-12.

[14] 杨雪峰，王文越，周刚，等．典型大陆性干旱气候地区平房仓隔热改造研究．粮食加工，2019，44（3）：63-67.

[15] 代永，周晓军，渠琛玲，等．高大平房仓仓顶隔热改造效果分析．粮食科技与经济，2019，44（2）：88-89.

[16] 马涛，葛蒙蒙，陈家豪．反光隔热材料对平房仓隔热效果研究．粮食储藏，2019，48（2）：25-27.

[17] 杨超，郑颂．福建地区高大平房仓仓顶隔热改造试验．粮食科技与经济，2017，42（4）：44-45.

[18] 沈辉，谭洪卫．太阳热反射涂料在夏热冬暖地区厂房屋顶的使用效果研究．建筑科学，2009，25（3）：49-53.

[19] 赵金榜．国内外水性反射型隔热涂料发展及其应用．现代涂料与涂装，2008，11（10）：27-34.

[20] 玉渊，陆强，韦立民，等．热固型反射隔热涂料在彩钢瓦夹保温棉板厂房的应用与研究．化工技术与开发，2014，43（10）：8-11.

[21] 梁志勤．LB-30隔热防水涂料在轻型金属屋面上的应用．中国建筑防水，2011，（7）：17-20.

[22] 朱晓杰．平房仓屋面隔热改造效果研究．粮食科技与经济，2019，44（12）：31-33.

[23] 张晓鹏，丁小宁，王保荣，等．高大平房仓仓顶喷涂热反射隔热涂料效果探索．粮油仓储科技通讯，2019（5）：17-19.

[24] 樊丽华．新型屋面太阳热反射弹性防水涂料隔热效果的研究．粮油仓储科技通讯，2017（2）：

43-44.

[25] 朱庆锋，张锡贤，孙苟大，等，新型太阳热反射隔热涂料在粮食仓储中的应用．粮油仓储科技通讯，2013（4）：45-46.

[26] 梁海珍．日本隔热涂料市场概况．中国涂料，2017，32（8）：74-76.

[27] 曹雪娟，刘攀，李瑞娇，等．路用热反射涂料的研究进展．电镀与涂饰，2016，35（18）：943-948.

[28] 何利涛．热反射型沥青路面环境效应与施工技术研究．西安：长安大学，2013.

[29] 郑木莲，程承，王彦峰，等．基于提高路面反照率的沥青路面降温技术试验研究．公路交通科技，2012（9）：63-66.

[30] 冯德成，张鑫．热反射涂层开发及路用性能观测研究．公路交通科技，2010，27（10）：17-20.

[31] 张静．沥青路面热阻及热反射技术应用研究．哈尔滨：哈尔滨工业大学，2008.

[32] Cao X J，Tang B M，Zhu H Z，et al. Preparation of fluori nated acrylate heat reflective coating for pavement and evaluation of its cooling effect// Transportation Research Board 93rd Annual Meeting. S. l.：Transportation Research Board，2014.

[33] 李文珍，李亮，石飞．沥青路面不饱和聚酯降温涂料的研制．重庆交通大学学报（自然科学版），2010，29（6）：916-918.

[34] 文旭卿，徐霖，解琴，等．热反射涂层在排水性沥青混凝土路面中的应用及性能评价．公路，2012（9）：19-23.

[35] 汤琨．遮热式路面太阳热反射涂层研究．西安：长安大学，2009.

[36] 郑木莲，何利涛，高璇，等．基于降温功能的沥青路面热反射涂层性能分析．交通运输工程学报，2013，13（5）：10-16.

[37] 郑木莲，程承，王彦峰，等．基于提高路面反照率的沥青路面降温技术试验研究．公路交通科技（应用技术版），2012（9）：63-66.

[38] Zheng M L，Han L L，Wang F，et al. Comparison and analysis on heat reflective coating for asphalt pavement based on coolin g effect and anti-skid performance. Construction and Building Materials，2015，93：1197-1205.

[39] 邓琰荣．沥青路面太阳热反射涂层组成设计及路用性能研究．西安：长安大学，2012.

[40] 保亮，周亦唐，李洛克，等．光催化热反射涂料的制备及其路用性能研究．低温建筑技术．2018，40（1）：5-9.

[41] 段书平．Mascoat DTI 陶瓷隔热涂层在油脂工业中的应用．石油和化工设备，2013，16（3）：31-33.

[42] 毛腾．太阳热反射隔热涂料的制备及其在涂布纸中的应用．杭州：浙江理工大学，2018.

[43] 黄祥，郭明．反射隔热涂层在安全帽上的应用．居舍，2019（11月中）：32.

[44] 黄祥，郭明，周行，等．建筑工程安全帽反射隔热涂层的实验测试．建材与装饰，2020（1）：66-67.

[45] 边英善，李琴，张林，等．太阳热反射隔热涂层织物的制备研究．现代涂料与涂装，2015，18（7）：17-20.

[46] 徐景江，杨坚强，钟媛．基于减少混凝土桥梁温度效应的热反射型涂料应用技术分析．中小企业管理与科技，2017（5）：162-163.

[47] 杨澍桔, 严周, 钟媛. 混凝土桥梁用热反射型涂料长期降温性能研究. 工程建设与设计, 2019 (11): 94-98.

[48] 冯梦萍. 建筑用反射隔热涂料节能效果研究. 杭州: 浙江大学, 2015.

[49] 宁勇飞. 夏热冬冷地区住宅空调负荷特征与节能分析. 衡阳: 南华大学, 2006.

[50] 孙立新, 冯驰. 反射隔热涂料北方冬季保温性能的基础热过程分析. 工业建筑, 2017, 47 (增刊): 601-605.

[51] 孙顺杰, 杨文颐, 冯晓杰, 等. 彩色反射隔热涂料的研制与性能研究. 涂料工业, 2013 (4): 17-22.

[52] 邢俊, 林庆文, 陈华. 复合型反射隔热涂料的制备与性能研究. 中国涂料, 2009, 14: 37-40.

[53] 玉渊, 玉宁佳, 李子娟, 等. 热固型反射隔热涂料的制备与研究. 化工技术与开发, 2012 (11): 11-13.

[54] Guo W, Qiao X, Huangh Y, et al. Study on energy saving effect of heat-reflective insulation coatings on envelopes in the hot summer and cold winder zone. Energy and Building, 2012, 50: 196-203.

[55] Hui S, Hongwei T, Athanasios T. The effect of reflective coatings on building surface temperatures, indoor environment and energy consumption-An experimental study. Energy and Buildings, 2011, 43 (2): 573-580.

[56] 张仁哲, 刘东华, 赵雅文, 等. 反射隔热涂料节能降温效果探讨. 中国涂料, 2011, 16 (11): 26-30.

[57] Mavromatidis L E, Mankibi M E, Michel P. Guidelines to study numerically and experimentally reflective insulation systems as applied to buildings. TAYLOR & Francis, 2012, 6 (1): 2-35.

[58] 莫天柱, 梅琳. 重庆地区反射隔热涂料等效热阻测算. 墙材革新与建筑节能, 2012, (7): 49-51.

[59] 徐斌, 叶宏, 葛新石, 等. 隔热涂层降低建筑空调负荷效果的参数分析. 太阳能学报, 2006 (9): 857-865.

[60] Akbari H, Konopacki S. Calculating energy-saving potentials of heat-island reduction strategies. Energy Policy, 2005, 36 (6): 721-756.

[61] 《广东省建筑反射隔热涂料应用技术规程》(广东省地方标准) DBJ 15—75—2010.

[62] 关有俊, 熊永强. 隔热涂料在夏热冬暖地区的应用及节能分析. 涂料工业, 2013, 43 (7): 43-46.

[63] 徐意, 彭晓光, 杨辉, 等. 反射隔热涂料对屋顶表面温度、室内温度和屋顶得热的影响. 新型建筑材料, 2016 (2): 24-27.

[64] 王肖峰, 王艳艳. 丙烯酸屋面反射节能涂料技术. 新型建筑材料, 2011 (8): 54-56.

[65] 《建筑反射隔热涂料应用技术规程》(安徽省地方标准) DB34/T1505—2011.

[66] 《建筑反射隔热涂料应用技术规程》(建工行业标准) JGJ/T 359—2015.

[67] 《建筑反射隔热涂料应用技术规程》(上海市地方标准) DJ/TJ 08—2200—2016.

[68] 赵敏, 徐宴华, 胡晓珍. 热反射涂料现场检测研究与应用. 绿色建筑, 2015 (2): 64-66.

[69] 姜广明, 郭晶, 马海旭, 等. 反射隔热涂料半球发射率的检测方法及设备介绍. 工程质量, 2018, 36 (9): 78-80.

第五章
透明型隔热涂料

第一节
透明型隔热涂料的发展和应用原理

一、透明型隔热涂料的发展

透明型隔热涂料的主要应用领域一是玻璃表面，由于透明型隔热涂料的涂装，能够使玻璃既保持透明，又具有反射辐照于其表面的太阳能的功能；二是应用于各种涂膜表面的罩面，能够使涂膜既保持原有的装饰性，同时具有隔热的功能；三是涂之于透明塑料薄膜上制备具有反射隔热功能的透明塑料贴膜。可见，透明型隔热涂料的关键在于基本保持涂膜透明性能的前提下赋予新的隔热功能。

就以上透明隔热涂料应用的三种领域来说，最主要的应用还是玻璃，且绝大多数是建筑玻璃。现代建筑设计采用大面积的玻璃，此有助于改善建筑物美学上的外观并减少维护，但也大大增加了能量消耗。所以采用金之类的金属薄膜红外反射性能来制造窗口涂料，这些薄膜足够薄时，能透射可见光并反射入射光中的红外部分，但该类涂料有两大缺点：一是在透射可见光时是高度反射性的，这不仅对于红外辐射，而且对可见太阳光也如此，这种性能会造成金属强烈的刺目眩光，使观察者感到不适；二是金的价格昂贵。所以需要用非贵金属膜取代[1]。

例如，锡酸镉（Cd_2SnO_2）是最透明的热反射颜料，可用其制造红外反射涂料，即将 CdO、SnO_2、CuCl 充分混合成均相混合物，在氧化铝坩埚中于 1050℃下加热 6h，制成正交斜方结构的锡酸镉晶体，由它制成的 $1.5\mu m$ 厚度膜在二氧化硅板上能反射红外光，在 $2\mu m$ 膜厚下能产生 80% 的反射率，而在 $6\mu m$ 膜厚下则产生 90% 的反射率，铜掺杂锡酸镉还能增加其红外反射率，其所制成的涂料可用于建筑玻璃。

美国、日本、韩国等国家有关透明型隔热涂料的研究开展得比较早，研究的重点主要集中在能够产生透明隔热的无机功能材料，如氧化铟锡、氧化锡锑及掺杂氧化锡等的选择方面。Nanophase Technologies 公司利用纳米 ITO、ATO、ZnO、Al_2O_3、TiO_2 等制成具有隔热、耐磨、紫外屏蔽和隔绝红外线等多功能性纳米涂料，并在多个领域得到广泛的应用。Triton Systems 公司生产利用纳米 Al_2O_3 制得的纳米透明涂料（Nanotufm Coatings），其耐磨性是传统涂料的 4 倍，且具有隔热和耐化学腐蚀性能，可用作飞机座舱盖、轿车玻璃和建筑物玻璃的保护涂层。

我国在 21 世纪初开始研究透明型隔热涂料，研究初期主要是利用纳米 ATO、ITO 等半导体金属氧化物粉体制备透明型隔热涂料[2,3]，这类研究有水性产品[4,5]，也有溶剂型产品[6] 以及光固化产品[7] 等。

随着研究的深入，逐渐转向在乳液聚合过程中将纳米氧化铟锡、氧化锡锑等进行原位聚合而得到性能更为优异和稳定的透明型隔热涂料[8,9]。此外，还出现了扩展以 ATO 为功能填料的透明型隔热涂料功能（例如防腐功能）的研究[10]。

在发展过程中，除了对产品的研究外，还有很多关于对纳米粉体分散方法和表面改性的研究。通过对 ATO 粉体表面改性可抑制分散过程中的团聚，使粉体由亲水性变为亲油性。表面改性可与分散同步进行，也可先改性再分散。常用改性剂有偶联剂、高分子改性剂、长链有机酸等，其中以硅烷偶联剂（例如 KH-560、KH-570 等）改性的居多。

近年来金属半导体氧化物类纳米粉体材料的工业化生产和分散技术逐步成熟，使得制备价格适中、性能优良的透明型隔热涂料更为方便和简单。2011 年建工行业标准《建筑玻璃用隔热涂料》JG/T 338 —2011 发布，说明我国建筑玻璃用隔热涂料的研究、生产和应用已经具备了一定的规模和基础，同时也促进了透明型隔热涂料的推广和应用。

二、透明型隔热涂料的种类和应用前景

1. 透明型隔热涂料的种类

从不同分类角度进行分类，可以分别有不同种类的透明型隔热涂料。例如，根据分散介质的不同，有水性和溶剂型两种透明型隔热涂料；根据涂料中产生透明隔热功能的主要填料品种的不同，可以得到更多的涂料品种，例如 ITO 类、ATO 类、AZO 类（氧化铝锌）[11]、TCO 类（掺杂 SnO_2 纳米导电氧化物）[12,13]、锑掺杂二氧化锡（YTO）[14]、BTO（铋掺杂二氧化锡类）[15] 以及复合类[16] 等；根据涂料成膜物质的不同，可以得到聚丙烯酸酯类、聚氨酯类、有机硅树脂类和氟碳树脂类等；根据固化成膜机理的不同有常温普通固化型和紫外光固化型等；根据涂料组成的不同，有单组分型和双组分型[17] 等。上述各种类型的透明型隔热涂料，目前都能够在传播媒介中看到相关的研究或其他类报道。

2. 透明隔热涂料的应用前景 [18]

透明隔热涂料可见光透过率和红外屏蔽率高能够有效隔绝太阳热辐射，具有很好的节能效果，可应用于多个领域。

（1）应用于汽车、火车、飞机的风挡玻璃，建筑物玻璃等，可以起到很好的隔热降温作用，且无反射光污染。

（2）涂覆于玻璃表面制成透明隔热玻璃，包括单层玻璃、中空玻璃以及夹层玻璃。透明隔热玻璃的高透光率特点使其适用于不分地域的高通透性外观设计的建筑使建筑物透明，且具有很好的隔热效果。

（3）涂覆于聚碳酸酯等透明树脂上制成纳米透明隔热板材，应用场合非常广泛，如可以做成汽车站顶上的透明隔热板等。

（4）涂覆于聚酯薄膜，制成透明隔热贴膜，可应用于建筑及汽车窗玻璃等。

3. 透明隔热涂料发展需要进一步解决的问题 [19]

（1）功能性纳米粒子的分散及分散稳定性有待改善　纳米 ATO、ITO 是透明隔热涂料的主要功能组分，但由于其纳米粒径所具有的巨大表面积而有很高的表面活性和吸附性，颗粒很容易发生团聚而降低透明隔热性能。其解决方法目前主要有两种途径，一是采用各种机械分散方法以获得良好的分散，二是对其进行表面改性以降低其表面自由能并减小颗粒间的范德华引力以获得长时间的分散稳定。当然，将这两种方法结合起来往往能够获得更好的效果。但都需要针对不同的涂料体系进行具体研究解决。

（2）透明隔热涂层的耐老化、耐水等耐候性能有待进一步提高　透明隔热涂料应用于建筑玻璃和涂膜罩面等透明隔热涂层时，需要承受太阳辐射和发挥透明隔热功能。而长期暴露于建筑玻璃外侧或户外大气环境中时，在太阳辐射下涂膜易老化；还会因雨水而发生雾化甚至起泡、起皮等现象，因此有关耐候性方面的性能有待进一步提高，对某些水性涂料尤其如此。

（3）涂料涂装时易起泡、成斑，均匀性有待提高　透明隔热涂料的固体含量往往偏低，因而往往干燥时间长，而且由于需要提高其疏水性能，常常造成涂料的流平性差，并且在施工时易起泡和出斑，现场涂装时很难保证厚度均匀涂膜、涂膜良好，因此需要进一步提高其涂装性能和涂料疏水与流平性间的平衡。

三、透明型隔热涂料的隔热原理

1. 纳米氧化铟锡（ITO）和纳米氧化锡锑（ATO）

在众多纳米半导体粒子中，纳米氧化铟锡和氧化锡锑是最早应用于纳米隔热涂料中的金属氧化物。前者常常简称 ITO，后者常常简称 ATO。ITO 与 ATO 薄膜的载流子浓度为 1020 个/cm^3，可见光透过率达到 $80\%\sim90\%$，红外反射率为 $75\%\sim80\%$，其中载流子浓度增加，红外发射率也会随之增加。

目前，在透明型隔热涂料中用于产生透明隔热功能的填料大多数选用 ATO。ITO 虽然对可见光具有良好的透过性，而对红外光具有反射作用[20]，是制备透明型隔热涂料的理想材料，但铟的价格昂贵，目前较少用来制作透明型隔热涂料。

ATO 薄膜在可见光区有较高的透过率，又是一种很好的红外反射材料，制作具有节能效果的低辐射镀膜玻璃上的隔热涂层是其重要应用之一[21]，而且 ATO 又比 ITO 更加稳定，虽然其透光性和红外阻隔性能没有 ITO 优异，但因其价格相对较低，因而近年来在工业上的应用研究更为广泛和受到重视。关于透明型隔热涂料的隔热原理，在前面的相关内容中曾进行简要介绍，主要是着眼于涂料中功能填料对太阳光的透过和选择性吸收性说明的。下面再以 ATO 型透明型隔热涂料为例详细介绍透明型隔热涂料的功能原理。

2. 太阳辐射能量分布

太阳辐射的能量主要分布在 $300\sim2500nm$ 波长范围。在该范围内，又分为紫外区（$300\sim400nm$）、可见光区（$400\sim700nm$）和近红外区（$700\sim2500nm$）；分别占太阳辐射能量约 5%、42% 和 52%，如图 5-1 所示。

3. 日照超温

"日照超温"是指物体在太阳光照射下，物体表面温度高于同地气温的值。即，日照超温＝物体表面温度－空气温度。

天气预报中所说的气温，是在植有草皮的观测场中离地面 1.5m 高的百叶箱（空气流通、不受太阳直射）状况下的温度。太阳辐照通过真空时基本上没有能量损失。通过空气时，被吸收的辐照能量也很少。当太阳光达到地面或遇到不

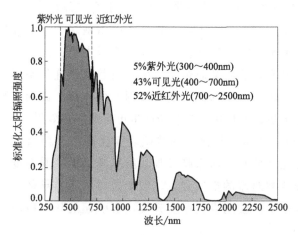

图 5-1　太阳光谱能量分布图

透明物体时，其大部分能量会被吸收，地面上的物体温度就会高于空气的温度。空气的温度主要是吸收地面物体热能的结果，而不是直接从太阳辐照能量中吸收的，这就形成了"日照超温"现象。根据测量，高度每增加 1km，气温大约降低 6℃。

4. ATO 纳米粒子的隔热机理

SnO_2 晶体具有正四面体的金红石结构，阴阳离子配位数为 6∶3，每个锡离子都与 6 个氧离子相邻，每个氧离子都与 3 个锡离子相邻。在 SnO_2 中掺入锑离子后，占据了晶格中 Sn^{4+} 的位置，形成一个一价正电荷中心 SbSn 和一个多余的价电子，使净电子数增加，形成 n-type 半导体，晶粒电导率增大，从而使 SnO_2 及其掺杂得到的粉末制成膜以后在保持高可见光透过率的同时，显示出类似于金属的电导性能和高红外光反射率等优良特性[22]。且由于 ATO 是一种 n-type 半导体，根据经典 Drude 理论，导电性最佳的纳米 ATO 粒子具备最优的红外线屏蔽性能。

5. 透明型隔热涂料的隔热原理

由于太阳辐射能量分布绝大多数分布在可见光区和近红外光区，若能选择有效阻隔近红外的辐照能量并同时维持可见光透过的材料制备涂料，则可实现涂料透光隔热的功能。

纳米氧化铟锡（ITO）和氧化锡锑（ATO）等纳米粒子对太阳光谱具有理想的选择性，对可见光的透光率高，而对红外光有良好的屏蔽性。另外，TiO_2、Fe_2O_3、Al_2O_3 等纳米粒子具有很强的紫外波段吸收能力，用这些具有特殊性能的纳米粒子就能够制备出透明型隔热涂料。

关于 ATO 粒子在涂膜中的隔热作用基本上有三种观点。

第一种观点认为[23]，ATO 粒子的隔热作用是基于其对红外光的吸收。具体地说，当太阳的辐射能照射到玻璃表面的涂膜上时，涂膜吸收红外热辐射使涂膜本身的温度升高，然后又通过对流传热将热量传递给空气，因此涂膜对于太阳光谱中的红外辐射等于起到"变相反射"的作用。因而，当空气流动速度大时，空气对流传热速度加快，涂膜会产生更好的隔热效果。

施涂有 ATO 透明型隔热涂料的玻璃表面受到阳光照射后，可见光透过玻璃，大部分红外光则被其表面涂膜吸收，虽然其表面涂膜温度会升高，但这部分热量的一部分会被对流的空气带走，玻璃是热的不良导体，以传导的方式向室内传递的热量很少。玻璃表面温度升高，所引起的热辐射增加值，根据斯蒂芬-玻尔兹曼定律：

$$W = \sigma T^4 \tag{5-1}$$

式中，W 为辐射热，W/m^2；σ 为斯蒂芬-玻尔兹曼常数，5.670×10^{-8} W/($m^2 \cdot K^4$)；T 为热力学温度，K。

假设玻璃表面不涂透明型隔热涂料的温度为 37℃（310K），涂过的温度升高为57℃（330K），其热辐射的能力也只增加 28.6%。也就是说大部分被吸收的热量不会进入室内。最为重要的是，人在室内时，如果太阳光直接照射到人体时，会直接在人体表面形成"日照超温"现象，这比室温升高后再向人体传热要强烈得多，因此人感觉也不舒服得多。透明型隔热涂料隔热示意图见图 5-2[24]。

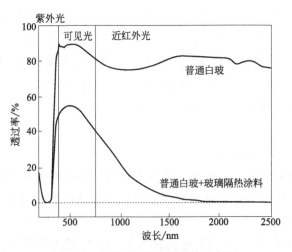

图 5-2 透明型隔热涂料隔热示意图

第二种观点认为[25]，纳米 ATO 透明隔热涂层的隔热机理是当太阳辐射到达涂层表面时，大部分近红外光和极少部分可见光被吸收，因而涂层表面温度升高；同时，绝大部分可见光和极少的近红外光会透过涂层进入室内，如此在使得室内温度降低的同时仍能保持在可见光区良好的透光率。此外，由于其在远红外区域的低发射率，以采暖为主或冬季使用时，该涂层可以有效地阻止房间内的热量向外散失。

第三种观点认为[26]，ATO 纳米粒子对太阳光谱红外波段的辐照是以吸收为主，以反射为辅，即以 ATO 纳米粒子为功能填料制备的透明型隔热涂料对太阳热辐射的阻隔是吸收和反射共同作用的结果。

第二节
制备透明型隔热涂料的原材料选用

一、成膜物质选用的简要说明

透明型隔热涂料的成膜物质需要具备高透明性、高硬度、与玻璃间有良好的附着力，耐冻融性、耐水性、耐碱性等性能良好，同时应具有良好的施工性，以适应玻璃长期使用的环境要求。

见诸报道的可应用于透明型隔热涂料的成膜物质的树脂品种有聚丙烯酸酯类[27]、水性聚氨酯类[9]、有机硅树脂类[28]、聚乙烯醇缩丁醛树脂（PVB)[29]、水性氟树脂[13]、水性氟丙树脂[30] 和有机-无机杂化树脂[31] 等。其中，使用有机-无机杂化树脂制备透明型隔热涂料的研究很少。有机-无机杂化树脂是通过因固化而生成的二氧化硅来"保护"树脂中耐热性弱的部分，因此能够获得如同玻璃般硬度却没有玻璃化温度（T_g）的固化物，该类树脂兼具有机材料与无机材料的优点，耐热性与附着性优异，且由于二氧化硅的粒子直径非常小，仅几纳米，因此外观均匀而透明，是性能全面并且优异而有发展前景的成膜物质。但一直未受到重视，具有研究和应用意义。

值得指出的是，在众多透明型隔热涂料研究所使用的成膜物质中，目前尚无关于使用硅溶胶-聚丙烯酸酯乳液这类无机-有机复合型成膜物质制备玻璃表面用透明型隔热涂料的研究。由于硅溶胶与玻璃表面具有良好的黏结性能和各种耐性，也是值得研究的课题。

二、涂料助剂选用示例

对于透明型隔热涂料来说，润湿剂、分散剂、流平剂和增稠剂的选择是非常重要的。某研究[32] 以 KH-550 改性的纳米锑掺杂氧化锡粉体（ATO）与 Bayhydrol XP 2593 水性聚氨酯（WPU）分散体为原料，通过助剂配方正交优化试验结果而得到水性纳米 ATO/聚氨酯透明型隔热涂料的最佳配方，作为该类涂料助剂使用的示例，其配方列于表 5-1。

表 5-1　ATO 水性聚氨酯透明型隔热涂料助剂使用示例配方

原材料		生产商	用量（质量分数）/%
涂料组分	材料名称或型号		
成膜物质	Bayhydrol XP 2593 水性聚氨酯（WPU）分散体（固含量 35%）	广州聚成兆业有机硅原料中心	87.0
	KH-550 改性纳米 ATO（自制）	硅烷偶联剂 KH-550；拜耳材料科技中国公司	3.0
成膜助剂	二乙二醇乙醚（DGDE ）	台湾德谦化工公司	3.0
附着力促进剂	Z-6040	道康宁	4.0
消泡剂	BYK094	德国毕克（BYK）公司	0.05
流平剂	DuPont FSJ	杜邦公司	0.1
增稠剂	WT-207	台湾德谦化工公司	0.06
pH 值调节剂	分析纯级氨水（$NH_3 \cdot H_2O$）		调节 pH 值至 7.0
分散介质	去离子水		补足 100%

ATO 粉体处于纳米细度，具有巨大的表面积，有很高的表面能，将其以纳米级细度分散于涂料中，并长时间保持分散稳定，分散剂的使用是非常重要的技术。从相关的研究来看，有很多是使用具有偶联功能的硅烷偶联剂（例如 KH-570 型、KH-550 型）[16,33] 作为润湿、分散剂。

由于涂料涂于玻璃表面对涂膜质量的要求极高，而且处于玻璃表面的涂膜瑕疵极易显现，可见其流平非常重要，当需要增稠时，可适量使用低黏度型号的纤维素醚使之增稠，例如使用 500mPa·s 黏度型号的纤维素醚，能够产生流平、增稠和适当延缓干燥时间的功能，但用量不能大，以免影响涂膜的耐水性；高效润湿剂能够有效地降低涂料的表面张力，使涂膜在涂装时容易铺展于玻璃表面，因而其使用同样重要。

三、ATO 粉体和 ATO 分散浆体的制备

1. 纳米 ATO 粉体的制备

目前应用的纳米 ATO 的制备方法主要包括聚合热解法和化学共沉淀法等。聚合

热解法较新颖，是指首先将金属盐溶解于丙烯酸水溶液中，在相应温度及引发剂条件下发生聚合形成聚丙烯酸盐，再将聚合物进行煅烧热解得到金属氧化产物。

下面介绍研究中分别使用聚合热解法和化学共沉淀法制备样品所采用的方法[34]。

（1）化学共沉淀法制备纳米 ATO 粉体

先配制质量分数 20％的 $SnCl_4$ 的水溶液。按照 $n(Sn):n(Sb)=11:1$ 加入 $SbCl_3$ 晶体，60℃条件下搅拌溶解，向其中缓慢滴加氨水，得到白色沉淀，继续滴加，调节溶液 pH 值为 8～9。滴加完毕后，超声分散 15min，静置老化 1.5h，抽滤，依次用蒸馏水、乙醇洗涤沉淀 3 次，将沉淀物置于 700℃的马弗炉中煅烧 2h，得到 ATO 粉末。其反应机理如下。

沉淀过程：

$$SnCl_4 + 4NH_3 \cdot H_2O = Sn(OH)_4(s) + 4NH_4 \cdot Cl \qquad (5\text{-}2)$$

$$SbCl_3 + 3NH_3 \cdot H_2O = Sb(OH)_3(s) + 3NH_4 \cdot Cl \qquad (5\text{-}3)$$

煅烧过程：

$$Sn(OH)_4 = SnO_2 + 2H_2O \qquad (5\text{-}4)$$

$$2Sb(OH)_3 = Sb_2O_3 + 3H_2O \qquad (5\text{-}5)$$

$$Sb_2O_3 \xrightarrow{SnO_2} 2Sb_{Sn}^- + V_O^{2+} + 3O \qquad (5\text{-}6)$$

式中，V_O^{2+} 表示氧空位，并带有 2 个单位有效正电荷；Sb_{Sn}^- 表示 Sb 原子代替 Sn 原子位置，并带有 1 个单位有效负电荷。

（2）聚合热解法制备纳米 ATO 粉体

将丙烯酸与蒸馏水按体积比 7:3 混合，向其中加入 $SnCl_4 \cdot 5H_2O$、$SbCl_3$ 晶体[$n(Sn):n(Sb)=11:1$]，室温下搅拌溶解至澄清透明。将此澄清透明溶液置于 70℃水浴条件下，加入占丙烯酸质量 4％的过硫酸铵溶液（质量分数为 20％），作为引发剂，搅拌 20min，冷却得到黏稠的固体聚合物。将此聚合物于 700℃的马弗炉中煅烧热解 2h，得到浅蓝色的 ATO 粉末。其反应机理如下所示。

$$(5\text{-}7)$$

式中，X、Y 表示聚丙烯酸酯聚合度，且 Sn^{4+} 与 Sb^{3+} 在聚合物中随机分布。

（3）两种方法制备纳米 ATO 粉体的微观形态

两种方法制备的纳米 ATO 粉体透射电镜图如图 5-3 所示。可以看出，两种方法制备的纳米 ATO 形貌大致为球形；化学共沉淀法制备的纳米 ATO 粒径分布不均匀，球形大小不一，在 100nm 左右[图 5-3(a)]；聚合热解法制备的纳米 ATO 粒径分布较均匀，大小较一致，约为 50nm[图 5-3(b)]；由图 5-3(c)、(d) 可见，两种方法制得的纳米 ATO 分散都比较均匀。比较而言，图 5-3(d) 中发生团聚的 ATO 较少，分散效果更好，说明聚合热解法制备的纳米 ATO 粒径分布均匀且粒径较小，且不易发生团聚。

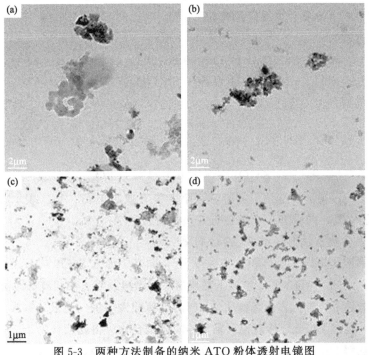

图 5-3　两种方法制备的纳米 ATO 粉体透射电镜图

（a）化学共沉淀法制备的纳米 ATO（放大 43000 倍）；

（b）聚合热解法制备的纳米 ATO（放大 43000 倍）；

（c）化学共沉淀法制备的纳米 ATO（放大 2450 倍）；

（d）聚合热解法制备的纳米 ATO（放大 2450 倍）

2. ATO 分散浆体的制备

从基本制备程序来说，透明型隔热涂料的制备方法与普通涂料大同小异，主要差别在于 ATO 分散浆体的制备。现有 ATO 分散浆体的制备方法主要为共混法和原位聚合法，前者为物理混合，后者是在乳化聚合过程中使 ATO 纳米粒子结合进聚合物的结构中，所得到的是 ATO-有机聚合物复合乳液，ATO 在乳液中的结合较为稳定，分布也更为均匀，当然其制备过程则复杂得多。

（1）共混法制备 ATO 分散浆体

一般来说，制备水性或溶剂型纳米 ATO 浆料，通常可以采用高速分散、研磨、超声分散或不同分散方式相结合的方法；并需要正确选择分散剂的类型和用量。对纳米粒子进行表面改性可提高分散效率和稳定性。

① 溶剂型 ATO 分散浆体　对于制备溶剂型 ATO 分散浆体来说，采用共混法制备时可以直接将纳米 ATO 粉体与成膜物质一起研磨分散，但大多数情况下，仍然是首先制备分散性良好的 ATO 浆料，再将其与树脂及其他涂料组分混合均匀得到隔热涂料。

由于纳米 ATO 粒子表面有少量羟基，呈亲水性，因此溶剂型纳米 ATO 分散浆体的配制相对困难。一种专利的溶剂型纳米 ATO 浆料制备方法是[6] 以醇类溶剂为分散介质，加入纳米 ATO 粉体和分散剂，采用搅拌或超声和研磨分散结合的方法，制得的浆料平均粒径小于 100nm。

通过对 ATO 纳米粒子表面改性可抑制分散过程中的团聚现象，使粒子表面由亲水性变为亲油性，容易与高分子材料复合，提高性能。表面改性可与分散同步进行，也可先改性再分散。常用改性剂有偶联剂、高分子改性剂、长链有机酸等。例如，有研究[27] 使用硅烷偶联剂 KH-570 对纳米 ATO 进行改性，通过超声分散，制备出较为稳定的纳米 ATO/混合单体（MMA/BA）分散浆体，改性后的 ATO 粒子分散均匀，平均粒径为 70nm。

② 水性 ATO 分散浆体　水性 ATO 分散浆体的制备和溶剂型大同小异。例如，有研究[35] 采用以质量比计为：纳米 ATO 粉体∶硅烷偶联剂∶润湿剂∶分散剂∶去离子水＝8∶2∶0.25∶1∶88.75 的比例，制备 ATO 分散浆体。其制备过程如下。

将 ATO 纳米粉体加入去离子水中，搅拌条件下先后加入硅烷偶联剂，对 ATO 粒子表面进行化学改性；然后加入分散剂使其混合均匀，调节 pH 值为 7～9，然后高速剪切、超声分散机进行超声处理，即制得水性 ATO 分散浆体。

制备水性 ATO 浆体时，体系的 pH 值对 ATO 粒子的分散和分散稳定影响很大。研究发现[36]：分散体系 pH 值＝2 时纳米 ATO 分散稳定性最差，pH 值大于此值时分散稳定性随 pH 值的增加而增加，pH 值＝9 时分散稳定性最好，当 pH 值大于 9 后体系因碱性太强而降低其分散稳定性。

对于普通建筑涂料来说，常常选用两种分散剂复合使用以使颜、填料体系得到良好的分散并保持分散稳定，这几乎成为生产聚合物乳液建筑涂料的普遍技术途径。制备水性 ATO 浆体时亦有此种趋势。例如，当以非离子型高分子分散剂与阴离子型分散剂复合使用，且两种分散剂的质量比为 2∶1 时，能够得到分散性及分散稳定性最好的纳米 ATO 浆体[4]。

在某些体系中，增稠剂对于保持水性 ATO 分散浆体的分散稳定性能够起到良好作用。例如，当分散剂选用多聚磷酸钠时，在料浆的研磨过程中加入适量稳定剂和 0.1% 的增稠剂，调节体系 pH 值为 9，制得的浆料常温保存 2a 没有发生沉降[37]。

（2）原位聚合法制备聚丙烯酸酯/纳米氧化锡锑复合乳液　如上述，用原位聚合法制备水性 ATO 浆体，所得到的是 ATO-有机聚合物复合乳液。下面以制备聚丙烯酸酯/纳米氧化锡锑复合乳液的研究[38] 为例，说明这类复合乳液的制备方法。

先制备纳米 ATO/单体分散液。将甲基丙烯酸甲酯（MMA）与丙烯酸丁酯（BA）按照 MMA/BA=6∶4 的质量比混合，加入到三口烧瓶中。加入单体总质量 3% 的纳米 ATO 粉体及 ATO 质量 0~20% 的硅烷偶联剂 KH-570。将三者混合均匀，烧瓶置于 40℃ 水浴锅中，以 150r/min 的转速搅拌，恒温反应一定时间后，将得到的 ATO 预分散液转移到烧杯中，在冰水浴下超声波分散一定时间，得到纳米 ATO 单体分散液。

再进行聚丙烯酸酯/纳米氧化锡锑复合乳液的乳化聚合。向三口烧瓶中加入水、乳化剂十二烷基硫酸钠（SDS）和辛基酚聚氧乙烯醚（OP-10），搅拌均匀，然后在搅拌下滴加上述纳米 ATO 单体分散液。滴加完继续搅拌预乳化 40min后，将乳化液转移到烧杯中，在冰水浴下超声处理一定时间得到稳定乳化液。最后，将乳化液转移到烧瓶中，通入氮气置换烧瓶中的空气，加入引发剂溶液，在一定温度下聚合反应 5h，得到聚丙烯酸酯/纳米氧化锡锑复合乳液。

前面在介绍成膜物质时曾提到，目前尚无使用硅溶胶-聚丙烯酸酯乳液制备透明型隔热涂料的研究。作为与聚丙烯酸酯/纳米氧化锡锑复合乳液制备技术的比较，下面介绍纳米 SiO_2/丙烯酸酯复合乳液的制备[39]。

制备 SiO_2/丙烯酸酯复合乳液的基本配方为：硅溶胶（粒径 30nm）5g；甲基丙烯酸甲酯（MMA）62g；丙烯酸丁酯（BA）35g；丙烯酸（AA）3g；十二烷基硫酸钠（SDS）乳化剂 1.2g；辛基酚聚氧乙烯醚（OP-10）乳化剂 0.6g；过硫酸钾（KPS）引发剂 0.5g；$NaHCO_3$ 缓冲剂 0.3g；去离子水 115g。

乳液聚合反应在安装有搅拌器、滴液漏斗、回流冷凝管和氮气导入管的四口烧瓶中进行，采用恒温水浴加热。将硅溶胶分散在乳化剂溶液中，超声分散30min，然后加入到聚合反应器中，高速搅拌 30min，使乳化剂在纳米粒子表面达到吸附平衡；SiO_2 粒子表面吸附平衡后，在体系中加入缓冲剂、1/3 单体、

1/3 引发剂，在中速（200～300r/min）搅拌下，逐渐升温至设定的反应温度 70℃，反应至出现蓝光，保温 0.5h，升温到 80℃，然后同步连续滴加剩余的单体和引发剂；控温反应 2h，升温到 85℃，保温 1h，降温，出料，制得 SiO_2/丙烯酸酯复合乳液。

从以上两种复合乳液的制备过程可以发现二者间的异同：纳米 ATO 是分散于单体中，先制得纳米 ATO 单体分散液，而硅溶胶是分散于乳化剂溶液中，使乳化剂在其表面充分吸附；二者都需要使用超声分散，即充分分散，使粒子处于纳米级的一次粒子状态，需要避免粒子的聚集；ATO 复合乳液需要预乳化，而硅溶胶复合乳液是种子乳液聚合。

第三节
不同透明型隔热涂料的制备和性能

一、透明型隔热涂料的制备

使用分散稳定的 ATO 分散浆体制备透明型隔热涂料，其过程基本上就是普通涂料生产中的"调漆"工序。此外，根据使用功能性纳米填料的不同或者成膜物质的不同，透明型隔热涂料又有大同小异的制备方法。下面介绍一些透明型隔热涂料研究中使用的制备技术。

1. 紫外光固化型 WPUA/WATO 纳米透明型隔热涂料的制备

在紫外光固化型 WPUA/WATO 纳米透明型隔热涂料的制备研究[40] 中，其涂料制备程序如下：

将质量分数为 65%～85% 的聚氨酯（PU）乳液、5%～15% 的水溶性活性剂、2%～5% 的复合型光引发剂、微量 Z-6030 分散剂以及其他助剂和去离子水等混合均匀。然后，按比例添加纳米 ATO 浆体，搅拌分散 15min，静置消泡约 5min，制得紫外光固化型 WPUA/WATO 纳米透明型隔热涂料。

2. 纳米氧化锡锑/空心玻璃微珠复合型透明隔热涂料的制备

以单一的纳米 ATO 类半导体金属氧化物为填料制备的透明型隔热涂料存在涂膜玻璃表面温度较高的问题。将空心玻璃微珠与纳米 ATO 复合配制透明型隔热涂料能够解决此类问题。下面介绍其在研究过程中使用的制备工艺[41]。

(1) 涂料的基本组成 这种复合功能填料是以固体含量 35% 的水性聚氨酯为成膜物质，以粒径 10~15nm 的纳米 ATO 粉体和 400 目的空心玻璃微珠为复合功能填料，并添加多种水性涂料助剂的透明型隔热涂料。

(2) 制备工艺 分别称量 2.5g、4.8g、7.2g、9.7g、12.3g 和 25.9g 纳米 ATO，加入 250mL 去离子水中，再加入 0.5g 硅烷偶联剂 KH-570（分散剂），用玻璃棒充分搅拌，以氨水调节混悬液的 pH 值至 9，接着将混悬液高速（3000r/min）分散 1h，然后超声波分散 0.5h，再高速（3000r/min）搅拌 1h，获得固液比分别为 1%、2%、3%、4%、5% 和 10% 的纳米 ATO 水性浆料。在上述水性浆料中分别加入 150mL 水性聚氨酯，再加入适量的德国毕克（BYK）化学公司产流平剂 530 和常州市江东助剂公司产 QX-202G 消泡剂后高速分散2h。再往上述不同固液比的涂料中加入 1% 空心玻璃微珠，并低速（300 r/min）分散，制成含空心玻璃微珠与纳米 ATO 复合填料的透明型隔热涂料。

(3) 涂料的性能 以空心玻璃微珠和纳米 ATO 为复合功能填料制备的涂膜对红外光阻隔率达 60% 以上，对可见光有 65% 的透过率。涂膜玻璃与空白玻璃相比，在以碘钨灯为模拟热源的情况下，平衡温差在 10℃ 以上，日照条件下达到 5℃。添加复合填料的涂膜玻璃板表面温度比只含 ATO 的低 4℃。

所制含空心玻璃微珠和纳米 ATO 的涂料是淡蓝色黏性液体，涂覆在玻璃表面干燥后呈蓝色透明状，表面光滑平整，铅笔硬度为 B，附着力为 2 级。在蒸馏水中浸泡 2h 后用滤纸吸干，试板外观无明显变色、气泡和脱落。放入(100±2)℃ 的鼓风干燥箱中 3h 后涂膜无明显起皱、脱落、变色等。涂料放置 6 个月后无明显沉淀。这说明该复合透明型隔热涂料基本满足使用要求。

3. ATO/TiO₂ 复合功能填料的透明型隔热涂料的制备

将纳米 TiO_2 与纳米 ATO 复合制备水性透明型隔热涂料，能够保证其良好的透光率，又能改善涂层的隔热性能。其中，ATO 的隔热机理以吸收辐射为主，TiO_2 具有较强的反射功能，两者复合有利于提高涂料对红外光的阻隔率，进而提高涂层的隔热效果。下面介绍这种涂料的制备和主要性能[42]。

(1) 纳米 ATO 浆料的制备 室温下置 16.0g 粒径为 5~15nm 的纳米 ATO 粉末于锥形瓶中，加入 177.5g 去离子水；搅拌下加入 4.0g 硅烷偶联剂 KH-570，0.5g 润湿剂 CA-165，2.0g 2320 螯合型分散剂，用氨水调节 pH 值至 7~9；以 1500r/min 转速分散 150min，再超声波分散 20min，制得 200g 纳米 ATO 浆料，其中纳米 ATO 的质量分数为 8%。

(2) 纳米 TiO_2 浆料的制备 另取锥形瓶，以相同方法制得 200g 8%（质量分数）

纳米 TiO_2 浆料，纳米 TiO_2 粉末平均粒径为 60nm，浆料成分为：16.0g TiO_2，3.0g 硅烷偶联剂 KH-570，0.6g 润湿剂 CA-165，4.0g 2320 螯合型分散剂，176.4g 去离子水。

(3) 纳米 TiO_2 与 ATO 复合透明型隔热涂料的配制　在搅拌及室温条件下，分别将两种纳米浆料加入 PU628-2 聚氨酯乳液中，并依次加入润湿剂 CA-165、2320 螯合型分散剂、增稠剂 CA-908、成膜助剂 SG-505、流平剂 TB-120（当流平剂添加量过大时，会在混合料中产生沉淀，故一般用 3～5 滴），用氨水调节 pH 值至 7～9；以 1000r/min 转速分散 60min，再超声波分散 20min。搅拌过程中出现气泡时，滴加消泡剂消泡。分散均匀，制得不同纳米 TiO_2 与 ATO 浆料配比的复合透明型隔热涂料。

二、两种新型透明型隔热涂料的制备和性能

1. 铯钨青铜纳米粉体的制备及其透明隔热涂层

铯钨青铜纳米颗粒（又称钨酸铯）具有良好的近红外吸收特性，通常每平方米涂层中添加 2g 即可使 950nm 处的透过率在 10％以下（以此数据表明对近红外线的吸收），同时在 550nm 处的透过率在 70％以上（这是绝大多数高透明薄膜的基本指标）。鉴于铯钨青铜纳米颗粒的优良透明隔热特性，下面介绍一种采用溶剂热液相法工艺生产铯钨青铜纳米粉体的技术及其在透明隔热涂层中的应用研究[43]，该生产是在 1500L 反应釜中进行的。

(1) 用溶剂热液相法生产铯钨青铜纳米粉体的工艺过程　将 400kg 山梨醇于夹套反应釜中加热溶解，加入钨酸和硫酸铯，其中钨酸和硫酸铯的质量之比为 1：0.33，山梨醇的质量为钨酸和硫酸铯总质量的 3 倍，高速搅拌 30min 后，泵入均质机进行循环均质化，60min 后将产物泵入已加热到 150℃ 的高压反应釜中，将高压反应釜转速定为 180r/min，待上述物料完全转移到高压釜后，关闭高压反应釜各阀门，逐步将反应釜温度上升到 350℃，并保温 600min，降温到 150℃，放出反应产物，向其中加入去离子水，将物料打入压滤机，以去离子水、无水乙醇洗涤，直到硫酸根含量低于 100mg/kg，乙醇含量大于 80％，将滤饼放进真空烘箱烘干，再进行机械粉碎和气流粉碎，即得到深蓝色的铯钨青铜纳米粉体。

(2) 铯钨青铜纳米浆料及透明隔热涂层的制备　将制得的铯钨青铜纳米粉体、去离子水、分散剂等加到搅拌釜中，搅拌均匀后泵入砂磨机中进行研磨，直到浆料粒径基本上不再降低，停止砂磨，制得铯钨青铜纳米浆料。

将铯钨青铜纳米浆料加入到丙烯酸乳液中，在玻璃基板上涂布成膜，烘干，得到干膜厚度约为 5μm 的涂膜。铯钨青铜纳米浆料的涂布添加量折算为 1.3g/m^2。

（3）铯钨青铜纳米涂膜的隔热性能　将铯钨青铜纳米浆料与聚丙烯酸酯乳液一起制成涂料，其涂膜对950nm处的红外光的阻隔率为90.8%，对550nm处可见光透过率为71%。对于透明隔热膜，行业对高品质膜的普遍看法是在550nm处可见光透过率70%、950nm处阻隔率要在90%以上，所以该溶剂热液相法的铯钨青铜纳米透明隔热涂膜具有良好的透明隔热特性。薄膜的雾度为0.5%，达到光学级薄膜要求。

涂膜的耐候性是十分重要的性能，如广泛使用的Low-E玻璃由于其隔热层为金属银纳米膜，在长时间的使用过程中，该纳米银薄膜层会发生氧化，从而降低其阻隔红外线的能力，并且薄膜也会发黑，降低其透过率，通常Low-E玻璃的使用寿命在10a左右。

采用氙灯对上述溶剂热工艺生产的纳米铯钨青铜透明隔热涂膜连续照射72h后，涂膜外观没有发生明显变化，说明其耐候性较好。

将隔热涂膜于60℃热水中浸泡168h，涂膜的红外阻隔率仅下降1.8%，所以所述方法制得的铯钨青铜纳米粉体具有较佳的湿度耐候性。

2. 疏水透明隔热涂料

以含氟树脂（FB）为成膜物质，以ATO或ITO等纳米粒子为功能填料制备的透明隔热涂料具有优异的性能，如透明隔热、抗紫外线、耐沾污性等，但纳米粒子的活性高，容易团聚形成较大的团聚体，这会严重降低纳米粒子的效果。此外，由于纳米粒子表面富含大量的羟基，亲水疏油，在有机高分子树脂中难以均匀分散，界面上会出现空隙，容易降解脆化，导致涂层失效。下面介绍一种能够避免这些不足的疏水纳米透明隔热涂料的制备方法及其性能[44]。

该涂料系采用二苯基二乙氧基硅烷（DPES）对正硅酸乙酯（TEOS）和纳米氧化锡锑（ATO）粒子进行改性，制备复合纳米颗粒，再将其与含氟树脂（FB）进行共混制备涂层，既赋予涂层独特的硬度、防紫外线及隔热性能，又兼具含氟聚合物优良的耐候性及柔韧性等性能，这能够制得低成本、高硬度、强疏水性的透明隔热涂料。

（1）改性纳米粒子BPNT的制备　首先将纳米ATO分散于乙二醇二甲醚（GDME）和无水乙醇（EtOH）混合溶剂中，然后再将该分散液置于三口烧瓶中，用对甲基苯磺酸溶液调节pH=4，加热搅拌，待体系温度为60℃时，加入二苯基二乙氧基硅烷（DPES）和正硅酸乙酯（TEOS）的混合溶液，反应约10min，开始以0.02mL/s匀速滴水，滴加完后反应4h，继续升温至85℃，减压蒸馏，除去体系中多余的水和乙醇，冷却出料，得到的透明液体即改性纳米粒子BPNT分散液，备用。BPNT分散液中各组分比是n(TEOS)：n(纳米

ATO）：n（DPES）＝6：3：1。

（2）纳米复合树脂 NA-FB 的制备　在装有乙酸正丁酯（Bac）溶剂的三口烧瓶中依次加入树脂 FB（与溶剂等质量）、一定量的改性纳米粒子 BPNT 分散液、占 BPNT 分散液总质量 0.1％的 DY-12 催化剂（二月桂酸二丁基锡），在 80℃的恒温油浴中混合搅拌 2h，得纳米复合树脂 NA-FB。

（3）涂料的制备　按表 5-2 配方制备涂料。

表 5-2　制备强疏水性纳米透明隔热涂料的基本配方

原材料	用量（质量份）
固化剂	5～6
分散剂	1
含氟树脂（FB）	50
改性纳米粒子 BPNT 分散液	0～8
乙二醇二甲醚（GDME）	24～30
乙酸正丁酯（Bac）	12～15

研究证明，选用二苯基二乙氧基硅烷（DPES）为改性剂，以正硅酸乙酯（TEOS）和氧化锡锑（ATO）为原料，采用溶胶-凝胶法制得易分散粒径大小均匀与含氟树脂相容性好的改性纳米粒子；树脂 FB 以氢键作用吸附在纳米粒子表面，制备的 NA-FB 复合涂层具有网状交联结构，明显提高了涂层的疏水性硬度等性能；当 BPNT 添加量为 6％时，制备的纳米复合树脂 NA-FB 涂层的硬度为 5H，附着力 0 级，同时具有最佳的透明度、光泽、隔热性能。

三、透明型隔热涂料的性能要求

建工行业标准 JG/T 338—2011《建筑玻璃用隔热涂料》分物理性能、光学性能和有害物质限量三部分内容规定建筑玻璃用透明型隔热涂料的性能指标要求。

1. 物理性能

建筑玻璃用透明型隔热涂料产品的物理性能指标要求见表 5-3。

表 5-3　建筑玻璃用透明型隔热涂料产品的物理性能指标要求

序号	项目		指标	
			S 型	W 型
1	容器中状态		搅拌后易于混合均匀	
2	涂膜外观		正常	
3	低温稳定性		—	不变质
4	干燥时间	常温干燥型（表干）/h	≤2	≤1
		烘烤固化型/h	≤0.5 或商定	
		紫外光固化型/h	商定	
5	附着力（划格法，1mm）/级		≤1	

续表

序号	项目		指标	
			S 型	W 型
6	硬度（划破）		≥3H	≥H
7	耐划伤性		300g 未划伤	100g 未划伤
8	耐水性		96h 无异常	
9	涂层耐温变性（5 次循环）		无异常	
10	耐紫外老化性	外观	240h 不起泡、不剥落、无裂纹	
		粉化/级	0	
		附着力/级	≤1	

注：S 型为溶剂型；W 型为水性。

2. 光学性能

建筑玻璃用透明型隔热涂料产品的光学性能指标要求见表 5-4。

表 5-4　建筑玻璃用透明型隔热涂料产品的光学性能指标要求

序号	项目	指标		
		Ⅰ型	Ⅱ型	Ⅲ型
1	遮蔽系数	≤0.60	>0.60,≤0.70	>0.70,≤0.80
2	可见光透射比/%	≥50	≥60	≥70
3	可见光透射比保持率/%	≥95		

注：Ⅰ型、Ⅱ型、Ⅲ型是根据产品的遮蔽系数对产品进行的分级。

3. 有害物质限量

溶剂型透明型隔热涂料产品的有害物质限量应符合 GB 18582 的要求。

第四节
透明型隔热涂料的应用

一、概述

透明型隔热涂料的主要应用领域：一是玻璃表面，由于透明型隔热涂料的涂装，能够使玻璃具有既透明，又隔热的功能；二是应用于各种涂膜表面的罩面，能够使涂膜既保持原有的装饰性，同时具有隔热功能。

首先看透明型隔热涂料在建筑玻璃表面的应用。建筑物是玻璃应用量最大的领域，主要应用于门窗以及各种内隔断和内装饰场合，后者不需要使用隔热涂料。

外窗玻璃是建筑得热与失热的敏感部位，外窗能耗约占围护结构总能耗的 $40\% \sim 60\%$[45]。据研究，透明隔热玻璃涂料已经成为提高玻璃节能性能的重要新型方式之一。透明隔热涂料技术要求高、施工应用难度大，是近年来节能涂料领域研究与发展的热点。

1. 玻璃的热工性能

表 5-5 中列出几种不同种类玻璃的热工性能[46]。

表 5-5　不同种类玻璃的热工性能

玻璃种类	单片 K 值 /[W/(m²·K)]	中空组合	组合 K 值 /[W/(m²·K)]	遮阳系数 SC/%
透明玻璃	5.8	6 白玻＋12A＋6 白玻	2.7	72
吸热玻璃	5.8	6 蓝玻＋12A＋6 白玻	2.7	43
热反射玻璃	5.4	6 反射玻＋12A＋6 白玻	2.6	34
Low-E 玻璃	3.8	6Low-E 玻＋12A＋6 白玻	1.9	42

透明中空玻璃是以两片或多片玻璃，以有效的支撑均匀隔开，周边黏结密封，使玻璃层间形成干燥气体空间。透明中空玻璃空气层为 12mm 厚时，其传热系数值可达到 3W/(m²·K) 以下，可见，中空玻璃保温性能优良。而且在中空玻璃中，若两层玻璃的厚度不同，可有效地避免玻璃窗上产生的共振，隔声效果显著。但中空玻璃的遮阳系数 SC 仍在 0.87 左右，对太阳直接辐射热的传入降低有限。

镀膜玻璃应用于住宅外窗，能有效控制远红外线与可见光的数量，减少紫外线的透射。其中主要有热反射镀膜玻璃、低辐射镀膜玻璃（Low-E 玻璃）。将 Low-E 玻璃和中空玻璃结合，形成 Low-E 中空玻璃，具有很好的热学、隔声、防结霜、不结露及密封性能，具备更低的传热系数和更大的遮阳系数选择范围（0.2～0.7），比普通中空玻璃的节能效果有很大提高。

2. 玻璃建筑涂装透明隔热涂料的隔热效果[47]

在某酒店的玻璃房进行了涂装与不涂装透明隔热涂料的隔热效果对比测试。结果表明，涂过透明隔热涂料的房间，在早上 10 时之前房间内部温度高于未涂的，这是因为这段时间太阳光的强度较弱，室内温度高于室外温度，涂层阻碍了室内的散热；10 时之后两房间温度相当；11 时之后，涂过透明涂料的房间温度低于未涂过的，此状况一直持续到下午 5 时，其中下午 2 时温差最大，见图 5-4。

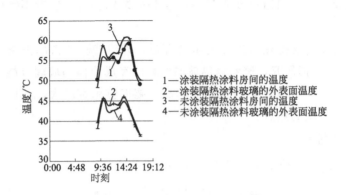

图 5-4 涂装和未涂装透明隔热涂料的玻璃房间内的温度对比图

外表面的温度基本上是涂装隔热涂料的比未涂装的要高，说明这类涂料是吸收红外线类型的。

从上面的测试数据来看，由于气温不高，涂装透明隔热涂料对室内温度的降低并不是很明显。不过，在这种气温条件下透明隔热涂料的作用主要是降低人体的"日照超温"效应，让人减少太阳的直接辐射，其作用就像是在玻璃外表面挂上了一层透明隔热窗帘。

3. 影响透明隔热涂装效果的因素

在相同地区，反射隔热涂料的隔热效果的影响因素主要有光照面积、光照时间、光照强度三方面因素。例如用于南北向的房屋建筑要比东西向房屋建筑的反射隔热效果好，原因是前者接收的太阳光的时间要长。

4. 透明隔热涂料功能作用的评价

透明隔热涂料的效果包括两方面：一是使建筑物制冷能耗减少的节能作用；二是避免人体"日照超温"的身体舒适作用。

如果一间房子使用了透明隔热涂料，由于进入室内红外光的减少，涂装透明隔热涂料的房间制冷空调的能耗将比没有涂装的房子能耗少。但如果不使用空调制冷，时间长了，由于温差传热的作用，两种情况的房间最终温度会相同。

房屋建筑涂装透明隔热涂料的节能评估最直观、最科学的测评是通过对"三同环境"（同时、同地、同结构）的对比测试建筑的"能耗（节电）"对比。无法找到"三同环境"建筑时，也可通过"四同环境"（同时、同地、同结构、同制冷源设备）的室温温度进行换算。据测算，空调在常规设置温度 26℃的基础上，提高 1℃，每天可节约电量 8％～10％。按此测算，"四同环境"建筑涂装透明隔热涂料的室内,如果温度降低1℃,可节能8%~10%,降低2℃,可节能12%~15%。不同的气温条件,节能效果有差异。

5. 对人体舒适度的改善

比如说,烈日下如果打一把黑色的伞,人会感觉比没有打伞要凉快。其实伞的上下两方空气温度是相同的,伞虽然是吸收太阳光的,但打伞的作用主要是避免了太阳光对人体的直接辐射而不是降温。因此会减少吸收太阳光的灼烧。透明隔热涂料对人体舒适的作用就如同伞的作用。

太阳光对人的直接辐射与太阳光照射空气使空气的温度升高而对人体舒适性的影响大大不同,直接照射影响远大于间接升温对人的影响。这是因为光照在人身体上是以光速作用于人体,高于空气的运动速度。除人体产生的很少一部分反射外,光能都会被人体吸收,不会被弹出。而光照射到空气后,使空气的温度升高,按照物理学的理论:温度是分子平均动能的宏观表现。就是说,温度升高,分子的运动速度加快。空气的温度升高,就是空气分子的运动速度加快了,对人体的冲撞加快。光线先把能量传递给空气,使空气再来对人体加热,其效果就大为减弱。空气分子在撞击人体时,由于空气分子是弹性的,只有一小部分能量被人体吸收,大部分又被弹回,比太阳光直接照射的要少很多,可以避免或减少在人体上发生"日照超温"。此亦即在烈日当空时,我们宁可打吸热的伞,也不要让太阳光直接照射的原因。

二、透明型隔热涂料对建筑玻璃性能的改善与影响

透明型隔热涂料涂装于建筑玻璃表面,会对玻璃的性能产生影响。这种影响主要表现在玻璃的表面质量、热工性能和可见光透光率等方面。

1. 对表面性能的改善[47,48]

普通浮法玻璃在生产、运输以及后续的钢化、中空、夹胶等深加工过程中,都会对玻璃的表面造成一定的损伤。涂膜隔热玻璃在加工的过程中,会对玻璃表面进行一定的修复使其更加平整,从而减小了眩光的产生。

图5-5是涂装透明型隔热涂料的玻璃和普通玻璃表面的电子扫描显微镜(SEM)照片对比。由对比明显可见,涂膜隔热玻璃微观表面致密平滑,普通玻璃微观表面凸凹不平。

2. 对光学性能的改善

将透明隔热涂料涂覆于建筑玻璃表面,即可制成涂膜隔热玻璃,包括单层涂膜隔热玻璃和中空涂膜隔热玻璃,其光学性能及其与Low-E玻璃性能的比较见表5-6[49]。

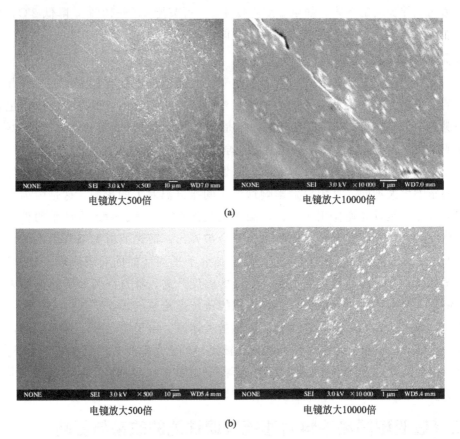

图 5-5　涂装透明型隔热涂料的玻璃和普通玻璃表面的电子扫描显微镜（SEM）照片
（a）普通玻璃微观表面；（b）涂装透明型隔热涂料的玻璃的微观表面

表 5-6　涂膜隔热玻璃的光学性能及其与 Low-E 玻璃性能的比较

玻璃类别	透过率 /%	反射率 /%	太阳能指数 SHGC	遮阳系数 SC	K 值 /[W/(m^2·K)]
6mm 普通白玻璃	88	7	0.82	0.92	5.8
6mm 单层透明涂膜隔热玻璃	82	9.6	0.695	0.782	4.6
6mm 涂膜隔热玻璃＋9A＋6mm 普通玻璃（中空玻璃）	73.9	15.4	0.570	0.641	2.9
6mm Low-E 单层玻璃	81	11	0.71	0.79	3.6
6mm Low-E 玻璃＋9A＋6mm 普通玻璃（中空玻璃）	73	17	0.67	0.75	2.1

3. 对玻璃可见光透光率的影响

通过涂装透明隔热涂料而得到的涂膜隔热玻璃虽具有良好的热工性能，但却会使可见光透过率降低。普通白玻璃对可见光和近红外波段都具有很高的透过性。涂装透明隔热涂料的涂膜隔热玻璃在可见光区的透过率一般在 60%～81%之间，当其应用于建筑外窗时影响窗户的采光，有可能会增加照明能耗[50]。

三、透明型隔热涂料在建筑玻璃表面的应用技术

1. 基本应用概况

透明隔热涂料在我国研究与应用已经具有将近 20 年的时间，伴随着国家建设日新月异，透明隔热涂料也以极快的速度发展，包括技术研发、产品生产和应用技术等各个方面，目前在生产和应用技术等方面可能而且必然存在着一些问题，但基本上已经形成工业化生产与应用的规模。

2015 年，我国颁布了建工行业标准 JGJ/T 351—2015《建筑玻璃膜应用技术规程》。应用技术规程类标准不同于产品标准，应用技术规程涉及到产品应用的各个方面，其颁布实施通常表明应用技术已经具备工程应用规模和条件。例如，在 JGJ/T 351—2015 标准中详细规定了透明隔热涂料在建筑玻璃料上应用的材料性能、设计要求、施工工艺流程和工程质量要求（工程验收）等各个方面。其中，在"设计要求"中规定："既有建筑玻璃遮阳性能不满足要求时，宜采用隔热贴膜或隔热涂膜"，以及"在正常使用条件下，应用于室内的涂膜使用寿命不应低于 10 年"。

2. 隔热涂膜玻璃现场涂装工艺流程

透明隔热涂料采用淋涂、刮涂等涂装方法涂于建筑玻璃表面即形成隔热涂膜玻璃。通常，隔热涂膜玻璃有预制隔热涂膜玻璃和现场隔热涂膜玻璃两种，前者是在工厂涂装透明隔热涂料的功能性玻璃，在工地或使用现场直接安装；后者则采用透明隔热涂料在玻璃使用现场按照一定的涂照工艺流程进行涂装。

下面介绍建工行业标准 JGJ/T 351—2015《建筑玻璃膜应用技术规程》规定的透明隔热涂料现场涂装的工艺流程。

（1）准备工作 现场涂装透明隔热涂料前，应完成以下工作：

① 测量玻璃尺寸，测量现场温度和湿度，准备涂装用材料和工具；②清洁玻璃表面；③周边采取防污染措施。

（2）水性透明隔热涂料的涂装工艺流程 水性涂料宜采用淋涂法，并按图 5-6 工艺流程进行涂装。

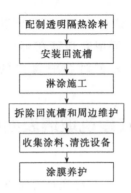

图 5-6　水性透明隔热涂料涂装工艺流程示意图

（3）溶剂型透明隔热涂料的涂装工艺流程　溶剂型和坡度小于 30°的玻璃宜采用刮涂法，并按图 5-7 工艺流程进行涂装。

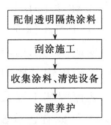

图 5-7　溶剂型透明隔热涂料涂装工艺流程示意图

（4）注意事项　涂料的配制、施工方法和储存条件应符合产品使用说明书的要求；配制后的涂料应在产品说明书要求的时间内用完。涂料施工后的 24h 内不应触碰涂膜，15d 内不应擦洗涂膜。

3. 透明隔热涂料的涂膜病态术语

JGJ/T 351—2015 标准定义了透明隔热涂料涂装施工中可能产生的一些涂膜病态，见表 5-7。

表 5-7　透明隔热涂料工程中的一些涂膜病态术语

序号	涂膜病态名称	意义描述
1	涂膜缺陷	涂膜中出现的各种质量问题,包括针孔、斑点、斑纹、杂质、流挂和涂膜表面划伤
2	斑点	涂膜中的色泽较深或较浅的点状缺陷
3	斑纹	涂膜色泽发生变化的云状、放射状或条纹状缺陷
4	涂膜表面划伤	涂膜表面的各种线状划痕
5	针孔	相对涂膜整体可视透明的部分或全部没有附着涂膜的点状缺陷
6	杂质	涂膜中存在的异质相颗粒物缺陷
7	流挂	涂膜上涂料向下流坠的痕迹缺陷
8	麻点	涂膜层中或表面肉眼可见的点坑状缺陷

四、透明隔热涂料应用中的几个问题

1. 对涂膜隔热玻璃应用于建筑物之后的实际节能效果进行研究、测试是促进其应用的重要问题

这是因为目前的建筑节能政策需要量化各种节能材料和技术的实际节能效果。当然，这种研究测试是分属于两方面的问题：一是根据各种材料的热工性能以及现有材料价格和材料使用情况等资料进行分析计算，最后比较得出涂膜隔热玻璃的实际效果与其他现行流行做法的差别或优劣；二是建造结构相同的建筑物，在建造之后进行实际测试，然后根据测试结果进行分析对比。

就第一种方法来说，通过对可见光透射比为 73.6%、遮阳系数为 0.71 的涂膜隔热玻璃应用于夏热冬暖地区的南区（例如深圳）建筑外窗所进行的分析计算表明[51]，与目前各种常用的节能措施相比，当节能要求为 50% 或者 60% 时，外窗采用涂膜隔热玻璃的措施的成本最低，是最好的做法。

同样的分析计算表明，当该涂膜隔热玻璃应用于夏热冬暖地区的北区（例如福州）建筑外窗时，对于节能要求为 50% 的情况，普通玻璃＋外墙外保温或者普通玻璃＋外墙外保温＋屋顶隔热所需要的成本较低。但是，相比较中空玻璃、单片 Low-E 玻璃或中空 Low-E 玻璃，涂膜隔热玻璃仍具有成本优势。当节能率进一步提高到 53% 时，外窗采用涂膜隔热玻璃的成本最低。

2. 适宜的涂装厚度

涂装厚度既影响涂膜的可见光透光率，也影响红外阻隔率，是涂料应用首先应解决的问题，也受到研究者的关注。不同研究者对其所研究涂料的最佳涂装厚度各不相同，而且差别很大。有的认为："只要在玻璃表面涂覆形成 10～15μm 左右厚的透明整体涂膜，玻璃涂覆前后的室内温差就达 6～8℃"[52]；有的认为："厚度为 100μm 的涂膜光学性能最佳，可见光区透过率达 70%，红外光阻隔率达 60%，隔热装置测试温差可达 4.3℃左右，隔热性能明显"[53]。在研究透明隔热涂料涂膜厚度对可见光透过率与红外光阻隔率的影响[54] 时，得到表5-8 的结果。

表 5-8 涂膜厚度对可见光透过率与红外光阻隔率的影响

涂膜厚度/μm	可见光透过率/%	红外光阻隔率/%
50	88.63	64.35
75	87.04	66.12
100	81.27	73.27
150	74.31	75.32
200	66.73	80.47

从表 5-8 可知，随着涂膜厚度增加，可见光透过率缓慢下降，而红外光阻隔率上升；当涂膜厚度超过 $100\mu m$，可见光透过率的下降趋势明显增大，特别是 $200\mu m$ 涂膜玻璃的可见光透过率降到了 66.73%，严重影响了玻璃的透光性，因此涂膜厚度应小于 $100\mu m$，在 $75\sim100\mu m$ 较适宜。

从以上的介绍中可以看出，对于涂膜涂装厚度的认识或测试所得到的结果差别非常大，这其间的原因主要是因为结果不是从同一类涂料中得到的，亦即是因为涂料性能的不同。由此可见，适宜的涂装厚度是针对于具体涂料而言的，不能笼统论之。因而，在进行具体的涂料应用时，应参照说明书或进行试验具体确定。

3. 涂装中存在的问题

透明隔热涂料因具有很高的红外波段隔热效果及良好的可见光透过率，成为制备隔热节能玻璃的有效途径，但目前在涂料性能和涂装施工等方面还存在一些问题。就涂装施工来说，涂料在涂装时流平性差，易起泡和成斑等，采用喷涂或辊涂很难保证涂膜厚度均匀、良好，而且在清洁度不高的环境下涂装，会因黏附灰尘而在涂膜中留下明显有碍视觉效果的"瘤点"。当然，这些问题被认识后有的正在解决或已经解决或有待研究解决。

五、透明隔热涂料在汽车玻璃上的应用研究

为了实现好的采光，汽车中使用了大量的玻璃，尤其是前风挡，更是全部由大面积玻璃制作而成，以便为驾驶员提供良好的视野，确保行车安全。在轿车、公交车等车辆中，玻璃车窗的面积更是占到整车表面积的 1/3 以上。这给人们带来明亮的车内空间，但也带来热辐射之苦。尤其在夏天，其造成车内温度升高，车用空调能耗增加，车内饰件损害等。因此汽车玻璃的功能化已成为发展趋势之一，而采用透明隔热涂料涂装汽车玻璃是最好的措施之一。

下面介绍一种汽车用透明隔热涂料的制备及其隔热降温效果，该涂料采用有机-无机杂化树脂为成膜物质、ATO 浆料和纳米二氧化钛浆料为功能填料[55]。

1. 涂料制备概况

（1）纳米 ATO 浆料和纳米二氧化钛浆料的制备 将异丙醇、润湿剂、分散剂在砂磨机中分散均匀后，加入纳米 ATO 粉体，研磨 36h 得到平均粒径为 95nm 左右的 ATO 浆料。以同样的方法制得平均粒径在 84nm 左右的二氧化钛浆料。

（2）透明隔热涂料的制备 将润湿剂、消泡剂、流平剂依次加入固含量为 30% 的有机硅树脂中搅拌均匀，在搅拌的状态下将该有机硅树脂混合液缓慢滴

加入硅溶胶[m(有机硅树脂)：m(硅溶胶) ＝ 1：1.1]中，滴加完后继续保持 500r/min 的转速熟化 4h，然后加入一定量的纳米二氧化钛和纳米 ATO 浆料，搅拌均匀得到透明隔热涂料，涂料的固含量控制在 30％左右。

2. 透明隔热涂料在汽车玻璃表面的涂装

将上述制备的透明隔热涂料采用淋涂法涂在未安装的大巴汽车玻璃（包括前挡玻璃）上，130℃下烘烤 30min。涂装涂料后的汽车隔热效果与同型号车辆在相同的太阳光曝晒环境下进行对比测试。

3. 透明隔热涂料在汽车上应用效果

客车玻璃涂装透明隔热玻璃涂料后在自然条件下养护 2 周，进行隔热性能测试，并与同样的未涂装隔热涂料的汽车（空白样）进行对比。当日气温为 19～30℃，采用高精度温度检测、记录仪，实时记录温度的变化。

（1）涂装隔热涂料和未涂装车内温度的比较

① 两辆客车同时置于室外，进行车内温度的比较。当温度记录仪探头置于方向盘下方阳光直射不到的位置时，两车经室外曝晒 1.5h 后，车内温度基本平衡，有隔热涂层的汽车仪表盘下方温度较对比汽车的低 4℃。

② 当温度记录仪探头置于仪表盘上方阳光可以直射到的部位时，有隔热涂层汽车仪表盘上方阳光直射部位温度比对比汽车低 7℃。

（2）空调开启和关闭情况比较

① 两车同时以相同功率开启车用空调，经 12min 后有隔热涂层的汽车在 29.5℃达到平衡温度，而对比汽车经过 27min 后达到平衡，且平衡温度为 33℃，两者最终平衡温度相差 4.5℃。

②两车同时关闭车用空调，对比汽车在 20min 后接近平衡温度，而有隔热涂层的汽车经过 35min 达到平衡，两者最终平衡温度相差 4.4℃。

从上面的结果可看出，透明隔热玻璃涂料能有效减少太阳辐射热，显著降低车内温度。根据空调的设定温度与能耗的一般关系来看，设定的制冷温度每提高 2℃，制冷负荷将减少约 20％。因此，可以推算涂有透明隔热涂料的汽车其空调制冷负荷最高可减少 40％。

可见，采用高硬度、高耐候的有机-无机杂化树脂作为成膜物质制备的透明隔热涂料具有优异的紫外阻隔和近红外阻隔性能，应用于汽车玻璃时隔热效果显著。

参 考 文 献

[1]　赵金榜. 彩色红外反射型隔热涂料的研发. 上海涂料，2014，52（3）：25-30.

[2] 陈飞霞，付金栋，韦亚兵，等．纳米氧化铟锡透明型隔热涂料的制备及性能表征．涂料工业，2004 （2）．

[3] 洪晓．太空反射绝热涂料的研制．新型建筑材料，2005（5）：56-57.

[4] 唐富龙，周耿槟，皮丕辉，等．纳米ATO水性分散液的制备及其分散稳定性研究．电镀与涂饰，2010，29（4）：48-50，55.

[5] 浙江天源能源科技有限公司．一种用于玻璃的水性隔热纳米涂料及其制备方法：101538444 ［P］．2009-09-23.

[6] 孟庆林，李宁．纳米油性ATO隔热浆料与制备方法及其应用：1219859 ［P］．2008-07-16.

[7] 杜郑帅，罗侃，焦钰．紫外光固化WPUA/WATO纳米透明型隔热涂料的制备．电镀与涂饰，2016，35（2）：60-63

[8] 许戈文，代震，李智华，等．纳米氧化锡锑改性水性聚氨酯的制备与表征．应用化学，2011，28（4）：408-412.

[9] 芦小松，项尚林，赵石林．原位聚合制备纳米氧化锡锑/水性聚氨酯复合乳液及性能表征．涂料工业，2008，38（12）：16-19.

[10] 杨波，黄晓燕，李茂东，等．透明隔热防腐功能涂料的制备及性能研究．安徽化工，2018，44（5）：37-39.

[11] 郭友沛．掺铝纳米氧化锌透明隔热涂层的研制．广州：华南理工大学，2011.

[12] 洪晓．纳米材料在透明隔热涂料中的应用．上海涂料，2008，46（4）：30-31.

[13] 王靓．纳米氧化锡锑透明隔热涂料的制备及性能研究．南京：南京工业大学，2004.

[14] 宋云龙，谭艳，黄旭珊，等．YTO透明隔热玻璃涂料的制备及性能．涂料工业，2014，44（10）：22-25.

[15] 黄旭珊，吕维忠，罗仲宽．化学共沉淀法制备纳米铋掺杂氧化锡．精细化工，2011，28（9）：843-847.

[16] 王哲，何伟平，王成，等．玻璃表面纳米氧化锡锑/空心玻璃微珠复合透明型隔热涂料的制备及表征．电镀与涂饰，2018，37（18）：818-822.

[17] 王新昌，黄晓伟，黄凌峰，等．一种双组份透明玻璃隔热涂料及其制备方法：CN104497736A．2015-04-08.

[18] 姚晨，赵石林，缪国元．纳米透明隔热涂料的特性与应用．涂料工业，2007，37（1）：32.

[19] 何清衡，吴会军，丁云飞．透明隔热涂料的研究及应用进展．节能技术，2013，31（3）：227-229.

[20] 傅欣．ITO透明隔热薄膜的制备、表征及性能研究．长沙：中南大学，2008.

[21] Chen Xiaochuan. Synthesis and characterization of ATO /SiO$_2$ nanocomposite coating obtained by sol-gel method. Materials Letters, 2005, 59: 1239-1242.

[22] 李凤生，杨毅，马振叶，等．纳米功能复合材料及应用．北京：国防工业出版社，2003：16-35.

[23] 何秋星，涂伟萍，胡剑青．光谱选择性纳米涂料的研究进展．材料导报，2005，19（12）：9-12.

[24] 倪正发，李雪妮，郭宇．透明型隔热涂料的作用原理及节能效果评估．中国涂料，2015，30（1）：15-18.

[25] Qu Jian, Song Jianrong, Qin Jie, et al. Transparent thermal insulation coatings for energy efficient glass windows and curtain walls. Energy and Buildings, 2014, 77: 1-10.

[26] 黄宝元，钟明强，董绍春，等．基于长时间测试的ATO/PU涂层隔热机理的研究．涂料工业，

2009, 39 (11): 14-16.

[27] 张贵军. 聚丙烯酸酯/ 纳米氧化锡锑复合乳液的制备、表征及其在透明型隔热涂料中的应用研究. 广州: 华南理工大学, 2010.

[28] 张向雨, 应灵慧, 刘小云. 纳米 ATO 透明隔热有机硅涂料的研制. 涂料工业, 2012, 42 (3): 40-43, 47.

[29] 黄菊, 杨莹. 纳米 ATO/PVB 透明型隔热涂料制备与性能研究. 电镀与涂饰, 2016, 35 (2): 58-62.

[30] 李楚忠, 刘晓国, 刘志强, 等. 水性氟丙树脂透明型隔热涂料的制备及性能. 电镀与涂饰, 2013, 32 (11): 53-56.

[31] 魏勇, 顾广新, 武新民. 透明型隔热涂料的制备及其在汽车上应用//中国材料研究学会, 中国涂料工业协会. 第二届全国涂料科学与技术会议论文集. 上海, 2010.

[32] 龚圣, 林粤顺, 周新华, 等. 透明隔热纳米复合涂料的助剂筛选及性能研究. 电镀与涂饰, 2015, 34 (10): 561-564.

[33] 钟树良, 蔡炳照. ATO/APU 纳米复合透明型隔热涂料的制备与性能研究. 中国涂料, 2012, 27 (2): 42-45.

[34] 曹雪娟, 郝建娟, 刘誉贵. ATO 制备方法的选择及其在透明型隔热涂料中的应用. 化工新型材料, 2016, 44 (1): 215-218.

[35] 余桂英, 李兵, 李小兵, 等. 纳米 ATO 透明型隔热涂料分散工艺的研究. 化工新型材料, 2015, 43 (1): 84-86.

[36] 李靖. 纳米 ATO 粒子分散技术及透光隔热涂料性能研究. 重庆: 重庆大学, 2010.

[37] 李宁. 建筑玻璃隔热涂料研究. 广州: 华南理工大学, 2010.

[38] 瞿金东, 彭家惠, 陈明风, 等. 纳米 SiO_2/丙烯酸酯核壳复合乳液稳定性的研究. 化学建材, 2007, 23 (3): 24-26.

[39] 陈浩锦, 刘晓国, 林毅伟. 紫外光固化 WPUA/WATO 纳米透明型隔热涂料的制备. 电镀与涂饰, 2015, 34 (2): 60-65.

[40] 王哲, 何伟平, 王成. 玻璃表面纳米氧化锡锑/空心玻璃微珠复合透明型隔热涂料的制备及表征. 电镀与涂饰, 2018, 37 (18): 817-820.

[41] 李小兵, 付雪梅, 余桂英. 纳米 ATO/TiO_2 填料聚氨酯透明型隔热涂料的制备与性能. 材料保护, 2014, 47 (2): 19-21.

[42] 高建宾, 许国栋, 张建荣. 铯钨青铜纳米粉体的制备及其在透明隔热涂层中的应用. 上海涂料, 2015, 53 (1): 14-16.

[43] 权利军, 安秋凤, 荆晶晶. 疏水透明隔热涂层的制备与性能. 涂料工业, 2016, 46 (11): 31-35.

[44] 郭杨. 建筑节能检测与能效测评. 北京: 中国建筑工业出版社, 2014: 163.

[45] 杨燕萍. 夏热冬冷地区既有建筑门窗的节能改造. 新型建筑材料, 2007 (9): 40-42.

[46] 倪正发, 李雪妮, 郭宇. 透明隔热涂料的作用原理及节能效果评估. 中国涂料, 2015, 30 (1): 15-18.

[47] 咸才军. 透明隔热涂料及其在节能玻璃中的应用浅析. 中国涂料, 2017, 32 (1): 54-58.

[48] 姚晨, 赵石林, 缪国元. 纳米透明隔热涂料的特性与应用. 涂料工业, 2007, 37 (1): 29-30.

[49] 张智强, 董孟能, 陈熙. 夏热冬冷地区新建住宅节能示范工程门窗节能技术与措施. 新型建筑材

料，2001（10）：29-30.

[50] 谭亮，熊永强，田瀛涛，等. 玻璃隔热涂料应用于夏热冬暖地区的节能分析. 涂料工业，2009，39（4）：52-54.

[51] 洪晓. 纳米材料在透明隔热涂料中的应用. 上海涂料，2008，46（4）：30-32.

[52] 荣金闯，吴平，王哲. ATO/PU 透明隔热涂料的制备与性能研究. 现代盐化工，2018（1）：36-38.

[53] 黄菊，杨莹. 纳米 ATO/PVB 透明隔热涂料制备与性能研究. 电镀与涂饰，2016，35（2）：58-62.

[54] 何清衡，吴会军，丁云飞. 透明隔热涂料的研究及应用进展. 节能技术，2013，31（3）：227-229.

[55] 顾广新，章道彪，范军锋. 透明隔热涂料的制备及其在汽车上应用. 涂料工业，2010，40（11）：52-55.